情動学シリーズ
小野武年 監修

Traumatic Stress and Emotion

情動とトラウマ
制御の仕組みと治療・対応

奥山眞紀子
三村　將
編集

朝倉書店

情動学シリーズ　刊行の言葉

　情動学(Emotionology)とは「こころ」の中核をなす基本情動(喜怒哀楽の感情)の仕組みと働きを科学的に解明し，人間の崇高または残虐な「こころ」，「人間とは何か」を理解する学問であると考えられています．これを基礎として家庭や社会における人間関係や仕事の内容など様々な局面で起こる情動の適切な表出を行うための心構えや振舞いの規範を考究することを目的としています．これにより，子育て，人材育成および学校や社会への適応の仕方などについて方策を立てることが可能となります．さらに最も進化した情動をもつ人間の社会における暴力，差別，戦争，テロなどの悲惨な事件や出来事などの諸問題を回避し，共感，自制，思いやり，愛に満たされた幸福で平和な人類社会の構築に貢献するものであります．このように情動学は自然科学だけでなく，人文科学，社会科学および自然学のすべての分野を包括する統合科学です．

　現在，子育てにまつわる問題が種々指摘されています．子育ては両親をはじめとする家族の責任であると同時に，様々な社会的背景が今日の子育てに影響を与えています．現代社会では，家庭や職場におけるいじめや虐待が急激に増加しており，心的外傷後ストレス症候群などの深刻な社会問題となっています．また，環境ホルモンや周産期障害にともなう脳の発達障害や小児の心理的発達障害（自閉症や学習障害児などの種々の精神疾患），統合失調症患者の精神・行動の障害，さらには青年・老年期のストレス性神経症やうつ病患者の増加も大きな社会問題となっています．これら情動障害や行動障害のある人々は，人間らしい日常生活を続けるうえで重大な支障をきたしており，本人にとって非常に大きな苦痛をともなうだけでなく，深刻な社会問題になっています．

　本「情動学シリーズ」では，最近の飛躍的に進歩した「情動」の科学的研究成果を踏まえて，研究，行政，現場など様々な立場から解説します．各巻とも研究や現場に詳しい編集者が担当し，1) 現場で何が問題になっているか，2) 行政・教育などがその問題にいかに対応しているか，3) 心理学，教育学，医学・薬学，脳科学などの諸科学がその問題にいかに対処するか（何がわかり，何がわかって

いないかを含めて）という観点からまとめることにより，現代の深刻な社会問題となっている「情動」や「こころ」の問題の科学的解決への糸口を提供するものです．

　なお本シリーズの各巻の間には重複があります．しかし，取り上げる側の立場にかなりの違いがあり，情動学研究の現状を反映するように，あえて整理してありません．読者の方々に現在の情動学に関する研究，行政，現場を広く知っていただくために，シリーズとしてまとめることを試みたものであります．

　2015 年 4 月

小野武年

●序

　トラウマ体験，つまり心の傷となる出来事は自分の存在を脅かすような恐怖体験です．それは事故や災害のように身体的に脅かされる恐怖から，いじめのように心理的に貶められる恐怖まで，様々ですが，恐怖という情動が記憶の構造をはじめとする精神構造に影響し，それまでの情動調節の安定性も崩されます．トラウマへの反応としての情動調節の問題は，フラッシュバックや解離などの問題と相互に影響しながら，社会生活の中で不適応行動につながり，時には，客観的には恐怖を持つ必要がなくなっても，長期に影響が及び，その人の人生を大きく変えるものとなる危険があります．特に，虐待やネグレクトやいじめ被害などはその人の人生に大きな影響を与えることが知られています．そのような精神的影響を防ぐためにはトラウマ体験そのものの予防も必要ですが，トラウマ体験後の早期の予防的介入および治療はトラウマ体験を受けた人にとって非常に重要な意味を持ちます．

　そこで，本書ではトラウマによる情動の変化および情動調節への影響を取り上げ，そのメカニズムを明らかにし，症状との関係を提示するとともに，治療や予防に関して，トラウマ体験の深刻さとその対処法を提示することを目的としました．まず総論として，災害や事故などの1回のトラウマ体験（単回性トラウマ）によって生じる情動調節への問題と，虐待や戦争などの持続するトラウマ体験（複雑性トラウマ）によって生じる情動調節の問題について論じていただきました．次に，各論として，子どものトラウマと成人のトラウマに分けて様々なトラウマやトラウマ反応について，論じていただきました．

　子どもに関しては（各論I），特に情動調節の発達に焦点を当てて，様々なトラウマと情動調節，トラウマ反応への補償因子としてのアタッチメント形成と情動調節，発達障害児のトラウマと情動調節，解離と情動調節の関係などに関して論じていただき，治療および予防に関しても章を設けて示していただきました．

　成人に関しては（各論II），トラウマとしての性暴力被害や災害を，トラウマによる精神病理として適応障害，自傷・自殺，情動犯罪につき論じていただき，

治療として薬物療法と精神療法について解説していただきました．

　子どもの時期のトラウマ体験が成人の精神病理につながったり，アタッチメントの形成が成人になってからのトラウマにつながる問題になったり，親のトラウマ体験が子どもに影響を及ぼすなど，子どものトラウマも成人のトラウマも相互に関係しています．是非とも両方を読んでいただき，トラウマの情動および情動調節への精神発達への影響の重要性を読み取っていただければ幸いです．

　本書が心理学・教育学・認知科学・精神医学などの研究者や臨床家のみならず，被害を受けた子どもや被災した人々に関わる保健，福祉，教育，行政の方々，被害者に関わる警察や司法の方々，実際にトラウマを受けた体験のある方々など，幅広い分野・領域の多くの方々に読まれ，トラウマが情動や情動調節にもたらす影響を理解していただくことで，トラウマを受けた方々の回復に役立てていただくことを心より望んでおります．

2017年3月

奥山眞紀子

●編集者

奥山眞紀子　国立成育医療研究センターこころの診療部
三村　將　慶應義塾大学医学部精神神経科学教室

●執筆者（五十音順）

青木　豊　目白大学人間学部子ども学科
飛鳥井望　医療法人社団 青山会青木病院／公益財団法人 東京都医学総合研究所
大江美佐里　久留米大学医学部神経精神医学講座
亀岡智美　兵庫県こころのケアセンター研究部
加茂登志子　若松町こころとひふのクリニック
栗山健一　滋賀医科大学精神医学講座
小西聖子　武蔵野大学人間科学部人間科学科
重村　淳　防衛医科大学校精神科学講座
杉山登志郎　浜松医科大学児童青年期精神医学講座
田口寿子　国立研究開発法人 国立精神・神経医療研究センター病院
田中　究　兵庫県立ひょうごこころの医療センター
中島聡美　福島県立医科大学放射線医学県民健康管理センター
西川　隆　大阪府立大学大学院総合リハビリテーション学研究科
西澤　哲　山梨県立大学人間福祉学部
藤岡淳子　大阪大学大学院人間科学研究科
藤森和美　武蔵野大学人間科学部人間科学科
前田正治　福島県立医科大学医学部災害こころの医学講座
松本俊彦　国立研究開発法人 国立精神・神経医療研究センター 精神保健研究所
森田展彰　筑波大学医学医療系社会精神保健学領域
栁井由美　医療法人社団友愛会 播磨サナトリウム

●目 次

総　論

1. 単回性トラウマと情動調節　　　　　　　　　　　　　　　［飛鳥井　望］…2
   1.1 巨人フロイトをも悩ませたトラウマの病理 … 2
   1.2 忌み嫌われたトラウマ概念 … 4
   1.3 現在のトラウマ概念 … 5
   1.4 交通事故トラウマの例 … 6
   1.5 トラウマに伴う情動処理の脳内基盤 … 7
   1.6 情動処理の心理学的理論 … 11
   1.7 情動調節としての馴化と非機能的認知の修正―ニワトリが先か卵が先か … 12

2. 複雑性トラウマと情動調節　　　　　　　　　　　　　　　［小西聖子］…15
   2.1 はじめに―情動調節に関わる概念 … 15
   2.2 複雑性トラウマとは―DSM-5と複雑性PTSDの定義 … 16
   2.3 複雑性トラウマにおける情動調節の症状 … 20
   2.4 子どもの脳科学から見る情動調節の問題 … 23
   2.5 複雑性PTSDの治療 … 25
   2.6 まとめ … 25

各論I　子ども～青年期に関して

1. 子どもの単回性トラウマと感情調整　　　　　　　　　　　［藤森和美］…30
   1.1 感情とは … 31
   1.2 情動調整と感情調整 … 32

 1.3　感情調整の発達……………………………………………………33
 1.4　子どもの感情表出の調整…………………………………………34
 1.5　単回トラウマ体験と子どもの感情調整―幼児の性被害事例から………35
 おわりに…………………………………………………………………37

2.　子ども虐待によるトラウマと情動調節……………………[西澤　哲]…40
 2.1　幼児期の子どものPTSD…………………………………………41
 2.2　発達トラウマ障害…………………………………………………42
 2.3　不適切な養育環境とアタッチメント……………………………47
 おわりに…………………………………………………………………50

3.　愛着形成の問題と情動調節…………………………………[青木　豊]…51
 3.1　愛着の中心的機能の1つがなぜ感情調節なのか…………………52
 3.2　乳幼児期の愛着の個人差とその感情調節の方略………………53
 3.3　反応性愛着障害における感情状態と感情調節…………………55
 3.4　児童期，青年期，成人期における愛着が感情調節に影響を与えているか……………………………………………………………55
 おわりに…………………………………………………………………57

4.　物質使用障害およびその他の自分の心身を害する行動とトラウマ
 ……………………………………………………………[森田展彰]…60
 4.1　自分の心身を損なう問題行動の捉え方…………………………60
 4.2　問題行動の危険要因………………………………………………61
 4.3　心理的機序に関する統合的なモデル……………………………65
 4.4　援　助………………………………………………………………69
 おわりに…………………………………………………………………71

5.　トラウマティック・ストレスが情動調節機能に及ぼす影響と非行
 …………………………………………………………[藤岡淳子]…75
 5.1　子どもの発達と非行………………………………………………76
 5.2　ストレス体験と情動調節そして非行……………………………78

  5.3　「治療共同体」におけるトラウマ体験からの回復 …………………… 81

6. トラウマによる解離の情動調節発達への影響 ……………［田中　究］… 85
  6.1　解離とは ……………………………………………………………………… 85
  6.2　解離の症候学 ………………………………………………………………… 86
  6.3　解離の成因 …………………………………………………………………… 87
  6.4　解離と情動調節 ……………………………………………………………… 90
  おわりに …………………………………………………………………………… 94

7. 発達障害児者のトラウマと情動調節 ……………………［杉山登志郎］… 97
  7.1　発達障害はトラウマを受けやすい ………………………………………… 97
  7.2　発達障害の増悪因子としてのトラウマ …………………………………… 100
  7.3　発達障害児への親子並行治療 ……………………………………………… 101

8. トラウマ後の情動調節への治療的アプローチ ………………［亀岡智美］… 107
  8.1　トラウマを体験した子どもの情動調節不全 ……………………………… 107
  8.2　治療的アプローチの目標 …………………………………………………… 111
  8.3　治療プログラムの発展 ……………………………………………………… 112
  8.4　TF-CBT の構成要素─情動調節のためのアプローチ …………………… 113
  おわりに …………………………………………………………………………… 116

9. 親子関係における情動調節の相互作用─虐待予防に向けて
  ……………………………………………………………［加茂登志子］… 118
  9.1　アタッチメント理論を振り返る …………………………………………… 119
  9.2　子どものトラウマとアタッチメント ……………………………………… 127
  9.3　養育行動に関する生物学的研究 …………………………………………… 129
  9.4　母親のうつ病と子育てをめぐる問題 ……………………………………… 132
  9.5　親子に働きかける治療・介入 ……………………………………………… 133
  おわりに─養育者支援の重要性について ……………………………………… 136

各論 II　成人期に関して

10. 性暴力被害と情動制御 ……………………………［中島聡美］…142
　10.1　性暴力被害の実態と心身への影響……………………………… 142
　10.2　性暴力被害者における情動調節の問題………………………… 143
　10.3　性暴力被害者の情動調節困難への介入・治療………………… 149
　おわりに………………………………………………………………… 151

11. トラウマと適応障害………………………［栁井由美・重村　淳］…155
　11.1　適応障害の定義……………………………………………………155
　11.2　適応障害の診断の困難さ…………………………………………158
　11.3　ストレス体験への脆弱性…………………………………………159
　11.4　複数回のストレス体験と脆弱性：がん患者におけるトラウマ反応…160
　11.5　がん患者におけるストレス関連障害の有病率…………………161
　11.6　適応障害とトラウマとの関係……………………………………162

12. トラウマと自傷・自殺……………………………………［松本俊彦］…164
　12.1　幼少期の慢性・反復性のトラウマ体験とNSSI，自殺……………165
　12.2　青年期・成人期における急性・単回性トラウマ体験とNSSI，自殺…169
　12.3　予防と治療…………………………………………………………173
　おわりに…………………………………………………………………174

13. 心的外傷と情動犯罪………………………………………［田口寿子］…178
　13.1　ドイツにおける情動犯罪研究……………………………………178
　13.2　日本における情動犯罪研究………………………………………180
　13.3　配偶者殺人の一鑑定例……………………………………………181
　おわりに…………………………………………………………………185

14. 災害は情動・認知にどのような影響を与えるか？：東日本大震災の
   現場から……………………………………［前田正治・大江美佐里］…187
   14.1 津波被害が与えた認知情動面への影響…………………………187
   14.2 原発事故が与えた認知情動面への影響…………………………192
   おわりに………………………………………………………………200

15. トラウマに対処する薬物療法……………………………［栗山健一］…203
   15.1 トラウマの処理障害……………………………………………203
   15.2 PTSDに対する標準的薬物療法………………………………206
   15.3 トラウマの治療…………………………………………………207
   15.4 ω-3系脂肪酸によるトラウマ予防……………………………211
   おわりに………………………………………………………………211

16. ストレス関連障害に対する他の精神療法…………………［西川　隆］…216
   16.1 ストレス障害の病根と基本的治療戦略…………………………216
   16.2 PTSDに対する各治療法の推奨度……………………………216
   16.3 眼球運動による脱感作と再処理法………………………………217
   16.4 合併症治療の意義と治療法………………………………………221

あとがき………………………………………………………［三村　將］…225
索　　引…………………………………………………………………………227

総論

1 単回性トラウマと情動調節

「1994年9月にルワンダから帰国した直後に私はこの物語を書こうとしたが，私のUNAMIR（国連ルワンダ支援団）司令官としての役割が，国際社会の無関心，複雑な政治的駆け引き，憎悪と残虐の深い源泉とどのように関連して，80万人以上の人々が命を落とすことになったジェノサイドが結果的に引き起されたかを整理するために，しばらく休息をとりたいと思った．実際には，私の精神状態はひどく悪化してしまい，そのおかげで，数回の自殺未遂，軍の病気退職，外傷後ストレス障害（PTSD）の診断，数えきれないセラピー治療の繰り返しと大量投薬を経験した．これは今でも私の日常生活の一部になっている．」

ロメオ・ダレール[1]

1.1 巨人フロイトをも悩ませたトラウマの病理

トラウマ（trauma，外傷）とは，本来は体のケガを意味する語であり，現にトラウマトロジー（traumatrogy）と言えば，外科領域では外傷学をさしている．そのトラウマという言葉を，精神的衝撃による心理的外傷（サイコロジカル・トラウマ）として初めて用いたのは，19世紀後半に活躍した米国の哲学者であり心理学者でもあったWilliam Jamesと言われる．一方，19世紀後半の鉄道の普及により，災害や事故に際してケガや驚愕体験をした被災者に見られる精神神経症状に医学的関心が向けられるところとなり，それらの症状に対して，ドイツのOppemheimは1889年に外傷神経症，Kraepelinは1896年に驚愕神経症という用語を提唱した．

フロイト（Freud）は，過去のある特定の時期への心理的固着という点での神経症と外傷性神経症との類似性について，1916-17年の『精神分析入門』講義[2]の中で次のように述べた．

「外傷神経症はその根底に，外傷を引き起こした災害の瞬間への固着があることを明瞭に示しているということです．外傷性神経症の患者は，その夢の中でいつも外傷の起こった情景を反復しているのが普通です．…（中略）あたかもこれらの患者にとっては外傷の状況の始末がまだついていないかのようであり，この外傷の状況は，まだ克服されていない現実の課題として，患者の前に立ちふさがっているかのようにみえるのです．」

しかし 1920 年の『快感原則の彼岸』[3)] では，外傷神経症をトラウマへの心理的固着といったメカニズムだけでは説明がつけられず，「しかしながら，外傷性神経症になやむ患者たちが，覚醒時に彼らの災害の回想に心を奪われているということを私は知らない．たぶん彼らは，むしろ災害について考えないようにつとめるであろう．夜間の夢が，患者たちをふたたび病気を起こした場面におきかえることを，自明なこととみなすならば，それは夢の性質を誤解することになる」として，夢が通常の願望充足ではなく，反復強迫のメカニズムによると考えた．そして外傷神経症を「精神の器官に対する刺激保護の破綻と，そこから発生する課題から理解しようとこころみる」のである．

つまるところ，神経症の心理学説として葛藤抑圧や転移などの心的メカニズムの存在を唱えた巨人フロイトをもってしても，トラウマ体験後の外傷神経症を自身の神経症理論に統合しきることは結局できなかったのである．とはいっても，侵入症状としてのトラウマ体験に関する悪夢の反復や，回避症状としてのなるべく思い出さないようにしていることなど，現在のトラウマ症状論においても中核的と見なされている臨床特徴を観察して，他の神経症との症状論的相違を的確に論じている．

トラウマがもたらす病理のメカニズムについて，より現代にも通じる見解を唱えたのは，当時フロイトとは対抗関係にあった Janet である[4)]．Janet は，人間が激烈な情動体験に対して反応する時には，正常な情報処理の過程と適切な行動が障害される．また引き起こされた過覚醒状態は，トラウマに伴う記憶を障害し，意識と記憶を切り離し，記憶を身体的に蓄積する．そして，これらの「内臓」記憶の断片が，後になって，生理的反応や感情状態，視覚イメージ，行動上の再演として出現する．したがって，病因としての役割をとる意識下の固定観念の原因はトラウマ体験であり，それが意識下に沈められ症状に置き換わると考えた．

このようにしてみると，20 世紀の初めには，トラウマがもたらす病理は他の

神経症と一緒に括ることはどうにも難しく，他の神経症に見られる葛藤反応とは異なる情動メカニズムを想定せざるを得ないという理解が生まれていたのである．

1.2 忌み嫌われたトラウマ概念

しかしながら，心理的外傷としてのトラウマ概念のその後の発展は平坦なものではなかった．それどころかHermanによれば，トラウマ概念自体が「忌み嫌われた」存在であった．その大きな理由は，真の病気か偽りの病気かをめぐって，あまりにも激しい論争が起こることにもあった[5]．

19世紀後半の鉄道の普及とともに，イギリスでは鉄道事故後に精神神経症状を示すものが多く認められた．当時ロンドンの外科医であったErichsenは，これらの症状は事故の衝撃で脊髄が震盪した器質的原因による「鉄道脊髄症」とした．これに対して同僚の外科医であったPageは反論し，症状は本質的に心理的原因によるものであるとした．外傷神経症という用語を初めて提唱したドイツのOppemheimも，恐愕や情緒震盪といった心理的要因の一定の関与を認めながらも，解剖学的顕微鏡学的に証明されるほどの変化ではないが，あくまでも脳の機能的障害を基盤としているという点で，もっぱら心理的原因によるヒステリーという概念でまとめることは妥当ではないとしたのである．

この器質的原因か心理的原因かといった議論は，第一次世界大戦後の戦争神経症（いわゆるシェルショック）をめぐる議論が決着するまで続いた．第一次世界大戦は各国の兵士に多数の精神神経症状の発生をみた．Myersが1915年にシェルショック（shell shock，砲弾ショック，戦場ショック）と名づけたその病態は，当初は脳の器質的原因によるものであり，一酸化炭素や空気圧の変化による影響が原因とされた．しかし1940年になってMyersは，2000例以上のシェルショックを研究した結果，大多数は恐怖や驚愕といった心理的原因によるものであるとし，器質的原因の可能性を退けたのである．外傷神経症に関するOppemheimの器質因説も，1916年のドイツ精神神経学会において否定された．心因説をとる学者らは，外傷神経症の症状は，外傷の直接の結果よりは，むしろ受傷者の人格特性およびその処遇にまつわる事態によって引き起こされると主張し，また戦争神経症に対しては説得，暗示，催眠術を応用し，さらに作業療法を含めた広義の精神療法を行い治すことができたという経験から，戦争神経症についてもヒステ

リーであるとしたのである．このような考え方からは，戦争神経症に対しても，逃避という二次的疾病利得や兵士としてのモラルの低下を原因とみなし，懲罰的治療が行われることがあった．つまり初期の一過性の驚愕反応は別として，トラウマによる精神神経症状は症状誇張や詐病といった「偽りの病気」の傾向を少なからず含むとみなされた時期が続いたのである[6]．

1.3 現在のトラウマ概念

このような状況を大きく変えたのは，何と言っても 1980 年の米国精神医学会診断基準 DSM-III における PTSD（posttraumatic stress disorder，心的外傷後ストレス障害）の登場である．その症候論的土台となったのは，1940 年代に報告された Kardiner による戦争神経症の臨床研究とされる．Kardiner は，外傷神経症の兵士に共通する症状として，危険な状況の強い回避に加えて，心的外傷への固着，典型的な反復する悪夢，いらいら感と驚愕反応（刺激への過敏），怒りの爆発，全般的な精神活動機能の収縮を取り上げた[7]．

1970 年代には，ベトナム戦争復員兵やレイプ被害女性の精神的後遺症が米国において大きな社会問題となった．それを契機として，復員兵，レイプ被害女性，自然災害被災者など，それぞれトラウマとなる出来事は異なっても，かつて戦争神経症として記述されたものと，臨床的にほとんど類似する状態像が共通して観察されることが報告されたのである．1974 年には Burges と Holmstrom[8]が，レイプ被害女性 92 例の臨床観察から，被害者の早期と長期の精神的影響を明らかにし，レイプ・トラウマ症候群として報告した．この論文はそれまで多く研究されてきた戦争神経症と同じトラウマ病理を戦争以外の出来事にも見出した金字塔となる研究となった．これらの研究報告の結果は，深刻なトラウマ体験は，その後長期にストレス反応を生じることがあり，その病態は受傷者の人格特性の範囲を越えて思ったより多く，その精神健康に与える悪影響について精神保健専門家の関心と理解が必要であることを示したのである．

様々なトラウマ体験後に生じる共通の特徴的症候群としての PTSD 概念の誕生後，現在までトラウマ研究は飛躍的な進展を続けている．最近ではトラウマという言葉もすっかり定着した感があり，日常生活の中でも，たとえば，失恋や仕事上の失敗が「トラウマになってしまって」などといった使い方をされることもしばしば見聞きする機会が増えた．しかしながらそこまで広まると，専門用語と

して今度はかえってやや困った事態に直面することとなった．精神医学や心理学が扱うトラウマとは，今般の東日本大震災のように，命や身体に脅威が及び，強い恐怖心や無力感を伴う出来事に遭遇し，何か月も経つのにその記憶を何度も思い出したり，苦しみ続けたりする精神変化のことをさしている．各種の災害や事件，事故による被害などは単回性のトラウマとなる出来事であり，ドメスティック・バイオレンス（domestic violence）や児童虐待などは長期反復性のトラウマとなる出来事である．

1.4　交通事故トラウマの例

症例：友人の事故死を目撃した50代男性

不眠と，飲酒量の急激な増加の心配を訴えて，睡眠薬処方と飲酒問題の相談のために病院を受診した．これまでに精神疾患の既往歴はない．経過を確認したところ，2か月前に友人の交通事故を目撃してから症状が出現していた．

その事故とは，患者のすぐ後ろを歩いていた友人が車に激しく撥ね飛ばされ，意識不明の心肺停止状態となったものである．患者は，深手の傷を多く負い生々しい惨状を見せていた友人に，習い覚えていた蘇生処置を1人で必死に試み，吐血を浴びながらも，マウスツーマウスによる人工呼吸と心臓マッサージを続けた．地理事情により救急車が到着するまでには時間がかかった．なんとか自発呼吸を回復したところに救急車が到着し，友人は意識不明のまま病院に搬送されたが，回復する間もなく死亡した．葬儀では家族の悲痛な泣き声に，患者は心がひどく痛む思いをした．

このようなトラウマを体験した患者の受診時の症状は，次のようなものであった．

- 侵入（再体験）症状：突然鮮明に思い出される侵入的記憶と悪夢が執拗に続いている．毎晩，就床すると事故の光景が2時間くらいビデオのように頭に浮かんできて止めることができない．やっと寝つくと今度は夢に出てきてうなされる．
- 回避症状：友人の負傷した体を想起させるため生肉と血を正視できない，肉を口にすることができない，肉屋や病院に近づけない，TVのニュースや新聞を見ることができない，人の泣き声を耳にしたくない，事故のことは話したくない，タクシーのドアの閉まる音が事故時の衝突音に似ているためタク

シーに乗ることができない，血のついた髪を洗った時浴室の床がピンクに染まったのを見たため髪を洗う時に目を開けることができない，血のついた髪を思い出すので髪を伸ばすことができず短く刈り込んでいる．
- 過覚醒症状：重度の睡眠障害，物事に集中することがほとんどできず仕事は下の者に任せている．歩行中や運転中も過剰に警戒してしまい，不審に見られたりのろのろ運転となったりしている．不安緊張といらいらのため妻子の団欒の輪に入ることができず，家では1人だけ離れて過ごしている．
- 抑うつ症状：気分も落ち込み，何に対しても意欲がわかず，自信をすっかり失ってしまった．
- それまで酒はあまり飲まない方であったが，事故後は不眠，不安緊張とフラッシュバックを和らげるために飲酒量が急激に増加している．

以上のように，アルコール乱用や抑うつ症状の背景に，顕著な再体験症状，回避・精神麻痺症状，過覚醒症状を認めたため，PTSDと診断された．

1.5 トラウマに伴う情動処理の脳内基盤

上記の症例に出現したような侵入（再体験）症状，回避症状，過覚醒症状の脳内メカニズムとして，大脳辺縁系を中心とした神経ネットワークの働きが想定されている（図1.1）．他の知覚刺激と同様に恐怖刺激に関連した各種の知覚情報は視床に入力され，そこから扁桃体の外側基底核に直接伝達されるか，あるいは一部は大脳皮質や島皮質を介して伝達される．さらに扁桃体内で外側基底核から中心核に信号が伝えられ，中心核から出力された信号は，視床下部，青斑核，中心灰白質，結合腕傍核に伝達され，一連のストレス反応が出現する．このような恐怖刺激に関連した一連のストレス反応生成や扁桃体の異常活性化と制御に関わる脳領域の活動は恐怖回路モデルとして知られている．

a. 恐怖条件づけと消去

PTSDの病態は，しばしば「恐怖条件づけ」のメカニズムから説明される．たとえばラットに電気ショックを与えると体を硬直させ動きの止まるフリージング（すくみ反応）を引き起こす．電気ショックのような不快刺激（無条件刺激）と音や光などの中立刺激（条件刺激）を同時に与えることを繰り返すと，条件刺激だけを与えても，あたかもショックを受けたかのようにフリージングを生じる．

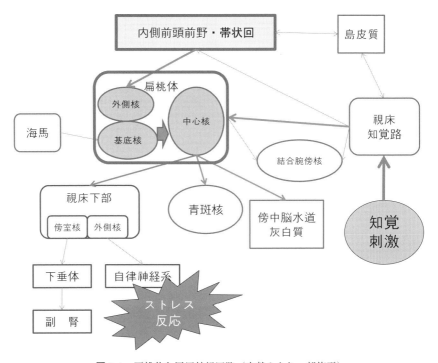

図1.1 扁桃体と周辺神経回路（文献9より一部修正）

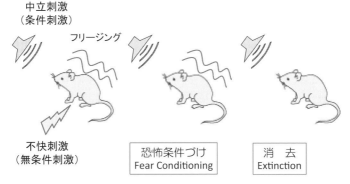

図1.2 恐怖条件づけモデル

これが「恐怖条件づけ」である．しかしいったん恐怖条件づけが成立しても，次に無条件刺激を伴わない条件刺激のみを繰り返すと恐怖条件づけ反応としてのフリージングは消退する．これが「消去」の過程である（図1.2）．

PTSDでは外傷的出来事を想起させるような刺激に接すると，容易に再体験症

状が出現するばかりでなく，突然の物音などの刺激にも過敏となりやすい．このような変化はトラウマ体験により形成された恐怖条件づけ反応とみなすと確かに理解しやすい．またさらに，条件づけられた恐怖反応は，通常は実際の脅威が去れば消去の過程をたどるのであるが，それが回復せず持続する点は，回復過程での「消去の失敗」として捉える考えもなされている．

動物実験の結果からは，内側前頭前野を破壊すると恐怖の消去が阻害されることが明らかにされており，内側前頭前野は消去の長期記憶を保持している可能性が示唆されている．扁桃体は恐怖条件づけ反応をつかさどることが明らかにされているが，内側前頭前野は扁桃体と相互に神経線維を投射している．内側前頭前野における恐怖反応を制御する能力は，おそらく扁桃体への神経線維投射を通じてのものと考えられている．

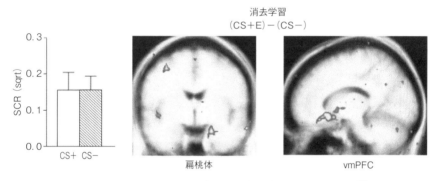

図 1.3 消去学習における腹内側前頭前野（vmPFC）の活性化[10]
CS^+：条件づけ刺激あり．CS^-：条件刺激なし．

それを裏づける知見は，ヒトを対象とした脳画像研究（機能的 MRI）からも得られている[10]．実験では指先への不快な電気刺激を無条件刺激として，被験者に各種条件の画像呈示（条件刺激）し恐怖条件づけと消去学習を行った（day 1）．その結果，消去学習では扁桃体と内側前頭前野の活性化が認められた（図 1.3）．また消去学習成立後の消去記憶（day 2）の維持には，内側前頭前野と海馬の活性化が認められた．

以上のような恐怖条件づけと消去学習，消去記憶の維持の過程に関わる神経ネットワークが，トラウマの情動調節の脳内基盤を形成しているといえるであろう．

表 1.1 急性ストレスに対する神経化学的反応のパターン[11]

神経化学物質	レジリエンスとの関連性	精神病理との関連性
コルチゾール	ストレスにより上昇．グルココルチコイド・ミネラルコルチコイド受容体を介したネガティブフィードバック制御	制御されなければ高コルチゾール血症性抑うつ，高血圧，骨粗しょう症，インスリン抵抗，冠動脈疾患．過剰制御ではPTSDの一部で見られる低コルチゾール血症
DHEA	DHEA/コルチゾール比が高いとPTSDや抑うつに予防的効果の可能性	ストレスに対する低いDHEA反応はPTSD，抑うつや，低コルチゾール血症の影響の危険因子の可能性
ACTH放出ホルモン	CRH放出の減少．CRH-1，CRH-2受容体の適応的変化	CRH濃度の持続的上昇はPTSDや大うつ病の危険因子の可能性．慢性不安・恐怖・アンヘドニアと関連可能性
青斑核ノルアドレナリン系	青斑核ノルアドレナリン系の反応減少	青斑核ノルアドレナリン系の制御不調は慢性不安，過剰警戒心，侵入的記憶をもたらす．PTSD，パニック障害，大うつ病で同系の機能亢進を示す患者がいる．
ニューロペプチド(Neuropeptide)Y	扁桃体ニューロペプチドYの適応的上昇はストレスによる不安抑うつを減少させる．	ストレスに対する低いニューロペプチドY反応はPTSDと抑うつへの脆弱性を高める．
ガラニン(Galanin)	扁桃体ガラニンの適応的上昇はストレスによる不安抑うつを減少させる．	ストレスに対する想定された低いガラニン反応はPTSDと抑うつへの脆弱性を高める．
ドパミン	報酬や恐怖消去を含む機能維持のため，皮質および皮質下ドパミン系が適正機能範囲を保っている．	ドパミン活性の前頭前野皮質での持続的高レベルと皮質下の低レベルは認知機能障害と抑うつに関連．前頭前野皮質での持続的低レベルは慢性不安と恐怖に関連
セロトニン	後シナプス5-HT1A受容体の高活性は回復促進の可能性	後シナプス5-HT1A受容体の低活性は不安抑うつの危険因子の可能性
ベンゾジアゼピン受容体	ストレスによるベンゾジアゼピン受容体ダウンレギュレーションへの抵抗	皮質ベンゾジアゼピン受容体の減少はパニック障害とPTSDに関連
テストステロン	テストステロンの上昇はエネルギーと積極的コーピングを増強し，抑うつを減少する可能性	髄液中テストステロンレベルの低下がPTSDで見出されている．低テストステロン症の抑うつ男性では補充が有効
エストロゲン	エストロゲンの短期的上昇は，ストレスによるHPA系とノルアドレナリン系活性の影響を緩和する可能性	エストロゲンの長期上昇は5-HT1A受容体をダウンレギュレートし抑うつ不安の危険性を高める可能性

b. レジリエンスと脆弱性

　トラウマの情動調節には，ストレス脆弱性と反対の性質であるレジリエンス（復元力，ストレスに対する抵抗性の高さ）も関わっている．極度のストレスに対するレジリエンスの心理-行動学的特徴は，報酬と動機づけの制御（快楽的，楽観主義，学習性希望），恐怖の学習記憶と対処（恐怖にもかかわらず有用な行動をとる），適応的社会行動（愛他的態度，絆，チームワーク）などである．これらの心理-行動学的特徴の神経生物学基盤としては，DHEA（dehydroepiandrosterone），ニューロペプチド（Neuropeptide）Y，ガラニン（Galanin），テストステロン，セロトニン受容体機能，ベンゾジアゼピン受容体機能の高活性と，HPA系，コルチコトロピン放出因子（corticotropin releasing factor：CRH），青斑核ノルアドレナリン系の低活性が示唆されている（表1.1）[11]．

1.6　情動処理の心理学的理論

　Rachman[12] は，情動処理の過程について次のように述べた．人が脅威に曝されると強い感情反応を生じうるが，それは自然に備わったものである．正常な経過においては，不安や不快感は，脅威がすでになくなったことを実感すると徐々に軽減する．しかし最初の脅威が強大なものであり，また最初の反応も圧倒的であった場合には，多くの問題が残ることがある．しばしば脅威を受けた者は，脅威が起きうるような所には身を置こうとせず，刺激を恐れ，刺激に曝されることを避ける．つまり不安に対する正常な馴化が生じない．したがってストレス状況への情動反応の正常な処理過程が阻害される．PTSDの症状とは，まさにこの情動処理過程が不完全であることによる．

　Foa らはラックマンの理論に加えて Lang[13] の理論を発展させ，病的不安の情動処理過程に関する理論として，長期記憶における恐怖構造（fear structure）の概念を提示した[14]．

　恐怖構造とは，外傷的出来事に関する刺激情報，出来事に対する認知・行動・生理的反応の情報，そしてこれらの刺激と反応の要素を関連づける情報である．恐怖構造が活性化すると，構造内の情報が意識化される．このような恐怖構造の活性化を回避し抑える試みが回避症状となる．病的不安の解決に成功するためには，恐怖構造の情報を現存する記憶構造に統合しなければならない．そして統合をはかるためには，いったん恐怖構造を活性化し変形し，次に記憶構造の全体を

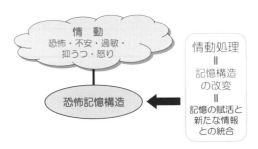

図1.4 情動処理理論[13]

改変する過程が必要となる．情動処理理論によれば，治療的成功とは恐怖構造の病的要素を修正することにほかならず，またこの修正過程が情動処理のエッセンスとなる．そのためには，恐怖に関連した刺激に向き合うことで恐怖構造が賦活されなければならない．もし恐怖構造が賦活されないと（つまり恐怖が賦活されないと），恐怖構造の修正は行われない．そして新しい情報が用意され既存の病的要素とは異なるものとして提供されることで後者が修正されるとしている（図1.4）．PTSDにおいて恐怖構造を形成するのはトラウマ記憶であり，トラウマ記憶を想起するということは，刺激，反応，意味の3要素のすべてを想起するということである．

一方，PTSDでは，トラウマ体験前の自己や世界に関する認知の構造，トラウマ記憶，トラウマ後の体験の3つの要因が相互に関連しながら否定的認知を強化している．その否定的認知の行き着くところは，世界はすべて危険であり，自己は全く無能力であるということにほかならない．

フォアらの情動処理理論は，PTSDに対する曝露療法の基礎となる理論であり，それまでの学習理論，認知理論，パーソナリティ論を統合したものである．

1.7　情動調節としての馴化と非機能的認知の修正—ニワトリが先か卵が先か

トラウマに伴う情動処理の脳内基盤や心理学説としての情動処理理論からうかがわれることは，単回性トラウマの情動調節には，馴化のプロセスと非機能的認知の修正が主要な要素として大きく関わっていることである．トラウマ体験がもたらす非機能的認知とは，安全感と信頼感の喪失，無力感，孤立無援感，自責感などである．

馴化と非機能的認知の修正を強力に促す暴露療法は，現在PTSDに対する最

も確固とした有効性のエビデンスのある治療法である[15]．前述の交通事故トラウマの例では，課題設定された回避対象に少しずつ近づく練習（実生活内暴露）に日々励み，馴化が促進されたことで最終的に肉，タクシー，事故報道など回避していた事物や状況のほとんどすべてに不安を感じることもなく接することができるようになった．またトラウマ体験を想起陳述（イメージ暴露）し記憶に向き合うことでは，蘇生処置を1人で試みている時の現場の光景と，被害者の体と血に接した生々しい感覚，そしてそれに付随して強い恐怖感，不安感，気持の混乱，孤立無援感，絶望感がありありと蘇った．イメージ暴露の開始時点ではそれらの感覚や感情の想起は強い苦痛を伴うものであったが，3セッション続けたところで明らかな馴化が見られるようになった．さらにイメージ暴露を続けるごとに苦痛感が薄らぐことを患者本人も自覚できた．それに応じるようにフラッシュバックと悪夢，集中困難，回避行動も減少した．またイメージ暴露後の話し合い（プロセッシング）における認知の修正では，素人の自分の蘇生処置が誤っていたのではないかという不安と自責の念を事故後もずっと抱いていたことが明らかとなった．それについてもイメージ暴露を続ける中で，処置が正しかったかどうか今でも確かなことはわからないが，あの現場で精一杯やったことは亡くなった友人も認めてくれると思う，というように認知の修正がなされた．約3か月間のプログラムの終了時点には，患者のPTSD症状は大幅に改善し，仕事を含めて日々の生活機能もほぼ事故前のレベルにまで回復することができた．

　それでは回復過程では，馴化が進むことで非機能的認知の修正が促されるのであろうか，あるいは逆に，非機能的認知の修正が進むことで馴化が促されるのであろうか．このニワトリが先か卵が先かといった議論について，齋藤ら[16]は12症例の治療過程におけるナラティブ（narrative，物語）の変化を逐語録より質的に分析した．その結果，イメージ暴露を通してトラウマ記憶への馴化が生じ，感情や思考を伴いつつも冷静にトラウマ体験を振り返ることが可能となっていることを明らかにした．そして患者は自ら記憶の再検証を行い，その中で非機能的認知もまた患者自らによって再検証されていた．つまり症状としての非機能的認知は，記憶の馴化および記憶と認知の再検証が並行して進むことで修正されるといえよう．

〔飛鳥井　望〕

文　　献

1) ロメオ・ダレール著，金田耕一訳：PKO司令官の手記―なぜ世界はルワンダを救えなかったのか．風行社，p.5，2012．
2) ジムクント・フロイト著，懸田克躬，高橋義孝訳：精神分析入門．フロイト著作集1（井村恒郎，小此木啓吾，懸田克躬編），p.226，人文書院，1971．
3) ジムクント・フロイト著，小此木啓吾訳：快感原則の彼岸．フロイト著作集6（井村恒郎，小此木啓吾，懸田克躬編），人文書院，p.155，1970．
4) van der Kolk BA, van der Hart O：Pierre Janet and the breakdown of adaptation in psychological trauma. *Am J Psychiatry*, **146**：1530-1540, 1989.
5) Herman JL：Trauma and recovery. The aftermath of violence―from domestic abuse to political terror, Basic Books, pp. 7-32, 1992. 中井久夫訳：心的外傷と回復．みすず書房，1996．
6) 飛鳥井望：外傷概念の歴史．PTSDの研究と実践，金剛出版，2005．
7) Kardiner A：War stress and neurotic illness（Paul B ed），pp. 196-216, Hoeber, 1947. 中井久夫，加藤寛訳：戦争ストレスと神経症．pp. 159-173, みすず書房，2004．
8) Burgess AW, Holmstrom LL：Rape trauma syndrome. *Am J Psychiatry*, **131**：981-986, 1974.
9) Neumeister A, Henry S, Krystal JH：Neurocircuitry and neuroplasticity in PTSD. In Friedman MJ, Keane TM, Resick PA（eds），Handbook of PTSD：science and practice, pp. 151-165, The Guilford Press, 2007.
10) Milad MR, Wright CI, Orr SP et al.：Recall of fear extinction in humans activates the ventromedial prefrontal cortex and hippocampus in concert. *Biological Psychiatry*, **62**：446-54, 2007.
11) Charney DS：Psychobiological mechanisms of resilience and vulnerability: implications for successful adaptation to extreme stress. *Am J Psychiatry*, **161**：195-216, 2004.
12) Rachman S：Emotional processing. *Behaviour Research and Therapy*, **18**：51-60, 1980.
13) Lang PJ：Imagery in therapy：an information processing analysis of fear. *Behavior Therapy*, 8：862-886, 1977.
14) Foa EB, Kozak MJ：Emotional processing of fear: exposure to corrective information. *Psychological Bulletin*, **99**：20-35, 1986.
15) 飛鳥井望：認知行動療法（PE療法）によるPTSD治療―日本におけるエビデンスと被害者ケア現場での実践応用―．精神経誌，**113**：214-219, 2011．
16) 齋藤梓，鶴田信子，飛鳥井望：PE療法によるPTSD治療過程におけるクライエントのナラティブ変化と非機能的認知の修正．心理臨床学研究，**28**：62-73, 2010．

2 複雑性トラウマと情動調節

2.1 はじめに－情動調節に関わる概念

　「子ども虐待のサバイバーには，情動調節の不安定が見られることが多い」．トラウマに関わる臨床家なら誰でもそのことには同意できるだろう．虐待を受けた子どもに，またその虐待を生き延びた成人に，情動のコントロールの悪さが見られ，そこから派生する問題行動に直面する臨床家，支援者は多い．しかし，実は，「複雑性トラウマと情動調節」という題そのものにも，多くの論点が含まれている．情動とは何かについて詳しく考えることは，本シリーズの他の巻に譲るが，簡単に論点を整理しておきたい．

　まず，ここでは「情動」とは，小野[1]にならい，広義に「動物にも共通する喜怒哀楽の感情」として使用することにする．英語のemotionという言葉は，日本語の「感情」よりかなり広い意味を含んでいる．「心理的（psychological）」に近い意味で使われていることも少なくないし，行動的な側面を含むこともある．また情動は意識的／無意識的どちらの過程も含むものと考えられている．感情に無意識の部分がある，ということは，初めはフロイトによって主張されたが，近年では脳科学からもそのことが確認されている．むしろ意識の方が無意識的な広範な脳の働きの一部を反映しているにすぎない，と言った方がよいかもしれない．情動には，様々な類似の概念が存在する．たとえば不安，怒り，憂うつ感，喜びなど人間に意識されている感情に対しては，英語の臨床研究ではaffectという言葉が使われていることが多い．本章でも，その領域の議論をする場合は「感情（affect）」という言葉を使用することにする．

　情動（emotion）は，様々な経験に意味を与える．また情動はその発現状況が調節されるものだが，一方で行動を調節するものとも考えられる．つまり，強い怒りを感じた時に，その怒りを抑えたり，あるいは，そのまま爆発させたり，と

いうように人は情動を調節しているが，一方で怒りがあることによって，それまで落ち着いて考えていた数学の問題が解けなくなったり，電車の降りる駅を間違えてしまったりということが生じる．こちらは情動によって行動が変化を受けているわけである．

情動による行動変化は，もともとは適応のための戦略であると考えられる．Grossは，情動は適応を助けるための1つのプロセスであり，情動の主たる機能は複数の異なるシステムを協調させることであると述べている[2]．たとえば人間は恐れを持った時には感覚は研ぎ澄まされ，筋肉はすぐにも逃げられる準備をし，筋肉に十分な酸素を送れるように循環系は変化する．それぞれ違った情動は違った適応の問題に割り振られる．こう考えれば，情動調節とは情動それ自身の調節の問題であり（怒りを抑えるなど），さらには人がどうやって情動を変化させるか（どうやったら楽しくなるかなど），あるいは他の人の情動を変化させるか（人の憂うつ感を軽減するにはどうしたらいいかなど）という問題であり，意識的にも無意識的も行われうるプロセスであるということが納得できる．

本章では，複雑性トラウマによって情動はどのような変化を受け，それは複雑性トラウマを経験した個人の情動調節の働きにどのような変化をもたらすのか，またそのような情動調節の不全ということが考えられるとすれば，それはどのように疾病概念の中に位置づけたらよいのかという視点が中心になる．

2.2 複雑性トラウマとは－DSM-5と複雑性PTSDの定義

a. 病因論的視点としての複雑性トラウマ

複雑性トラウマの概念を整理し，PTSD（posttraumatic streess disorder）や情動調節の問題の構造を明確にすることもまたなかなか難しい作業である．少し面倒なのだが，本章で複雑性トラウマとは何か，複雑性PTSDとは何か，それがどの程度使われ，どの程度使われていないのかについて明らかにしておきたい．

最初に複雑性トラウマ（complex trauma）と複雑性PTSD（complex PTSD）の違いについて考える．ある複雑性トラウマの体験がもたらす症状を複雑性PTSDという，ということでよいのだろうか．あるいはトラウマ体験に関連して――単に関連してPTSDとは違うある一定の症状群がある時に複雑性PTSDというのか．ここが，明確には区別されずに用いられている．言い換えれば，原因と結果がかなり曖昧に結びつけられているのが，複雑性トラウマと複雑性

PTSD の現在の状況である．研究者によって使い方も異なっている．トラウマと PTSD の関係についても，過去には同様な誤解もあったが，今では比較的整理されてきている．トラウマ体験の結果生じる心身のトラウマ反応には様々なものがあり，中には身体的な反応も含まれるが，そのうちトラウマ記憶と感情に関連する特有の症状群を PTSD とする，というところである程度は落ち着いている．しかし，このような整理をすると複雑性 PTSD も PTSD の中に含まれる——つまり PTSD の症状があることが複雑性 PTSD の必要条件となる——から，議論が終わらなくなる．

まずは，「複雑性トラウマ」という言葉は，Herman の言う「持続した繰り返すトラウマ」に相当すると考えてみよう．複雑性 PTSD が概念化された論文[3]で，Herman は次のように述べる．

> 「現在の PTSD の概念は主として比較的境界のはっきりしたトラウマとなる出来事——すなわち戦闘や災害やレイプ——のサバイバーを観察して得られたものである．とすると，この概念では，持続する繰り返すトラウマの多種多様な影響をうまく把握できないということも示唆される．境界のはっきりしたトラウマに比べて，持続し繰り返すトラウマは，虜囚の状態にあり，逃げることができず，加害者の支配下にある被害者に生じる．」（筆者訳）

Herman は，複雑性トラウマには，子どもの被害ばかりでなく，成人の強制収容所体験や DV（domestic violence）被害なども含まれるとする．そしてこのようなトラウマ体験によって，身体的，認知的，感情的，行動的，対人関係的な領域で広範な変化が生じるとしている．さらにこのような概念化によって，「持続する繰り返されるトラウマの影響は，単なる症状群から，より統一された枠づけを持った構造となる」（筆者訳）と主張している[4]．

このように「複雑性トラウマ」という概念で問題を切り取る場合には，病因論の視点から問題を見ているということになる．そもそも，本書総論の章立て「単回性トラウマ」と「複雑性トラウマ」という分け方は病因論的視点に立っていると言えよう．トラウマは，その後に起こってくる結果の原因となっている．つまりこの視点では，子どもが，あるいは逃げられない成人が持続的に繰り返しの被害を受けたという状況があって，そこから生じる多種多様な結果が，複雑性 PTSD という言葉でくくられるという主張になる．

2012 年に出された国際トラウマティックストレス学会によるエキスパートコ

ンセンサスによる複雑性 PTSD の治療ガイドライン（専門家の合議によるガイドライン．実証的エビデンスに基づいてはいないが，実証研究がまだ不足している分野で，作成されることがある）[5]は複雑性 PTSD の定義について次のように2 つの観点を併記して述べている．「複雑性 PTSD の定義は，文献によって異なり，重なっている症状もあるが，同じではない」．このガイドラインでは，複雑性 PTSD とは，「PTSD 中核症状（再体験，回避／麻痺，覚醒亢進）を持ち，それに自己調節能力に関わる 5 つの不調，①情動調節の不調，②対人関係の不調，③注意と意識の変化（たとえば，解離），④悪影響をもたらす信念体系，⑤身体的苦痛あるいは身体的な統一のなさが伴う」としている．「複雑性 PTSD は典型的には繰り返し持続する出来事や多様な形で行われる対人関係のトラウマ，および身体的，心理的，発達的，家族／環境的，社会的制限により逃げることのできない環境下において生じる」（いずれも筆者訳）．

b. DSM-5 における複雑性 PTSD

しかし，DSM（Diagnostic and Statistical Manual of Mental Disorders）における精神障害の分類は原則的に症状学によっている．他の障害とは異なる特異的な症状群があり，その群に対して特異的な経過，特異的な治療法があるということが実証研究の結果として示されることが，DSM の精神が理想とするところである．しかし，そもそも PTSD 自体がトラウマ体験の存在を前提とするから，症状学的分類に乗りにくい概念である．そうなると，前節で述べた病因論的な「複雑性トラウマ」とその症状の考え方はますます診断体系の中で難しい問題を抱えることになる．複雑性トラウマ，あるいは複雑性 PTSD は，DSM-5 の中ではどのように扱われているのだろうか．

2013 年 5 月にアメリカ精神医学会の診断基準 DSM が改定され第 5 版 DSM-5[6]になった．PTSD に関する主な変更点は，不安障害ではなく，心的外傷およびストレス因関連障害群として分類されるようになったことに加えて，①トラウマの外形基準をより明確にしたこと，②主観的なトラウマ体験における感情の基準をなくしたこと，③これまで 3 項目（再体験，回避麻痺，覚醒亢進）であった症状を 4 項目に分けたこと，すなわち，回避麻痺の項目が回避（avoidance）と認知と気分の陰性の変化（negative alterations in cognitions and mood）に分かれたこと，④それに従っていくつかの症状が変更，追加されたこと，⑤解離を伴う

2.2 複雑性トラウマとは—DSM-5と複雑性PTSDの定義

サブタイプが特定されるようになったこと，そして，6歳以下の子どものPTSDが別建ての診断基準を持ったことなどである[7]．

結論としてDSM-5には複雑性PTSDという言葉はなく，解離を伴うPTSDのサブタイプが設定されたということになる．この結論に従うと複雑性PTSDという言葉は，虐待された子どもや成人となったサバイバーの臨床に関わるものにとっては実感がありなじみやすい概念だが，現在のところ，議論の末，複雑性PTSDは独立した診断名にはなっていない．DSM-5の診断項目の中に，D4として，持続的な陰性の感情状態（恐怖，戦慄，怒り，罪悪感，恥）が症状の1つとしてあげられている[8]．情動調節については，怒り，罪悪感，恥などの感覚も症状の1つとして取り上げられるようになった点が変化だと言えよう．ちなみに，解離主体のサブタイプは離人感と現実感の消失が持続的，あるいは反復的に続く場合に診断することになっている[9]．

このように，解離性のサブタイプは複雑性PTSDの症状のうち，解離のみに焦点が置かれたものとなっている．この後に述べるように情動調節の不調も，複雑性PTSDに特徴的な症状としてあげられるのだが，ここには入っていない．むしろ情動調節の不良はPTSD全体にあるものとして扱われている．

「複雑性PTSD」という独立した診断名を立てるかどうかについては，DSMの第4版を改定して第5版になる過程で，激しく議論されたことの1つである．

Resickは複雑性PTSDについての文献を展望している[10]が，「複雑性PTSDには論争点があり，これは今に始まったことではない」とし，結論は，複雑性PTSDの疾病概念のPTSDの疾病概念からの独立性が，実証的に確認できないとしている．その結論はDSM-5の診断基準に反映されている．Resickの論文は，少し乱暴に言うと症状学的なDSMの精神に則って書かれている．このような視点からは，複雑性PTSDはその概念があまりにも曖昧であるという主張が出てくるのは当然である．しかし，当然のことながら，この論文には違う視点からの様々な反論がある．また「疾病及び関連保健問題の国際統計分類（International Statistical Classification of Diseases and Related Health Problems：ICD)」は，世界保健機関憲章に基づき，世界保健機関WHOが作成した分類であるが，こちらの改定作業も進められており，その結果も注視される．

2.3 複雑性トラウマにおける情動調節の症状

a. DESNOS および複雑性 PTSD における情動調節

以上の問題を踏まえたうえで,実際に複雑性トラウマによってどのような情動調節の問題が生じるのか,研究者の主張に沿って見ていきたい.

複雑性トラウマとその結果の概念化についての最初の提唱者である Herman も van der Kolk も,その他の多くの研究者も感情の調節困難は,身体化,解離と並んで複雑性トラウマの3つの軸になる症状の1つであるとする[4,11].

Herman は,複雑性 PTSD を概念化した論文の中で,感情の変化に関しては抑うつと怒りを核として説明している[4].長く続く抑うつ状態,さらにそれは解離の影響によって,また PTSD 症状によって影響され,無気力,孤立無援感,自責感,絶望感につながっていく.また怒りは被害を受け続けた間その表現が禁じられていることが多く,そのため被害後になってもそのコントロールは難しく,被害者は,怒りを抑え込むか,あるいは爆発させる.また怒りが自分に向けられれば,それは自傷行為や慢性的な自殺念慮などにつながっていく.

DESNOS (Disorders of Extreme Stress Not Otherwise Specified) は van der Kolk によって,概念化された.DESNOS のサブカテゴリーは7つあり,①感情と衝動調節の変化,②注意や意識の変化(解離),③身体化,④自己認知の変化,⑤加害者の認知の変化,⑥対人関係の変化,⑦意味づけの変化(筆者訳),となっている.①に関しては感情調節,怒りの調節,自己破壊的,自殺念慮,性的関係の調節の不良,過剰なリスクを取る,の6つがあげられている[12].

DESNOS の概念が提唱された時に,この疾患が DSM-IV の診断体系上,PTSD と独立した疾患として記載されるのが妥当かどうか決定するため,フィールドトライアルが1990~1992年に行われた.つまり,DSM-IV 作成に向けて実証的に試案を患者に適用してみたのである.その結果幼少期の虐待があって PTSD になった群では,感情調節の困難などの症状が,そうでない群に比べ優位に高かったものの,全体としては PTSD と感情調節の関連性が強く証明された[11].そこで DESNOS は独立した概念ではなく PTSD に「付随する特徴」として説明の中に記述されることになった.

もちろんそれで議論が尽きたわけではなく,疾患の独立性については引き続き議論が交わされることになった.「児童虐待やレイプの被害者など,個人的な対

人的な被害を受けた人の症状にはPTSD診断基準にある症状だけではなく，その他の症状がきわめて多い．そのような症状を単に併存疾患として独立に扱うのは不適切である」とvan del Kolkは述べている[12]．実証されないからと言って，それがないという証拠にはならない．むしろそれが重要な臨床的価値を持つなら，さらに研究を進めねばならないと言える．こういう点でvan del Kolkの主張に共感する研究者も多い．

PTSDの構造から考えて「恐怖，不安」は基礎となる感情であるが，現在では，恐怖に関する感情の調節の問題だけでなく，その他の多くの感情，怒り，自責感，嫌悪感，恥などの調節の困難がPTSDでは生じていることがわかってきた．ただし，感情調節の問題は，単回性トラウマによるPTSDにも，複雑性PTSDにも見られる．複雑性トラウマの情動調節が独自なものだという証明はされておらず，この点が先にも述べたDSM-5の症状の基準の改定につながっているといえる．

実証研究の結果では情動の調節はPTSD症状と強く関連しているのは間違いないが，複雑性PTSDに独自の感情調節の問題があるのだろうか．こういう疑問から行われている研究もある．Cloitreは164名の性的虐待／身体的虐待歴のある女性のPTSD症状と情動調節の問題が，生活上の困難にどのように影響しているか調べた．PTSDは生活上の障害に影響を与えていたが，その効果を省いても情動の調節も影響があった[13]．

Ehringらは，複雑性PTSDの症状としての情動調節の不調とPTSDにおける情動調節の不調を，616人を対象としたウェブ調査で比較している[14]．この研究では複数の情動調節に関する質問紙が使われているが，研究結果で項目としてあげられているのは，情動への気づきと明確さ，情動の受容（受容，回避，抑圧），合目的的な行動と衝動調節（合目的的な行動，衝動調節の不良），戦略の使用（戦略が限られている，再評価）の4つである．結果としてはPTSDの重症度，早い時期のトラウマかどうかのどちらの要因も，情動調節の不調の重症度と関連することを見出されている．しかし，PTSDの重症度の要因を考慮して分析すると，トラウマの質による情動調節不良の違いは明確ではなく，Ehringは，早期に発生するトラウマの経験者は，単にPTSD症状が重いから情動調節が悪くなると考えることができるとしている．しかし，状況は単純ではなく，他の可能性も考えられ，より洗練された研究が必須であるとする．

このように，臨床研究を含むトラウマの後方視研究では，複雑性 PTSD とされるものでは，情動調節不良がより強く見られることは疑いがないが，情動調節の起源がどこにありどのように生じてくるかは，結局明確ではない．

b. 子どもの環境の悪さと複雑性 PTSD の関係

大規模な疫学研究の結果からは，PTSD を発症するかなりの人が複数のトラウマ体験をしていることがわかっている[15]し，PTSD の発症には，事前のトラウマだけでなく，事前のいくつかの要因，体験中や直後の解離や事後のサポートなどが関わっていることが明らかにされている[16]．

また，さらにトラウマ 1 つひとつの質ではなく，子どもの環境におけるトラウマや劣悪な環境などの要因の累積が問題であるとする研究もある．

Felitti らは「子どものころの有害体験（adverse childhood experiences：ACE）」を調査し，子どものトラウマとその後の健康への影響を研究した[17]．現在も，各種の虐待や家族の問題（精神障害や暴力，メンバーの欠損など）の 9 つのカテゴリを使って様々な調査が継続されているが，ACE は社会に広く存在し，互いに強く関連し，将来における心身の健康を損ねる可能性が高まる，とされている．また社会学者の Finkelhor も暴力，財産被害，虐待，福祉法違反，いじめなど広い範囲被害体験を調べた[18]．種類にかかわらず 4 つ以上の被害のある子どもは 22％ であり，トラウマ症状の強力な予測因子となっていた[19]．このような研究の結果からは，何か 1 種類の複雑性トラウマの影響——たとえば性的虐待のトラウマ体験の影響——を考えるより，トラウマ体験を含む成育環境の悪さが，後の複雑性 PTSD も含む広範な症状をもたらすと考える必要がある．

この点からは，あるトラウマの経験の質がその後の反応を決定づけるのではなく，生育環境の複数の要素が子どもの発達に影響すると考えられる．性的虐待は複雑性トラウマの典型例としてあげられるが，それは性的虐待が，このような子どもの環境総体の有害性を示すような，典型的また中核的な指標であるからだと考えた方がよいかもしれない．広い範囲の特に対人被害の体験が，強力な影響を及ぼすことがこれらの研究から示唆される．

2.4 子どもの脳科学から見る情動調節の問題

a. 脳神経学的な知見から見る情動調節の困難

　このような臨床的な知見は，神経学的な研究からも一部説明されるようになっている．脳における情動調節は，環境の影響を深く受けながら発達することがわかっている．情動を経験し表現し調節するという核となる機能は，胎児期，乳幼児期を通じて発達していく．脳の部位でいえば，感情の調節には主に大脳辺縁系（海馬体や扁桃体から構成される）が関与するが，大脳辺縁系は脳幹や視床下部にも関連を持ち，大脳新皮質を介した意識的な反応にも焦点づけられている．このような観点からは，本章の最初に述べたように，無意識的意識的のどちらも含めて生体の状況を統合的にモニタリングし調節していくのが，情動調節の役割であると考えられる[20]．

　情動調節は，苦痛と快感への反応（泣くこと vs 注視すること笑うこと）として乳児期に始まる．続いて「6か月から12か月の間に前頭前野から扁桃体，海馬体への神経路が発達し，なじんだ人とそうでない人や物を区別したり，なじみのない物の出現に恐怖を感じるようになる．乳児が，マイルドで短い恐怖のエピソードに対処することに繰り返し成功していけば，自己の調節は強化される．しかし虐待が持続し悪化する場合には，新奇性は持続的で自分ではどうにもできない苦痛の源泉となる．また行動的に，生物学的に見知らぬ物に対しての恐怖を緩和調節する方法の学習が妨げられる場合にも同様である．それは恐怖や新奇性そのものが害だからではなく，見知らぬ物への恐怖を経験した時に身体をどう調節するかということを学習するのに失敗するからかもしれない」[20]．人間の脳の発達はゆっくりとしており，生後にも発達を続ける部位がある．海馬体などはその代表であり，しかもストレスホルモンの感受性が高い．このような脆弱な部位があることで，トラウマ体験があったり，養育に問題があったりする場合には，脳の発達への影響があるのであろう．大脳新皮質に関してはその完成はさらに遅れるから，脆弱な時期もさらに年齢が高くなってからにも及ぶと考えられる．

　虐待などが脳の発達にダメージをもたらすことは近年の脳画像研究からも明らかにされてきた．虐待を受けた子どもや，境界性パーソナリティ障害と診断された人たちの脳を調べた結果から，虐待などによるトラウマは，大脳辺縁系や前頭葉などの，脆弱な脳の領域に変化を起こすのではないかと考えられている．虐待

やPTSDと海馬体の大きさの関係は1990年代から繰り返し調べられている．動物実験ではストレスが海馬に影響を与えることは確実である．ただし，人間に対する研究の結果は一定していない．また扁桃体に関する研究もあり，左右の半球のバランスや，その連絡の回路である脳梁の形成に問題があるとする結果もある．友田らは子ども時代に虐待を受けた女子大学生23名と正常対照群14名を比較すると虐待群で左の一次視覚野の有意な容積減少を認めた[21]．視覚や聴覚などの認知機能についても影響があるとする研究があるのは興味深い．

　様々な知見は，虐待やトラウマ体験の脳への影響の一端を示しており，感情調節や記憶あるいは認知機能などの臨床症状とのつながりを推測させる結果も多いが，まだその全容が示されているわけではない．それでも，虐待などの複雑性トラウマが情動調節に与える影響は，複雑性トラウマなどを含む環境の要因が，脳の発達へ様々な経路をとって影響を与えるからであり，その構造が今後さらに明らかになってくることは確かだろう．

b. 子どもの被害との関連

　このような新しい疫学や脳科学の知見を踏まえると，幼少期におけるトラウマ体験，あるいはトラウマ周辺のストレス体験は発達と絡むことによって，将来にわたり広範な問題を生じさせると考えることができる．必ずしも，虐待という特別な体験だけではなく，様々な被害の重なりがそのような状況を招くことは前述した．しかし，このような状況を記述する唯一つの疾患概念というものは存在しない．「子どもの被害体験とその影響」はこの複雑な状況を整理するキーワードになりうるのだろうか．

　PTSDだけでは十分でないことは確かである．PTSDは中核概念とはなるのだが，虐待の被害を受けた後の精神障害はPTSDだけではない．分離不安や，行為障害が前景に立つ場合もある．D'Andreaによれば，これまでの研究で子どもによく見られる感情の症状は，アンヘドニア（anhedonia，楽しいとかうれしいという感情が感じられないこと），感情麻痺，突然の怒りの爆発，不適切な感情などである[22]．感情調節の問題から生じると思われる行動上の問題はひきこもり，自傷，攻撃，反抗，物質乱用，その他の衝動的な行動などである．多くの研究で，虐待された子どもはより否定的な感情を生じやすく一般的に情動調節の困難を抱えやすく，不適切な情動反応をしやすいことが示されている．実験状況でも，虐

待された子どもは，情動を理解し，表現することに困難があることが示されている[23]．

2.5 複雑性 PTSD の治療

PTSD 治療に関しては，持続エクスポージャー（prolonged exposure：PE）療法をはじめとする認知行動療法が有効であることが知られている．これらの集中的な認知行動療法を実施するにあたっては，衝動的行動の抑制，情動への気づき，情動調節のある程度の安定などが必要とされることは，マニュアルなどにも一部述べられている．それはこれらの治療法が多くが，自ら治療を受け，治療セッションと治療セッションの間に宿題をやることを要求していることからも推測できる．情動調節や対人関係の困難といった複雑性 PTSD 症状を抱える人たちに対する治療法として開発され，無作為割り付け研究で効果が実証されているのが，Cloitre らの Skills Training in Affective and Interpersonal Regulation（STAIR）である．ここでは STAIR の方法などを詳しく述べる余裕はないが，Linehan の境界性パーソナリティ障害の認知行動療法である弁証法的行動療法（dialectical behavior therapy：DBT）と Foa の PTSD の治療法である PE 療法をそれぞれ組み合わせたものである．この方法は性的虐待の患者に対して有効であるという結果が出されている．また性的虐待や身体的虐待を受けた子どものための認知行動療法として，Cohen らのトラウマ・フォーカスト認知行動療法（trauma-focused cognitive-behavioral therapy：TF-CBT）が有効であることが示されている．

　これらの認知行動療法は，いずれもトラウマ記憶を直接扱い，心理教育，行動療法，認知療法などの手法を組み合わせて用いながら，一定のパッケージとして心理治療を提供する．これらの治療パッケージのどんな要素がどのように作用して効果を表すのか，その解明については，これからの課題である．

2.6 ま と め

　ここまで述べてきたように，複雑性 PTSD という捉え方は，臨床的には，多くの専門家を納得させる症状のグループを構成し，その中核症状として情動調節の不調があることには議論がない．臨床的に虐待の被害経験のある患者が，普段は感情を表すことがなく，ある時突然怒りを爆発させたり，空虚感や慢性的な憂うつ感から抜け出られずにいることを多くの臨床家は経験しているだろう．しか

し，そのような症状群の存在が，実証的にPTSDとは異なる疾患の特有の症状として存在するのか，もしかしたら，それはただPTSD症状が重いということで説明されるのではないかという問題については研究が不足している．また複雑性トラウマに特有などのような病理がこのような症状をもたらすのかという問題についても研究が不足している，というのが結論であろう．DSM-5のPTSDに関する分類も，この状況をどう表現するかについての葛藤の結果を示していると思われる．一方，大規模な疫学研究や子どもの脳画像の研究などからは情動調節の問題は，様々な悪環境で育つ子どもに見られる可能性が示唆される．ここからは従来のトラウマ概念とは異なる子どもの発達環境と情動制御に関するスキームの提示がなされる可能性がある．

さらにそのような分析的な議論とは別に，臨床的には，情動調節の不良に苦しめられている虐待の被害者などに対する治療としてSTAIRや一群の治療が試みられていることは画期的なことであり，こちらも今後の発展が期待される．

[小西聖子]

文　　献

1) 小野武年：脳と情動―ニューロンから行動まで，p.3，朝倉書店，2012．
2) Gross JJ：Emotion regulation：past, present, future. *Cognition and Emotion*, **13**：551-573, 1999.
3) Herman JL：Complex PTSD：a syndrome in survivors of prolonged and repeated trauma. *J Trauma Stress*, **5**：377-391, 1992.
4) Herman JL：Foreword. In Courtois CA, Ford JD (eds), Treating complex traumatic stress disorders：an evidence-based guide, pp. viii-xvii, Guilford Press, 2009.
5) Cloitre M, Courtois CA, Ford JD et al.：The ISTSS expert consensus treatment guidelines for complex PTSD in Adults.
https://www.istss.org/ISTSS_Main/media/Documents/ISTSS-Expert-Concesnsus-Guidelines-for-Complex-PTSD-Updated-060315.pdf
6) American Psychiatric Association：Diagnostic and statistical manual of mental disorders, 5th Ed, American Psychiatric Association, 2013．高橋三郎，大野裕監訳：DSM-5精神疾患の診断・統計マニュアル，医学書院，2014．
7) Friedman MJ, Resick PA, Bryant RA et al.：Considering PTSD for DSM-5. *Depress Anxiety*, **28**：750-769, 2011.
8) American Psychiatric Association：Diagnostic and statistical manual of mental disorders, 5th Ed, p. 272, American Psychiatric Association, 2013．高橋三郎，大野裕監訳：DSM-5精神疾患の診断・統計マニュアル，p.270，医学書院，2014．
9) American Psychiatric Association：Diagnostic and statistical manual of mental disorders, 5th Ed, p. 274, American Psychiatric Association, 2013．高橋三郎，大野裕監訳：DSM-5

精神疾患の診断・統計マニュアル，p. 272，医学書院，2014．
10) Resick PA, Bovin MJ, Calloway AL et al.：A critical evaluation of the complex PTSD literature：implications for DSM-5. *J Trauma Stress*, **25**：241-251, 2012.
11) van der Kolk BA, Pelcovitz D, Roth S et al.：Dissociation, somatization, and affect dysregulation：the complexity of adaptation to trauma. *Am J Psychiatry*, **153**：83-93, 1996.
12) van der Kolk BA, Roth S, Pelcovitz D et al.：Disorders of extreme stress：the empirical foundation of a complex adaptation to trauma. *J Trauma Stress*, **18**：389-399, 2005.
13) Cloitre M, Miranda R, Stovall-McClough KC et al.：Beyond PTSD：emotion regulation and interpersonal problems as predictors of functional impairment in survivors of childhood abuse. *Behavior Therapy*, **36**：119-124, 2005.
14) Ehring T, Quack D：Emotion regulation difficulties in trauma survivors：the role of trauma type and PTSD symptom severity. *Behavior Therapy*, **41**：587-598, 2010.
15) Kessler RC：Posttraumatic stress disorder：the burden to the individual and to society. *J Clin Psychiatry*, **61**：4-12, 2000.
16) Ozer EJ, Best SR, Lipsey TL et al.：Predictors of posttraumatic stress disorder and symptoms in adults：a meta-analysis. *Psychol Bull*, **129**：52-73, 2003.
17) Felitti VJ, Anda RF, Nordenberg D et al.：Relationship of childhood abuse and household dysfunction to many of the leading causes of death in adults：the Adverse Childhood Experiences（ACE）study. *Am J Prev Med*, **14**：245-258, 1998.
18) Finkelhor D, Ormrod R, Turner H et al.：The victimization of children and youth：a comprehensive, national survey. *Child Maltreatment*, **10**：5-25, 2005.
19) Finkelhor D, Ormrod RK, Turner HA：Poly-victimization：a neglected component in child victimization. *Child Abuse Negl*, **31**：7-26, 2007.
20) Ford JD：Neurobiological and developmental research：clinical implications. In Courtois CA, Ford JD（eds），Treating complex traumatic stress disorders：an evidence-based guide, pp. 31-58, Guilford Press, 2009.
21) Tomoda A, Navalta CP, Polcari A et al.：Childhood sexual abuse is associated with reduced gray matter volume in visual cortex of young women. *Biol Psychiatry*, **66**：642-648, 2009.
22) D'Andrea W, Ford J, Stolbach B et al.：Understanding interpersonal trauma in children：why we need a developmentally appropriate trauma diagnosis. *Am J Orthopsychiatry*, **82**：187-200, 2012.
23) Pollak SD, Cicchetti D, Hornung K et al.：Recognizing emotion in faces：developmental effects of child abuse and neglect. *Dev Psychol*, **36**：679-688, 2000.

各論1
子ども〜青年期に関して

1 子どもの単回性トラウマと感情調整

　子どもが災害，事件や事故，犯罪の被害者になる，または目撃してしまう件数も被害者として扱うとすると全体の正確な数は把握できない．教育委員会の緊急支援チームが支援要請を受ける対象の子どもは，学齢期である小学生1年生の児童から，中学生，上は高校生3年生までと幅広い[1]．臨床の実際としては，学校という枠組みの外になるが，未就学児である幼児の発達段階におけるトラウマ体験への介入も保護者などから求められる．

　被害にあった子どもが，被害体験を誰にも言えずに黙っている，発達段階によっては幼すぎて表現方法がわからない，言葉にできない状態にあることもある．子どもに症状が出ていることに気づかない場合は，かなりの時間が経過して子どもの行動の問題が深刻化してから専門家にケアを求めてくることもある．そこでやっと，子どもがそれまでに示していた身体症状や感情の混乱の意味を理解することになる保護者もいる．また，保護者が被害を認識しても，様々な理由で警察に被害届が出されず，適切なケアが受けられないでいるケースもあることは否定できない．

　もし被害直後に子どもが同定できたなら，サイコロジカルファーストエイド（Psychological First Aid：PFA）を実施することになる．PFAのプログラムは大きく次の8つに分けられる[2]．

　①被災者に近づき，活動を始める（contact and engagement）
　②安全と安心感（safety and comfort）
　③安定化（stabilization）
　④情報を集める（information gathering：current needs and concerns）
　⑤現実的な問題の解決を助ける（practical assistance）
　⑥周囲の人々との関わりを促進する（connection with social supports）

⑦対処に役立つ情報（information on coping）
⑧紹介と引き継ぎ

　特に対象者との接触が成立した場合には，情報提供となる心理教育が幾重にも組み込まれている．その背景には，急性ストレス症状の身体反応の理解とその対応だけでなく，被害者である子どもが被害体験によって沸き起こったり混乱したりする感情を理解し調整することが目的にあるからである[3]．子どもが示す混乱を見て，サポートすべき周囲の大人が感情的に大混乱する．その大人の姿を見ることにより子どもの態度がさらに萎縮し，子どもの感情の混乱を増悪させる．

　特に被害体験直後に，当事者である子どもへの対応をする時に，保護者や教員の感情の調整は重要で大きなテーマとなる．精神科医や臨床心理士が，生活の中で被害者である子どものそばに常時いるわけにはいかないために，サポートの主軸となるのはむしろ保護者と考えるべきだろう．

　臨床的な視点では，感情の混乱は急性ストレス障害の症状の中に取り込まれており，当たり前のこととして理解できるし，その収束もある程度予測できる．しかし，一般の人々にとっては，感情がコントロールできない状態は精神の異常な反応として理解され，強い不安を喚起させるものである．特に単回性のトラウマティックな出来事を体験した子どもが，それまでの人生において順調に発達課題を踏んでいれば，時間経過とともにトラウマからの回復は期待できる．もちろん被害によるトラウマは，体験の質とその量によって異なるために，対応に慎重さは求められるが，感情の調整にフォーカスしたアプローチを保護者に心理教育していくことは，保護者自身の安定をもたらし回復に大きく寄与する．

　感情調整の視点から，トラウマの回復を改めて考えることは非常に意義があることである．本章では，人間の感情についてトラウマとの関連から整理して考える必要性があると捉え，理解を深め問題をその対応について示していきたい．

1.1　感情とは

　人間の情動とは，感情や情緒とも理解されている．まず，用語の整理をしておこう．「感情」は一般的によく使われる言葉であるが,心理学専門用語の「情動」「感情」「気分」「情操」を含む包括的な用語である．それぞれの違いについて説明すると次のようになる[4]．

　まず「情動」は,個体の欲求満足や阻止に伴って経験され,生物学的基盤によっ

て支えられている．実際には，扁桃体，帯状回，海馬体，視床の一部を含む大脳辺縁系と呼ばれる部位が情動の発生と深い関連がある．基本的情動として，怒り，恐れ，喜び，悲しみ，驚き，嫌悪の6つがあげられる．

次に「感情」は情動が意識的に呼び起こされ，本人が内的に感じる主観的な感情体験である．主観的な体験であるフィーリング（feeling，情感）もここに含まれる．乳児は，かなり早期から他者の表情を認知する能力を備え，生後2～3か月で母親の幸せ，悲しみ，怒りの表情を認知できるとされ，生後6か月で応用的な複雑な表情が識別できる．また他者の出す音声による感情が認識でき，生後2～3か月までには，親の表情よりも音声で感情の状態を把握できるようになる．1歳半ぐらいから，子どもは感情を表す言葉を理解し，用いることができるようになる．様々な感情体験を言葉を使って表出できるようになると，自分の感情を他者に伝えることができるようになる．そして自分自身の様々な感情体験について気づき，理解をすることが可能になる．

「気分」は，情動や感情が比較的長い間続く状態であり，健康な時の爽やかな気分，疲れている時のけだるい気分，物事がうまくいかない時のイライラした気分など精神的・身体的に感じられた状態を示す．気分と情動の異なる点は，情動が生理的興奮が強いのに対して，気分はそれが弱い．また，情動の持続時間は数秒から数分と比較的短いが，気分は数時間から数日続くことがある．加えて情動には，個別の情動ごとに特定の表情や行為傾向があるのに対して，気分にはそのようなものはない．

「情操」は，高度に知的な感情であり，価値によって動機づけられていて，感動したり，価値を実現したりすることに志向している状態である．美的情操，知的情操，宗教的情操，道徳的情操などがある．

1.2 情動調整と感情調整

感情体験は，人間が生きていくにあたって，幼い乳幼児期から始まり，児童期，思春期，成人期，高齢期からやがて人生を終えるまでどの発達段階でも切っても切り離せないものではない．前述したように，情動は生物学的基盤に強く影響されており，それは調整をされつつもどの発達段階の中でも切り離すことができないものである．我々はその情動を感じたまま，ありのままを外界に表出しているわけではない．発達段階の違い，さらに個体差があるにしても，感じた情動をす

べてありのままに外部に表出せず隠したり，他の情動のように装ったり，時には誇張，または抑制してしまうこともある．

情動調整に関する定義は，いまだに統一的な見解がなされていないのが現状である．一般的には「我々が情動の喚起や反応を何らかの形で制御する過程」と理解されている．．自己の情動に巻き込まれない程度にその強さや長さを柔軟に調整する「情動調整（emotional regulation）」は，人間が社会の中で心理的な健康さを保って生きる上で重要な機能であるとしている．その情動には不快情動だけでなく，快情動も含まれることが指摘されてきており，最近の研究の対象は不快情動だけでなく快情動にも広がっている[5]．

ただし，情動の定義の曖昧さは，情動調整に関する研究にも影響している．情動調整の研究は，心理学領域でも乳幼児期でほとんどが終わっており，その後の発達段階では情動が感情に置き換えられ感情調整または感情表出の研究へと変化してくる．そのため本章では，この2つの用語を統一し感情調整として表現することにする．

1.3 感情調整の発達

子どもは発達段階が進むに従い，怒りを感じても暴力を振るったり怒鳴ったりしなくなる．それは，社会的に受け入れられる形で感情を表出するようにしつけることにより学習していくからである．誰にどのような状況で，どんな感情を表出するのが適切か，不適切かをその意味や理由も含めて学習するのである[6]．これを社会化といい，子どもは自分が育った社会や文化の中で感情表出のあり方を身につけていく．次に幼児期から児童期にかけての感情調整の発達を示す．

①1歳を過ぎると，苦痛などのネガティブな感情をそのまま表出するのをがまんし，少し弱めて表出することを覚える．

②3歳になると，ある状況でどの程度，感情表出を抑制すべきか，または強調すべきかに関する暗黙の社会的ルール「社会的感情表示規則」に気づきはじめ，少しずつ適用するようになる．たとえば，友達との遊び場面で普段以上の喜びの表出や微笑みの態度が増すという報告があり，これは状況によってそのようにすることが友達との関係を良好にすることを理解していることである．

③4歳を過ぎると，共感能力が発達し，相手の気持を配慮して真の気持とは異なる感情を状況に応じて示すようになる．自分が他者に示す感情は必ずしも真の

感情ではないこと，真の感情を示すことが良いこともあることを理解してきている．

④6歳を過ぎた子どもは，誰かが傷つきそうな時には，本当の感情を隠した方が良いことを理解し始める．

⑤小学生になると子どもは，家族に対してよりも友人に対して，感情表出をコントロールするようになる．

感情の中でも，怒りの表出には特徴があり，怒りの感情を持つことは自然だが，強い怒りをコントロールせず外に出し続けると，そのレベルはエスカレートしていく傾向にあり，怒りの表出が習慣化すると言われている．怒りの主観的体験を適切に処理し，緩和するためには，怒りの表出は，主観的な体験として認知し，その感情が調節されてから表出することが望ましい．内界の主観的な怒りの体験をそのまま外界に，言葉や行動で表出することは，社会適応において問題をもたらすことに繋がる．

1.4 子どもの感情表出の調整

子どもは生活に適応するために，感情の表出の調整（regulation）をすることがある．その方法には，大きく分けると下記の5つの対処方略があるとされている[7]．

①実際の感情よりも表出を弱める（調節）

②実際の感情よりも表出を強める（調節）

③何も感じていないのにある感情を表出する（擬態）

④実際の感情でなくニュートラルな表出をする（中立化）

⑤実際の感情は異なる感情の表出をする（隠蔽）

つまり，別の「快感情および不快感情の反応性（reactivity）を開始，維持，調整することに関する一連の諸過程」と捉える．感情の反応性とは，一般に感情表出の強度や時間的特徴，感情経験の強さに影響するものと考えられており，その高低には生物学的個人差があるとみなされている．Bridges らは，この反応性と方略という2つの構成要素の相互作用から感情制御は成り立つと考えている．

トラウマ体験後の子どもの感情は，上記の操作によって周囲に気づかれないことがあると推察される．しかし，子どもが他者の感情を読みとる力は，6歳児の方が4歳児より高く，見かけの感情と本当の感情を認識できる[8]．偽りでない本

当の悲しみの感情表出の理解は幼児期においてすでに完全に確立しており，大人が取り繕ってもその感情は感じ取られてしまう．

　家族内の殺人の目撃，親の自殺の第一発見者などの壮絶な目撃体験をしている子どもが，周囲には何も言わず学校を休むことなく淡々と日常の日課をこなしており，対人交流では笑顔が見られる．学校関係者が子どもの被害体験を後から知らされて驚愕し，「何も気づかなかった」ということも珍しくはない．トラウマの症状では「回避」に置き換えられるのではないかと考えるが，感情調整というより感情抑制に徹していると言えるかもしれない．

1.5　単回トラウマ体験と子どもの感情調整—幼児の性被害事例から

　単回のトラウマ体験でも子どもの心理的世界の安全が大きく揺るがされる．安全で安心だったはずの外界が気味悪く，力によって支配され自由が奪われたように感じることは，大人と大きく違わない．しかし，その表現が難しいため周囲の人たちが察知しそのことを理解し，サポートすることが大切である．次に事例を通して，子どもの感情調整の回復と成長を説明する．なお，次の事例はいくつかの事例を組み合わせて作成した架空事例で，実際の事例ではない．

　事例　A 子，5 歳，幼稚園児．

　トラウマ体験：熱心に通っていたスイミングスクールの 20 歳代の男性コーチから，トイレ誘導された際に，性器を触られ，舐められた被害が発覚した．

　A 子は，男性コーチが優しく指導してくれていたので，とても安心し気に入っており，スイミングスクールに通うことを非常に楽しみにしていた．しかし，被害体験後，スクールに「行きたくない．イヤだ」と母親に訴えて休むようになった．「行きたくない」という時もあれば，「お腹が痛い」と身体症状を訴えることもあった．

　母親が不思議に感じ，詳細に理由を尋ねると「（大好きだった）コーチに会いたくない」と言い出した．母親がその理由を尋ねると，A 子は次のように説明した．

　プールの練習中にトイレに行きたくなり，コーチに連れていってもらった．女子トイレの個室で，濡れた水着を脱がせてもらい，便器に座ろうとしたら「A 子ちゃん，(性器を指差し) 触ってもいい？」と聞かれ，A 子は無邪気に「いいよ」と答えたところ，コーチが性器を指で触ってきた（母親の聞き取りと警察の聴取から）．その後，「このことは，2 人だけの内緒だよ」と口止めをされて，何事も

表 1.1 性暴力被害幼児の感情調整への介入プロセス

時系列	身体症状	情緒（感情）	子どもへの介入	母親への介入
初期	・頭痛・腹痛 ・怒鳴る・暴言 ・トイレに1人で行けない ・頻尿・夜尿 ・母親から離れない ・着替えられない ・物音にビックリする ・悲しくなる ・集中できない ・疲れやすい	・恐怖 ・分離不安 ・イライラ ・怒り ・孤独感 ・自責感	・心理教育 ・プレイセラピー ①身体を使った運動・身体接触を伴うプレイ ②眠りがテーマのロールプレイ ③ケアプレイ	・母親の感情の混乱を受容 ・事件事実の整理 ・法的対応へのサポート ・心理教育 A子が心身に症状が出せていることの意味を説明し、対処方法を一緒に考え、母親のセルフコントロール感を取り戻す。 ・他の兄弟への配慮 ・両親（夫婦）での問題の共有と協働を促進
中期	・不眠・悪夢 ・悲しくなる ・夜尿	・感情の回避 ・自責感（自分が加害者に「いいよ」と言ったことへの後悔） ・侵入症状（ふいに事件のことを思い出す、また事件が起きるのが心配）	・絵本を使った心理教育 ・プレイセラピー ①ポスト・トラウマティック・プレイ ②ケアプレイ ③身体接触を伴うプレイ ・表現療法 ・かくれんぼ ・拒否（NOが言える）のトレーニング	・両親が警察に被害届を提出 ・A子の状態を警察に陳述書として提出（治療者の立場から） ・母親の混乱をA子が敏感に察していることをフィードバックし、自身の感情調整の重要性を示唆 ・セラピーに積極的なA子の健康度の高さを評価し、母親がその意味を理解する ・母親との愛着を確認する
後期			・プレイセラピー ①バランス運動 ②お掃除遊び ・学習（副算、アルファベット） ・予防教育 ・治療者との同一化	・母子の日常生活の安定化を再評価 ・症状の低減を確認 ・母親の努力を高く評価 ・終結への導入（オープンドアの説明） ・終結

なかったように練習に戻った．

症状：その事件があった後，A子は幼稚園にもスイミングスクールにも行くのが辛くなり，母親から離れられないなどの不安の症状が出た．少しのことでイライラして，母親に怒鳴り出す．小学生の兄に対しても暴言を吐く．父親と2人きりになるのを嫌がる．怖い夢を見る．夜尿が出現．自宅のトイレには頻回に通うが，必ずドアを開け，母親に見ていてもらう．尿は出ないが15分おきくらいにトイレに行こうとする．母親の姿が見えないと大声で泣き出し，母親は仕事にも行けず1日中目が離せず疲れ果ててしまっていた．

事実経過：母親が，スイミングスクールに被害を訴えたが信じてもらえず，コーチも否認したため，警察に相談した．A子が幼いため，警察の聴取に言語的に説明できるか，裁判などでさらに傷つけることにならないかと両親はひどく悩んだが，被害届を事件から半年後に出すことにした．警察の入念な捜査の結果，コーチは逮捕され自供に至った．余罪も複数あることが判明した．

心理的介入：被害が発覚してからの子どもの症状のため，母親自身が常勤の仕事を休まないといけなくなった．母親の怒りと悲しみは大きく，A子に対しても優しくしなくてはいけないとわかっていても，自分のイライラが抑えられずA子と対等に怒鳴り合いのけんかをしてしまう．一方，治療場面では母親は家での態度と異なり，別人のようにおとなしくむしろ高校生のような子どもっぽい態度を示し，不安や甘えの態度が強く依存的で，娘の言いなりになっているという姿を見せようとしていた．

母親は，A子の表出されやすい怒りの感情に翻弄され，背後にある様々な感情の発生と混乱に気づく余裕が失われていた．母親が来所しカウンセリングを開始し3回のセッションのあと，A子の来所を進め，母子並行面接を行う．A子にはプレイセラピーを担当する別のカウンセラーが対応．感情調整の側面からA子と母親の変化を追ってみると表1.1のようになる．

おわりに

単回性のトラウマ体験で，介入の際に気をつけなければならない重要な視点がある．それは，本当にその子どもにとって単回であったかどうかである．たとえば，親の自殺の発見であれば，長期にわたって親の精神状態は問題を抱えていたことが推測される．さらに適切な監護がなされていたか見極める必要がある．ま

た，子どもにとって今回の被害が単回であっても，その保護者が過去に大きなトラウマ体験をしており，その問題を抱えている場合は，何も体験していない保護者に期待するのと同様のサポートを求めることはきわめて難しい．

　保護者が子どもの被害体験に対して共感しうる程度の感情の混乱を示し，その意味を保護者自身が理解し，調整する力を持ち合わせているかを，専門家は見極める必要がある．保護者にサポート資源として有効に機能してもらうためのアセスメントは欠かせない．幼児期に親密な関係の人との愛着が確立されていれば，青年期においても安定した感情調整が期待できる[9-11]．

　このことから筆者自身は，保護者に対応する時に，両親を別々にして「過去にトラウマ体験をしたことがありますか」「ある場合は，話せますか」と慎重に尋ねるようにしている．なぜなら，その問題をどのように解決しているかが，子どもの回復に影響するからである．解決できていない場合は，子どもへの介入と同時並行で保護者のトラウマを扱いながら，子どもの支援者としての親の役割を担ってもらうことの意味を丁寧に説明することになる．特に怒りの感情が整理できていない場合は，その保護者自身の感情の調整を支援しないと，親の怒りを子どもにぶつける二次被害を与えてしまう恐れがあるからだ．

　これらの作業は，保護者が子どもの「good　model」になることが，回復への道のりを早めることになるという認識を共有するために重要である．保護者が怒っていたり，曖昧であったり，不安を表情に出すだけで，子どもは認知して情緒不安定になってしまうのである．その表情を察して，その場にふさわしいと考えた反応を子どもは示すという点を臨床的には熟知しておくべきだと考える．

　感情調整の視点を専門家が持つことで，アセスメントの幅が広がることになる．その意味では，被害体験の子どもだけでなく，保護者や周囲の大人の感情調整についても深く吟味すべきであると考える．　　　　　　　　　　　　　［藤森和美］

文　　献

1) 藤森和美編：学校安全と子どもの心の危機管理―教師・保護者・スクールカウンセラー・養護教諭・指導主事のために，誠信書房，2009.
2) アメリカ国立子どもトラウマティックストレス・ネットワーク，アメリカ国立 PTSD センター「サイコロジカル・ファーストエイド実施の手引き第 2 版」兵庫県こころのケアセンター訳，2009.
   http://www.j-hits.org/psychological/pdf/pfa_complete.pdf#zoom=100.

3) 藤森和美，藤森立男：災害を体験した子どもたちの心のケア．大災害と子どものストレス（藤森和美，前田正治編），pp.115-137，誠信書房，2011．
4) 澤田瑞也：感情の発達と障害－感情のコントロール．世界思想社，2009．
5) 金丸智美，無藤　隆：情動調整プロセスの個人差に関する2歳から3歳への発達的変化．発達心理学研究，**17**：210-219，2009．
6) 平川久美子：幼児における主張的な情動表現の理解に関する研究－怒りの表現に着目して．東北大学大学院教育学研究科研究年報，**60**：363-374，2011．
7) P.エクマン，W.V.フリーセン著，工藤　力訳：表情分析入門－表情に隠された意味をさぐる．誠信書房，1987．
8) 溝川　藍：幼児期における他者の偽りの悲しみの表出の理解．発達心理学研究，**18**：174-184，2007．
9) 坂上裕子，菅沼真樹：愛着と情動制御－対人様式としての愛着と個別情動に対する意識的態度との関連．教育心理学研究，**49**：156-166，2001．
10) 金政祐司：青年期の愛着スタイルと感情の調節と感受性ならびに対人ストレスコーピングとの関連－幼児期と青年期の愛着スタイル間の概念的一貫性についての検討．パーソナリティ研究，**14**：1-16，2005．
11) 藤森和美，野坂祐子編：子どもへの性暴力被害－その理解と支援．誠信書房，2013．

2 子ども虐待によるトラウマと情動調節

　虐待やネグレクト（neglect）などの不適切な養育が子どもに与える心理・精神的影響を捉える際には，トラウマ概念が用いられることが一般的である．確かに，不適切な養育が，子どもにとってトラウマ性の体験となることはまず間違いないと言えよう．しかし，今日の精神科の診断体系において，虐待やネグレクトなどの慢性的・反復的なトラウマ性体験が子どもに与える影響を適切に捉えることができる診断概念は不在であると言える．

　米国精神医学会のDSMやWHOのICD（International Statistical Classiffication of Diseases and Related）などの国際的な診断体系において，トラウマに関連する障害として公式に採用されている唯一の診断は，その前駆症状であると考えられるASD（acute stress disorder，急性ストレス障害）を除けば，PTSD（posttraumatic stress disorder，心的外傷後ストレス障害）のみである．

　PTSDは，DSM-IIIに初めて採用されて以来，様々な問題点が指摘されている．こうした問題点には，トラウマ性の出来事を体験した年齢（発達段階）に関するものや，その体験の質に関するものがある．

　PTSDの診断基準は，主として，1970年代の米国の最大のトラウマ性体験であったベトナム戦争を経験した帰還兵の反応・症状に準拠して作成されたため，発達の途上にある幼い子どものトラウマ性の症状は適切に把握されない可能性がある．また，基本的には時間限局性という性質を有する戦争体験と，慢性的・反復的な性質を備えた幼少期の虐待やネグレクトとでは，その影響が異なる可能性がある．

　2013年5月に刊行されたDSM-5[1)]では，「幼児期の子どものPTSD（Posttraumatic Stress Disorder for Children 6 Years and Younger）」が採用されたが，これは，上記の問題点の1つの解決，すなわち発達途上の子どもへのト

ラウマ性の体験の影響の把握をめざしたものであると言えよう．そこで本章では，まず，この幼少期の子どものPTSDについて，情動調節の問題との関連を中心に検討する．

上記のように，従来のPTSDの問題点の解消をめざして新たに設定された幼少期の子どものPTSDではあったが，未だ解決されない問題がいくつかある．こうした問題の中心には，不適切な養育という慢性的・反復的なトラウマ性体験が，子どもの発達に影響を与えるという視点の欠落があると言えよう．こうした，虐待やネグレクトなどの反復的・慢性的なトラウマ性体験が子どもの発達に与える影響に焦点を当てるものとして，「全米子どものトラウマティック・ストレス・ネットワーク（National Child Traumatic Stress Network：NCTSN）」は，「発達トラウマ障害（developmental trauma disorder）」という診断概念を提案している[2]．そこで，本章では，この発達トラウマ障害について検討する．本障害概念は，後述するように，様々な心理領域における調節の問題を中心にしており，その中には感情や情緒の調節の問題が含まれているため，本章のテーマに照らして検討する価値が高いと言える．

幼児期の子どものPTSDや発達トラウマ障害という診断概念は，虐待やネグレクトなどがトラウマ性の体験となり，子どもに様々な心理・精神的影響をもたらすという文脈を有する．しかし，不適切な養育にさらされた子どもに情動調節の問題が生じるのは，トラウマ概念による説明だけでは不十分であり，アタッチメント（attachment，愛着）を考慮に入れる必要があるように思われる．そこで本章では，アタッチメントに関する問題と情動調節の関連についても言及する．

2.1 幼児期の子どものPTSD

DSM-5では，6歳以下の子どもを対象とした「幼児期の子どものPTSD」（正確な訳語は「6歳以下の子どものPTSD」であるが，本章では「幼児期の子どものPTSD」とする）という新たな診断分類が採用された．本診断基準は，トラウマ性の出来事への暴露体験，侵入性症状，回避性症状と否定的な認知・情緒状態，過覚醒症状に関する症状項目から構成されており，基本的には成人期のPTSDと同一の内容となっている．

本章のテーマである情動調節の問題が関わるのは，主として侵入性症状と過覚醒症状である．フラッシュバックを中心とした侵入性症状では，トラウマ性の体

験の際の認知や情緒状態が再体験されることで著しい苦痛が生じることになり，それが情動調節の困難性をもたらすと考えられる．また，過覚醒症状として，「怒りにもとづく行動」「怒りの爆発」「極端なかんしゃく行動」といった症状・反応が記されているが，これらは情動調節に関連した問題であると言える．

このように，幼児期の子どものPTSDにおいては，トラウマ性の出来事の再体験と，それに関連した神経生理学的な過覚醒状態が，子どもに情動の調節困難をもたらすとの理解となっている．

虐待を受けた子どもたちには，上記のような怒り爆発や極端なかんしゃく行動が頻繁に観察される．それらがPTSDの侵入性症状や過覚醒症状に起因するという理解は，もちろん了解可能である．しかしながら，不適切な養育を受けた子どもが怒りや悲痛の調節困難に陥った状態を観察すると，レトリックな表現ではあるものの，彼らの抱える怒りや悲しみがPTSDの症状といった水準をはるかに超えた根源的なものであるとの印象が得られる．こうした理解を検討する上で1つの手がかりを提供してくれるのがNCTSNが提唱している発達トラウマ障害という診断概念である．次節では，この発達トラウマ障害について見ていく．

2.2 発達トラウマ障害

a. 発達精神病理学と発達トラウマ障害

PTSDは，事故や災害などの単回性のトラウマ体験の結果として生じることが多く[3]，虐待やネグレクトなどの子どもへの慢性的，反復的なトラウマ性体験の影響を捉えていない可能性がある．従来の精神医学が，虐待やネグレクトなどの不適切な養育が子どもの精神的発達に与える広範な影響を的確に捉えられないのだとしたら，新たな理論的枠組が求められることになる．そうしたニーズに応える可能性があるのが，発達精神病理学（Developmental Psychopathology）という領域である．発達精神病理学は，対人関係で生じる暴力などのトラウマ体験や養育システムの破綻が，子どもの感情調節，注意，認知，知覚，および対人関係の発達に与える影響に関する実証的研究を主たるテーマとしている[4,5]．CicchettiとRogosch[6]によれば，発達精神病理学は，「発達を，人間の成長に伴って生じる，生物学的システムおよび行動システムの質的な再組織化の連続として概念化するという，組織化の観点を採用する」（p.760）としており，こうした再組織化の連続である子どもの発達に，養育システムの破綻や慢性的なトラウマ体

験がどのような影響を与えるかという視点を与えてくれることが期待される.

NCTSN は，この発達精神病理学の観点に基づき，虐待やネグレクトなどの不適切な養育を受けた子どもを対象とした調査研究を行ってきている．たとえば Spinazzola ら[7]は，トラウマに焦点づけた治療を受けた 1,699 人の子どもを対象とした調査を行った．その結果，これらの子どものうち DSM-IV の PTSD の診断基準を満たした子どもは 25% 程度にすぎず，半数以上の子どもに感情調節障害，注意および集中の問題，否定的な自己イメージ，衝動制御の問題，攻撃性および危険を顧みない行動の問題など，PTSD には含まれない症状や行動が認められた．NCTSN は，こうした調査結果に基づき，子どもの生理，感情，行動，自己感，対人関係などの諸領域における調節の問題を中心とした発達トラウマ障害という診断概念を提案している（表 2.1 参照）．すなわち，発達トラウマ障害は，情動調節を含む全般的な自己調節への影響を中心にした概念であると言える．

b. 発達トラウマ障害について

1) トラウマ性体験への曝露

診断基準 A は，トラウマ性の出来事への暴露体験に関するもので，家族内における慢性的な暴力的な体験（身体的虐待や DV の目撃など）が中心となっている．さらに，主たる養育者の交代の繰り返しによる養育環境の不全が生じた場合にも，発達トラウマ障害が生じる可能性があるとされている．

2) 発達トラウマ障害の各症状群の特徴

発達トラウマ障害の症状群は B〜E の 4 群であるが，そのうち 3 つまでは調節に関する問題となっている．これら 3 つの領域を俯瞰するなら，発達トラウマ障害の主たる特徴は，広い意味での自己調節の障害だと言えよう．

診断基準 B は，睡眠や摂食などの生理的レベルの調節機能に関する障害と，感情や情緒の調節の障害（感情爆発，情緒的不安定さ，感情の安定化困難），および感情，情緒，身体感覚の認識や言語化の困難という特徴からなっている．こうした生理的および感情の調節困難という特徴は，不適切な養育を受けた子どもに特徴的に見られることが従来の臨床研究においても指摘されている（たとえば，Spinazzola ら[7]）．

診断基準 C は，注意を含む行動の調節障害に関する項目からなっている．この項目に関しては，ADHD (attention deficit hyperactivity disorder, 注意欠如・

表 2.1　発達トラウマ障害の診断基準（DSM-Vへの提案）

A. 曝露：小児期および思春期の子どもが，継続的，あるいは反復的に有害な出来事を経験させられたり，目撃してきている．その経験は，小児期もしくは思春期早期に始まり，少なくも1年間以上継続している．
　A.1　人間関係における深刻で反復的な暴力のエピソードを直接経験する，もしくは目撃する．
　A.2　主たる養育者の交代の繰り返しによって，保護的な養育に深刻な阻害が生じる．
B. 感情調整および生理的調整の困難：興奮の調整に関する子どもの通常の発達的能力が阻害されており，以下の項目のうち少なくとも2つに該当する．
　B.1　極端な感情状態（恐怖，怒り，恥辱など）を調整したり，耐えたりできない．あるいはそうした感情状態から回復できない．
　B.2　身体的機能の調節の困難（睡眠，摂食，排泄に関する慢性的問題；身体接触や音に対する過剰反応性もしくは過少反応性；ルーティンとなっている行動の移行期における混乱など）
　B.3　感覚，情緒，身体状態への意識の低下もしくは解離
　B.4　情緒や身体状態を表現する能力の問題
C. 注意および行動の調節障害：注意の持続，学習，ストレスへの対処に関する子どもの通常の発達的能力が阻害されており，以下の項目のうち少なくとも3つに該当する．
　C.1　脅威に対して過剰にとらわれている，あるいは，脅威を認識する能力に問題がある．安全や危険を示すサインの誤認を含む．
　C.2　自己防衛能力の低下．危険を顧みない（risk-taking）行動やスリルを求める（thrill-seeking）行動を含む．
　C.3　自己の鎮静化をはかるという意図で不適応的な行為がある（たとえば，ロッキングなどの体のリズミカルな動きや強迫的なマスターベーションなど）．
　C.4　習慣性（意図的もしくは自動的），あるいは反応性の自傷
　C.5　目標に向かう行動を開始できない，もしくは継続できない．
D. 自己および関係性の調節障害：個人的な自己感（sense of personal identity）と対人関係の領域における子どもの通常の発達的能力に問題がある．以下の項目のうち，少なくとも3つに該当すること．
　D.1　養育者やその他の子どもの愛情の対象者の安全性について過剰なとらわれがある．あるいは，そうした対象との分離後の再会に困難がある．
　D.2　自責感，無力感，自己無価値感，無能感，「欠陥がある」という感覚など，否定的な自己感が継続して見られる．
　D.3　大人や子どもとの親密な関係において，極端な不信感や反抗が継続して見られたり，相互関係が欠如している．
　D.4　子ども，養育者，その他の大人に対し，何らかの刺激に反応して身体的暴力，あるいは言葉による暴力が見られる．
　D.5　密接な関係（それに限定されるわけではないが，性的もしくは身体的親密さが中心となる）を持とうとする不適切な（過剰，もしくは年齢に不相応な）意図がある．または，安全や安心を他の子どもや大人に過剰に頼る傾向がある．
　D.6　共感的興奮（empathic arousal）の調整能力の問題．他者の苦痛の表現に対する共感性が欠如していること，あるいは耐えられないこと，あるいは過剰な反応性を示すことで明らかとなる．
E. トラウマ後症状スペクトラム（posttraumatic spectrum symptoms）：子どもに，PTSDの3つの症状群（PTSDの診断基準のB〜D）のうちで，2つ以上の症状群について，各群に最低1項目に該当する．
F. 障害の期間：上記のB〜Eの症状が6か月以上継続している．
G. 機能の問題：学習，家族関係，子どもどうしの関係，法的領域，身体健康面，および職業面のうち，2つ以上の領域で，症状のために問題が生じている．

多動性障害)の症状との関連や鑑別を検討する必要があろう．C の下位項目であるC1〜C4 を見ると，発達トラウマ障害における注意や多動の問題は，「脅威への過剰な捉われ」に起因するものであるとの理解があると考えられる．また，C5 の「目標に向かう行動を開始できない，もしくは持続できない」も，ADHD における実行機能の障害との関連が想定される内容となっている．一方で，「安全や危険のサインの誤認」(C1) と「危険を顧みない行動やスリルを求める行動」(C2) は，衝動性の問題との関連が考えられる．なお，C3（自分をなだめるための不適応的な行為）と C4（習慣性・反応性の自傷行為）は，臨床的には不快な感情や感覚への対処行動として生じることが多いと考えられ，むしろ，診断基準 B の感情や感覚の調節障害との関連で捉える方が適切であるかもしれない．

　診断基準 D は，自己感および対人関係における調節障害に関するもので，自己に対する否定的なイメージ (D2)，他者への基本的不信感 (D3)，および，それらに起因する他者への反抗 (D3) や攻撃性・暴力 (D4) が中心的な特徴となっている．また一方で，他者への過剰もしくは不適切な親密性や依存性という特徴が記述されている (D5)．こうした，一見相反するような自己イメージや他者との関係性を併せ持つという点が，自己感および対人関係の調節障害として概念化されていると考えられる．

　なお，D6 の「共感的興奮の調整の問題」は，D の他の症状項目とはやや異なったものであるように思われる．共感能力の問題は，特にアスペルガー障害などの発達障害との関連で重要な意味を持つと考えられるため，後述する．

c. 自己調節障害の精神病理

　前項で見たように，発達トラウマ障害の主たる特徴は自己調節の障害である．そこで問題となるのが，不適切な養育が子どもの全般的な調節障害をもたらすのはいかなる精神病理によるのかという点である．

　こうした精神力動あるいは精神病理に関しては，未だ実証的なデータは存在しないため，理論的な推論の域を出ないものの，その重要性から一定の試論を提示したい．

　言うまでもなく，乳児には自己調節能力は備わっていない．したがって，不快な状態に陥ったり不快感を持った場合には，それを「泣く」という行動によって周囲に知らせる．泣き声を聞いた養育者は，乳児に近寄り，声をかけたり身体に

触れたり，あるいは抱えて（いわゆる「抱っこ」）あやすことで，自己調節能力が備わっていない乳児が泣きやむことができるように，つまり不快な状態を脱して快な状態を回復できるように援助するわけである．出生直後からおそらくは3歳頃まで，乳幼児が不快な状態に陥るたびに養育者はこうした援助を提供し続ける．その結果，およそ3歳頃に，幼児にある変化が見られるようになる．それまでは，不快な状態になるたびに泣き声で養育者を呼び，あるいは「抱っこ」を要求して援助を求めていた子どもが，養育者の援助なしに自力で「泣きやもう」と努力するようになる．この，自力で泣きやもうとする意思や努力が，養育者の援助なしに快な状態を回復しようとする自己調節能力の萌芽であると考えられる．それまでの養育者の援助や，その結果としてもたらされた快な状態への回復の記憶が子どもの心に蓄積され，それがこの萌芽として結実するのだと考えられる．

　このように考えると，虐待やネグレクトなどの不適切な養育を受けた子どもに自己調節の障害が生じる精神力動の理解は比較的容易となろう．子どもが泣きやまないという事態で養育者の身体的な暴力などの虐待行為が生じやすいことは，よく知られたことである．これは，言い換えれば，子どもが不快から快の状態に戻ることができるように，養育者が子どもを適切に援助できないこと――その要因が養育者にあるのか子どもにあるのかは別にして――を意味する．その際，養育者は，子どもが「泣きやめるよう」に援助するのではなく，子どもを「泣きやませよう」とし，その方法として力を行使するわけである．その結果，子どもは泣きやむかもしれないが，この場合の「泣きやんだ」という状態は，上記の快な状態への回復と類似してはいるものの，そのプロセスは全く異なったものとなる．力を行使された子どもは，恐怖や痛みのために，不快な状態をいわば抑圧したに過ぎない．その結果，子どもには養育者の援助によって不快な状態から快な状態に回復したという経験は蓄積されず，したがって，自己調節能力の萌芽は生まれないことになる．

　また，ネグレクトにさらされてきた乳幼児の場合には，不快な状態に陥って泣いたとしても，養育者が泣き声を無視したり，あるいは周囲に存在しないことで，不快な状態のままで経過することになる．こうした乳幼児は，やがて「泣く」という行為自体を放棄するように思われる．極端なネグレクト環境におかれ，やがて乳児院などで養育されている乳児の中には，どのような事態でもほとんど泣き声をあげないものがいる．あるいは，児童養護施設で生活している子どもの中に

は，出血するようなケガをしながらも平気で走り回っている年少の子どもがいる．こうした子どもたちは，ネグレクト環境に適応するために，痛みの感覚や不快な感情を遮断しているかのように思われる．このように，そのプロセスには多少の違いがあるものの，ネグレクト環境もまた，自己調節能力の形成を阻むことになる．

このように，発達トラウマ障害の概念を考慮に入れるなら，虐待やネグレクトという慢性的・反復的なトラウマ性の体験は，PTSDでは捉えられない情動調節能力の発達に深刻な影響を与えると言えよう．

2.3 不適切な養育環境とアタッチメント

a. 反応性アタッチメント障害

虐待やネグレクトといった不適切な養育が子どもに与える心理的影響を捉えるために，PTSDや発達トラウマ障害などトラウマ概念に基づく精神疾患を中心に検討してきた．しかし，不適切な養育が子どもに与える影響を捉えるのに有用な概念はトラウマのみではない．また，上記の発達トラウマ障害における自己調節の障害は，トラウマに関連した障害というよりも，むしろアタッチメント（attachment，愛着）に関連したものであるとの印象がある．

DSM-5では，アタッチメントに関連した障害として「反応性アタッチメント障害（reactive attachment disorder）」と「脱抑制的社会関係障害（disinhibited social engagement disorder）」が分類されているが，この2つはPTSDとともに新たなチャプターである「トラウマおよびストレッサー関連障害」に含まれることになった．すなわち，PTSDとアタッチメント関連障害とが近似したものであるとの認識が示されたことになる．

従来のDSM-IVでは反応性愛着障害の2つの下位分類とされていた抑制型と脱抑制型が，DSM-5では上述のように反応性アタッチメント障害と脱抑制的社会関係障害という，2つの異なった障害として分類されることになった．これら2つの障害の病因は同一であり，それは「社会的ネグレクト（social neglect）」であるとされている．筆者の知る限り，社会的ネグレクトは初出の概念である．この社会的ネグレクトについて，DSM-5では，子ども期における「適切な養育の欠如」であると説明されており，ネグレクトを中心とした不適切な養育という環境因とアタッチメントの問題の関連性がより強調された形になっている．

DSM-5 の反応性アタッチメント障害の診断基準 A は,「成人の養育者に対して一貫して示される,抑制的で,情緒的に引きこもった行動のパターン」であり,それは「子どもが,苦痛を覚えた際に慰めをほとんど,もしくは最低限しか求めない」や「子どもが,苦痛を覚えた際の慰めに対して,ほとんど反応しない,もしくは最低限の反応しか示さない」ということで明らかになるとされている。また,診断基準 B は,「他者に対する社会的,情緒的反応性が最低限しか見られない」「肯定的な感情の表現が抑制されている」「成人の養育者との,脅威を与えるようなものではないやり取りにおいてでさえ,説明がつかない怒り,悲しみ,あるいは恐怖を露にするというエピソードがある」といった特徴を持つ「持続性の社会的,情緒的混乱」となっている。これらの症状は,DSM-IV の反応性愛着障害の抑制型をほぼ踏襲したものとなっているものの,「説明のつかない怒り,悲しみ,恐怖を露にするというエピソード」は DSM-5 において新たに追加されたもので,アタッチメントの障害が感情や情緒,特に否定的な感情・情緒の調節の問題と関連しているとの認識を反映したものであると言えよう。

b. アタッチメントと行動の調節障害

　今まで,情動の調節障害の精神病理に関する試論を提示した。しかし,この試論は,不適切な養育を受けた子どもの注意の問題や,あるいは,あえて危険な行動をするなどの衝動性の問題など,注意や行動の調節障害を十分には説明していない。筆者は,こうした行動レベルの調整障害を説明するためには,アタッチメント行動と,それに伴う「内的作業モデル (inner working model)」の概念が有用であろうと考えている。

　子どもは,不安や恐怖など否定的な情緒が高まった時,つまり精神的に不安定な状態になった場合に,養育者への身体的接触や接近を求めるアタッチメント行動を活性化させる。アタッチメント行動の基本的機能は,安心感や情緒的安定性の回復である。これは,上述した養育者の援助による快な状態の回復のプロセスと一致する。さらにアタッチメントには,このアタッチメント行動の他に,アタッチメント関係という要素がある。アタッチメント関係の中心的な構成要素の1つが内的作業モデルである。紙幅の関係で内的作業モデルに関して詳細に述べることはできないが,この内的作業モデルは,心理的に内在化されたアタッチメント対象と自己およびその関係に関する表象であると言える。この内的作業モデルは,

幼児期には現実のアタッチメント対象の不在時にも子どもに安心感や安定感を提供するという機能を持ち，さらに，就学期以降には子どもの行動の内的な準拠枠として機能すると考えられる．不適切な養育を受けて育った子どもの場合，アタッチメントが適切に形成されない可能性が高く，その結果，内的作業モデルの形成がなされない，あるいは形成不全が生じると考えられる．そのため，就学期以降には，行動の内的な準拠枠が機能せず，行動調節に関する問題が顕著になる傾向があると考えられる．

c. アタッチメントと共感性の問題

上記の内的作業モデルは，情動の調節や行動の調節以外にも，子どもの精神的機能に与える影響は少なくない．そうした影響の１つに，共感性の発達への影響があげられる．本章のテーマから大きく逸脱するものの，この共感性の問題は，アスペルガー障害などの自閉症スペクトラム障害（autism spectrum disorder）と関連し，虐待やネグレクトを受けた子どもが思春期以降に自閉症スペクトラム障害の診断を受けることが少なくないという現状を説明してくれる可能性があるため，簡単に言及しておく．

内的作業モデルは，先述のように主たる養育者であるアタッチメント対象の内在化されたイメージが中心となり，内在化のプロセスにおいてアタッチメント対象の感情や認知も合わせて子どもの認知に組み込まれていくと考えられる．この内在化されたアタッチメント対象の感情・情緒が，子どもの他者への共感性の基礎になると考えられるわけである．さらに，内的作業モデルは，共感性の構成要素の１つである視点獲得，すなわち他者視点の獲得とも関連している可能性がある．アタッチメント対象が内在化することによって，かつ，その対象像がある程度の自律性を備えることによって，ある事象を自分自身の視点のみではなく，アタッチメント対象の視点で評価することが可能になると考えられるわけである．このように，アタッチメント対象の内在化は，子どもの共感性の発達と深く関連している可能性があると言える．すなわち，虐待やネグレクトなどの養育環境の不全がアタッチメントと内的作業モデルの形成を阻害し，その結果，共感性の発達に不全を生じた子どもたちが，自閉症スペクトラム障害との診断を受けるのではないかと考えられるわけである．

おわりに

　本章では，トラウマおよびアタッチメントの概念を中心に，虐待やネグレクトなどの不適切な養育環境が子どもに与える心理的影響を，情動調節を含む自己調節の障害を中心に述べた．また，アタッチメントの問題と共感性の発達との関連を検討することで，不適切な養育環境の結果として自閉症スペクトラム障害とされる状態が生じる可能性を示唆した．

　上述のように，不適切な養育に起因するトラウマ関連障害とアタッチメント関連障害との近似性が認識されるようになったものの，この両者の統合はいまだなされていない．虐待やネグレクトが子どもに与える心理的な影響を包括的に理解するためには，トラウマとアタッチメントを総合するような概念を検討する必要があろう．また，その際には，生来的なものだと考えられている自閉症スペクトラム障害をも視野に入れる必要があるように思われる． ［西澤　哲］

文　　献

1) American Psychiatric Association：Diagnostic and Statistical Manual of Mental Disorder, 5th Ed, DSM-5, American Psychiarric Publishing, 2013.
2) van der Kolk BA, Pynoos RS, Cicchetti D et al.：Proposal to Include a Developmental Trauma Disorder Diagnosis for Children and Adolescents in DSM-V. 2009. http://www.traumacenter.org/
3) Green BL, Goodman LA, Krupnick JL et al.：Outcomes of single versus multiple trauma exposure in a screening sample. *Journal of Traumatic Stress*, **13**：271-286, 2000.
4) Maughan A, Cicchetti D：Impact of child Maltreatment and Interadult Violence on Children's Emotion Regulation Abilities and Socioemotional Adjustment. *Child Development*, **73**：1525-1542, 2002.
5) Putnam FW, Trickett PK, Yehuda R et al.：Psychobiological effects of sexual abuse. A longitudinal study. Psychobiology of posttraumatic stress disorder, pp. 150-159, New York Academy of Sciences, 1997.
6) Cicchetti D, Rogosch FA：The Toll of Child Maltreatment on the Developing Child. *Child and Adolescent Psychiatry Clinics of North America*, **3**：759-776, 1994.
7) Spinazzola J, Ford JD, Zucker M et al.：Survey Evaluates Complex Trauma Exposure, Outcome, and Intervention among Children and Adolescents. *Psychiatric Annals*, **35**：433-439, 2005.

3 愛着形成の問題と情動調節

 本章のテーマは，愛着形成の問題と情動調節である．「愛着の問題」には，大きく2つの見方がある[1]．1つは愛着の型分類における非安定型であり，もう1つが疾患としての愛着障害である．前者では，特に乳幼児期における未組織/無方向型がより非適応的な型として問題となり，後者はDSM-5[2]の反応性愛着障害やICD-10[3]における反応性愛着障害および脱抑制愛着障害である．したがって，これら問題と情動調節との関係を追及することが本章の目的となる．一方，Bowlbyに起源する愛着研究・理論・臨床において，乳幼児期に形成される愛着の中心的機能の1つが，情動・感情調節――特に陰性の感情の調節であると考えられてきた．さらに，乳幼児期以降の発達すなわち児童期，青年期，成人期においても，愛着が同様の役割の一部を担うとも捉えられている．そこで本章では，上に明確化した「愛着の問題（非安定型と愛着の障害）」に限らず，広く愛着と情動調節を巡る以下の課題についてまとめる．初めに愛着（attachment）の定義について述べ，愛着の中心的機能の1つが情動調節であるとの観点を振り返る．第2に乳幼児期の愛着の個人差（愛着の型）と情動調節の方略との関連について記載する．また乳幼児の愛着の安定性（あるいは非安定性）が，情動調節に関係することを示す実証的証拠を，いくつかあげる．第3に愛着の精神障害である反応性愛着障害（DSM-5）における，情動調節の問題について触れる．最後に，乳幼児期以降の発達段階（児童期，青年期，成人期）において，愛着と情動調節との関係について述べる．
 なお，本章では情動（emotion）と感情（affect）を明確に区別せずに用いる．というのは，愛着研究の文脈では，感情・情動調節とemotional regulation，affect regulationがほぼ同義に用いられていることが多いためである．言葉の明確化・分別化を，この領域でも行う必要があるかもしれない．

3.1 愛着の中心的機能の1つがなぜ感情調節なのか

a. 愛着とは何か

Bowlby[4]を起源とする愛着研究者・理論家たちは，愛着（アタッチメント）を個体内に存する行動コントロールシステム（愛着システム）として捉えた．愛着システムは，痛み，恐怖，親との分離，見知らぬ場面など（愛着の活性化因子）により活性化して，2つの目標に個体をつき動かす．第1の目標は外的な目標で愛着の対象（通常，親）に接近することであり（たとえば，泣いて母親に駆け寄り抱きつく），第2の目標は内的なもので安全・安心感を得ることである（母親に抱きついた乳幼児はほっとする）．感受性のある愛着対象（通常，親）は接近してくる乳幼児に慰めを与える（たとえば，しっかり抱きかかえ「大丈夫よ」と声をかける）．こうして目標が達成されると，愛着システムは脱活性化して，乳幼児は再び親から少しずつ離れて外界を探索できるようになる．乳幼児は愛着対象（通常，親）との関係の中で，幾度も安全感を体験することによって，他人に対する基本的な信頼感や自己についての肯定的価値感を獲得していくと考えられている．

b. 愛着の中心的機能の1つがなぜ感情調節なのか

さてBowlby[4]は，早期の愛着形成がその後の発達に与える影響を，主に感情の調節と対人関係の親密さという2つの側面から考えていた．その後の主要なアタッチメント研究者やアタッチメントに方向づけられたアプローチを行う臨床家も，感情調節をアタッチメント理論の中核に置いてきた[5-7]．その主な理由は，次のようなものである．繰り返されるアタッチメント体験において，乳幼児は愛着システム活性化因子により，陰性の感情状態になる．そして養育者との関係性において予想できるパターン（行動，認知，感情を含む）を体験する．この繰り返すパターンの体験により，乳幼児は感情の自己調節を予想のつくパターンとして学ぶと考えられるためである[8]．こうして乳幼児期を超えても，この学んだパターンを個体が感情調節機能として用いると考えられている．したがって，特に陰性の感情状態を調節する機能がその個体のアタッチメントの型と関係しているかを確かめることが，重要な研究の目的の1つともなった．

まず以下に，乳幼児期のそれぞれの愛着の型において，どのように陰性の感情

3.2 乳幼児期の愛着の個人差とその感情調節の方略

a. 乳幼児期における愛着の型と感情調節についての理論

　乳幼児に愛着システムが活性化した際の行動および行動のまとまりに，個人差があることが発見された．Ainsworthら[9]は，ストレンジ・シチュエーション法（strange situation procedure：SSP）により，これらを型分類した．SSPは，約25分で完了できる以下のような行動観察検査である．乳幼児（オリジナルでは月齢12～18か月）と養育者にプレイルームに入ってもらい，見知らぬ検査者（女性）が部屋をエピソードごとに出たり入ったりする．この状態で母親が部屋を出て，戻ってくる——分離・再会場面を2度行う．新しい場所，見知らぬ人，親との分離は，乳幼児の愛着システムを活性化させる．主に再会場面における乳幼児の行動を観察することで，その乳幼児の愛着の型を同定する[9]．

　以下に愛着の型分類と型分類ごとの乳幼児の行動方略についての仮説をまとめる[9,10]．型は大きく安定型（B型），非安定型に分けられ，非安定型はさらに回避型（A型），抵抗型（C型），未組織/無方向型（D型）に分類される．安定型の乳幼児は，再会場面で典型的には養育者に接近し，それまでの陰性の感情が比較的早く収まり，安心感を得る．安定型の子どもを持った母親は，感受性のある養育を行っていることが知られている[9]．安定型の愛着関係のパターンにおいては，乳幼児は愛着システムが活性化し陰性感情が高まると，養育者に接近し，養育者の側は子どもを適切な感受性を持ってなだめる行動をとる．そのため，乳幼児はいったん陰性感情を経験するが，その感情調節の速度は比較的速い．Main[11]は進化論的生物学の概念を応用して，これら子どもは1次的な行動方略——愛着の生物学的な1次的表現——を用いていると考えた．上に述べた愛着行動制御システムが，そのまま行動に映されていると考えられるためである．回避型（A型）の子どもは，分離場面でも再開場面でも，行動としては愛着行動をあまり示さず（泣いたり，養育者に近づいたりせず），おもちゃなどの外界にあるものにかまけているような行動のパターンをとる．この型の子どもを持つ母親は，日常において愛着行動に対して拒否的な養育を取ることが多い．そのため乳幼児は，注意を外界に向け，愛着行動のアウトプットを小さくする（2次的・条件づけられた方略）．そうすることで，養育者から拒否されず，養育者と比較的近接した位置を

維持することができる．抵抗型（C型）の乳幼児は，分離，再開場面ともに激しく泣き続けることが多い．このタイプの子どもの養育者は，子どもの愛着行動に対して一貫しない反応を示す傾向があることが知られている．そのため乳幼児は，愛着行動のアウトプットを大きくする（2次的・条件づけられた方略）ようになると考えられている．そうすることで，愛着システムが活性化した時に，養育者が反応する可能性を増すことができる．未組織/無向型の乳幼児が示す愛着システム活性化時の特徴は，上記3つの型が持つようなまとまった，一貫性のある方略を持っていないことである．2つの方略が同時に現れたり（たとえば，接近しながら回避する——軌跡が1/4円を描く），急激な方略の変化が見られたり（たとえば，接近から突然踵を返して遠ざかったり），明確な方略が見出せない（たとえば，固まってしまったり，うろうろと方向なく歩きまわったり），などの行動が現れる．D型の乳幼児を持つ養育者の典型的養育の1つが，虐待である．たとえば身体的虐待の場合，暴力を受けている乳幼児の愛着システムは活性化する．痛み，恐怖が同システムの活性化因子であるためである．ところが養育者に接近することは，かえって危険である（パラドキシカルな状況）．このような状況で，愛着システムはゆがみ，まとまりを欠くことになると考えられている．

各型の子どもについて感情調節の観点から以下のようにまとめられる[6,12]．安定型の子どもの母親は，感受性が高く，広い範囲の感情表現を受け入れる．そのため陰性感情状態における子どもの自己調節機能は，柔軟で比較的素早く機能するようになる．非安定型の回避型の子どもの感情調節は，安定型の子どもに比較して，非適応的である．回避型の子どもを持つ母親は，子どもの苦痛の表現を拒否する傾向が強い．そのため子どもは，陰性感情の表出を極小化しかえって感情調節が困難になる．抵抗型の子どもは，感情表現を極大化させ維持しようとするため，感情調節が非適応的にならざるをえない．Dタイプの乳幼児は，予想できる感情調節方略が持ちえないため，最も非適応的な機能となると考えられている[13]．

b. 乳幼児期に愛着の安定性が感情調節と関係しているとの実証的研究

乳幼児期において，これら仮説を支持する以下のいくつかの実証研究が報告されている．たとえば，18か月で安定型の子どもは非安定型の子どもと比較して，3歳半において怒りの感情をより適切に処理しており，ストレスのかかる課題に

ついて気を紛らわせたり積極的に質問したり，静かに待つこともできた[14]．また3歳までの縦断研究で，非安定型の子どもは，安定型の子どもと比べて，月齢・年齢が増すにつれ強い恐れや怒りの感情を示し，喜びをより少なくしか表現しなくなった[15]，などの所見もある．

3.3 反応性愛着障害における感情状態と感情調節

愛着の疾患についても，愛着の不具合が感情調節の困難を招いていることを示唆している．愛着の精神病理（疾患）については，乳幼児期から早期児童期の障害として ICD-10[3]，DSM-5[2] に存在する．ICD-10 と DSM-5 で同じ名を持つ障害は反応性愛着障害（reactive attachment disorder）と呼ばれており，著しく劣悪な施設養育や重症のネグレクトを受けた子どもに見出される障害である[16,17]．同障害の中心的な病理は，選択的な愛着対象を持っていないことであると考えられている[16,17]．したがって型としての D 型よりも，より愛着が非適応的であると仮説されている[18]．これら子どもの特徴は，一貫して抑性的か陰性の感情を維持する，感情の障害を持っていることであり，これら子どもが感情の調節に著しい困難を抱えていることは明らかである．

3.4 児童期，青年期，成人期における愛着が感情調節に影響を与えているか

乳幼児期の愛着の形成や乳幼児期の愛着のあり方が感情調節に影響を与えるとの所見を，理論的な観点と実証的な研究から見てきた．愛着行動制御システムは，乳幼児期を超えて個体に生涯働き続けるシステムであると考えられている[4]．たとえば強いストレスを受けている成人は，その愛着対象に情緒的により接近し宥めを得ることで，感情的な安定を取り戻す．児童期以降の発達においても，愛着のあり方が，感情調節に影響を与えるかどうかを，以下に愛着理論と実証的研究の所見からまとめる．

a. 理論

児童期の愛着の型分類の方法については，多くの方法が生み出されており，実際研究も進んでいる[19]．一方，どの検査法も乳幼児期の SSP のレベルで信頼性・妥当性が十分に確立されていない．成人期には成人アタッチメント面接（adult attachment interview：AAI）[20] が愛着の型分類として確立されている．AAI は，

成人の愛着をその作業モデルすなわち愛着（特に親に対する）についての表象を評定することにより，成人の愛着の型を分類するものである．AAIによる型分類は，乳幼児の安定型，回避型，抵抗型，未組織/無方向型に沿って，自律型，アタッチメント軽視型，とらわれ型，未解決型と分類される．自律型では，両親との体験についての感情調節が適応的で，その他の型では非適応的である．アタッチメント軽視型では，愛着システムの脱活性化（感情としては極小化）が，とらわれ型では同システムの過活性化（感情としては極大化）が，未解決型では，感情調節のまとまりのなさが明らかとなる[21]．したがって，愛着の重要な機能の1つが，成人期においても両親についての愛着をめぐる表象においての感情調節であると考えられる．またこのように分類された成人の愛着のパターンに沿って，成人が両親以外の愛着関係を作ると仮説されている——愛着についての作業モデルとはそのような意味である．すなわち両親との愛着の関係を他の人との関係に汎化する機能こそ，作業モデルと定義された所以の1つである[4,22]．

さて，乳幼児の愛着の型は，特にリスクの低い対象では成人期まで比較的安定している[23,24]．したがって，乳幼児期に形成された愛着のパターンを基盤として，その個体の表象レベルで作業モデルが構築され，感情調節の方略も，児童，青年，成人と同個体内では，維持される場合が多いと想定される．すなわち安定型の乳幼児は成長して自律型の柔軟な感情調節を，回避型はアタッチメント軽視型となり極小化方略を，抵抗型はとらわれ型の成人になり極大型方略を，未組織/無方向型は未解決型となり方略を欠く感情調節を行う傾向が強い．

乳幼児期の型が，後に変化することもある[25,26]．その場合も，成人の愛着の型なり安定性が，上に記したように成人の感情調節に影響を与えると考えられる．

b. 実証的研究：児童期，青年期，成人期の愛着が感情調節に影響を与えている証拠

児童期の愛着の安定性が感情調節に影響を与えていることを示す研究は，多くない．しかし以下の研究所見は，この仮説を支持している．すなわちより安定した愛着を持った子どもは，他者に手助けを求めたり問題解決に向かうより建設的な方略を用いる[27]，子どもの安定したアタッチメントは，日常の対人関係におけるより陽性のより少ない陰性の気分と相関している[28]，などの所見である．

青年期・成人期においては，AAIにより個人の愛着が測りえるため，愛着が感情調節に関連しているとのより多くの所見が得られている．たとえば，恋人関係において青年の愛着の安定性が，陰性の感情調節と実際の葛藤解決能力とを媒介していた[29]．母親を対象にした研究では，非安定型の母親は安定型の母親に比べて有意に高い抑うつを示し，12%の安定型の母親が臨床的な抑うつを示したのに対して，約45%の非安定型の母親がそうであった[13]．同研究では，安定した愛着を持つ母親の方が，自身の恐怖や怒りの感情をより自覚しており，さらにそれらをより適応的に調節できることが示されている[13]．さらに過活性化方略と脱活性化方略との皮膚伝道速度を調べた研究では，とらわれ/過活性化方略が陰性感情と有意な相関を示したとの所見が得られている[30]．

　これら実証研究の結果は，児童期・青年期・成人期においても，愛着の機能の1つが，感情調節であることを示唆している．

おわりに

　感情調節——特に陰性の感情調節の少なくとも一部に，愛着の機能が関連していることが示唆される．そもそも，愛着の定義から，個体の愛着機能の中心的機能の1つが，陰性の感情調節——陰性の基調を安定基調に持っていく——であると考えられている．乳幼児期，児童期，青年期，成人期において，愛着が感情調節と関連していることを示す実証的証拠は積み上がってはいる．一生涯にわたって安定した愛着の形成が，個人の感情の調節に影響を与える．非安定型の愛着や愛着の障害を持っている場合，情動・感情調節もまた非適応的であることが示唆されている．精神保健において，愛着形成の重要性がこの点にも見出せる．

　児童期においては，十分確立した愛着の測定法がないため，上記の仮説を検証するために，多くの研究が臨床研究を含めて期待される．また，本章では触れなかったが，この領域における脳研究を含めた生物・生理学的研究の飛躍が望まれる．

[青木　豊]

文　　献

1) 青木　豊：アタッチメントの問題とアタッチメント障害．子どもの虐待とネグレクト，**10**：285-296, 2008.
2) American Psychiatric Association：Diagnositic and statistical manual of mental disorders, 5th Ed, DSM-5, 2013.

3) World Health Organization : The ICD-10 classification of mental and behavioral disorders : Clinical descriptions and diagnostic guidelines, Geneva, 1992.
4) Bowlby J : Attachment and loss : Vol. 1. Attachment, Basic Books, 1982. Original work published, 1969.
5) Isabella R : Origins of attachment : Maternal interactive behavior across the first year. *Child Development*, **64** : 605-621, 1993.
6) Cassidy J : Emotional regulation : Influences of attachment relationships. In Fox N(ed), The development of emotional regulation. *Monographs of the Society for Research in Child Development*, **59** : 228-249, 1994.
7) Sroufe A : Psychopathology as outcome of development. *Development and Psychopathology*, **9** : 251-268, 1997.
8) Thompson R : Emotional regulation : A theme in search of definition. In Fox N(ed), The development of emotional regulation. *Monographs of the Society for Research in Child Development*, **59** : 25-52, 1994.
9) Ainsworth M, Blehar M, Water E et al. : Patterns of attachment, a psychological study of the Strange Situation, Erlbaum Associates, Hillsdale, NJ, 1978.
10) Main M, Solomon J : Procedure for identifying infants as disorganized/ disoritented during the Ainsworth strange stuation. In Greenberg M, Cummings E(eds), Attachment in the preschool years, pp. 121-160, the University of Chicago Press, 1990.
11) Main M : Cross-cultural studies of attachment organization : Recent studies, changing methodologies, and the concept of conditional strategies. *Human Development*, **33** : 48-61, 1990.
12) Sroufe A, Egeland B, Carlson E et al. : The development of the person : The Minesota Study of Risk and Adaptation from Birth to Adulthood, Guilford Press, 2005.
13) DeOliveira A, Bailey N, Moran G et al. : Emotional socialization as a framework for understanding the development of disorganized attachment. *Social Development*, **13** : 437-467, 2004.
14) Gilliom M, Shaw D, Beck E et al. : Anger regulation in disadvantaged preschool boys : Strategies, antecedents, and the development of self-control. *Developmental Psychology*, **38** : 222-235, 2002.
15) Kochonska G : Emotional development in children with different attachment histories : The first three years. *Child Development*, **72** : 474-490, 2001.
16) Zeanah C, Smyke A : Attachment Disorders. In Zeanah C(ed), Handbook of Infant Mental Health, 3rd Ed, pp. 421-434, Guilford Press, 2009.
17) 青木　豊：アタッチメントの概念とアタッチメント障害の症状．脳とこころのプライマリケア4 子どもの発達と行動（日野原重明，宮岡　等 監修，飯田順三編），pp. 218-225, シナジー, 2010.
18) Boris N, Zeanah C : Disturbances and disorders of attachment in infancy : An overview. *Infant Mental Health Journal*, **20** : 1-9, 1999.
19) Kerns K : Attachment in Middle Childhood. In Cassidy J, Shaver P(eds), Handbook of Attachment 2nd Ed, pp. 366-382, Guilford, 2008.
20) Main M, Caplan N, Cassidy J : Security in infancy, childhood and adulthood. A move to the level of representation. In Bretherton I, Waters E(eds) : Growing points of attachment theory and research. *Monograghs of the Society for Research in Child*

Development, **50**：66-104, 1985.
21) Kobak R, Sceery A：Attachment in late adolescence：Working models, affect regulation, and representations of self and others. *Child Development*, **59**：135-146, 1988.
22) Bretherton I, Munholland K：Internal Working Models in Attacchment Relationships：Elaborating Central Construct in Attachment Theory. In Cassidy J, Shaver P (eds), Handbook of Attachment 2nd Ed, pp. 102-130, Guilford, 2008.
23) Waters E, Merrick S, Treboux D et al.：Attachment security in infancy and early adulthood：a twenty-year longitudinal study. *Child Development*, **71**：648-689, 2000.
24) Hamilton E：Continuity and discontinuity of attachment from infancy through adolescence. *Child Development*, **71**：690-694, 2000.
25) Lewis M, Feiring C, Rosenthal S：Attachment over time. *Child Development*, **71**：707-720, 2000.
26) Weinfield N, Sroufe A, Egeland B：Attachment from infancy to early adulthood in a high risk sample：Continuity, discontinuity, and their correlates. *Child Development*, **71**：695-702, 2000.
27) Contreras M, Kerns A, Weimer L et al.：Emotional regulation as a mediator of associations between mother-child attachment and peer relationships in middle childhood. *J Family Psychology*, **14**：111-124, 2000.
28) Kerns K, Abraham M, Schlegelmich A et al.：Mother-child attachment in later middle childhood：Assessment approaches and associations with mood and emotion regulation. *Attachment and Human Development*, **9**：33-53, 2007.
29) Creasey G, Ladd A：Association between working models of attachment and conflict management behavior in romantic couples. *J Counseling Psychology*, **49**：365-375, 2002.
30) Roisman I, Tsai L, Chiang H：The emotional integration of childhood experience：Physiological, facial expressive, and self-reported emotional response during the Adult Attachment Interview. *Developmental Psychology*, **40**：776-789, 2004.

4 物質使用障害およびその他の自分の心身を害する行動とトラウマ

アルコールや薬物を反復的に使う物質使用障害（substance use disorder：SUD）や摂食障害（eating disorder：ED）や自傷行為などの反復的に自分に損害を与える行動は，対応の困難なものである．特に青少年期において開始や発生が多く認められるとされる[†1]．問題行動の背景には，虐待などのトラウマや不適切な養育を背景とする情動制御の問題があることが指摘されている[1-3]．本章では，そうした問題行動が反復する心理とその背景にあるトラウマや養育の問題についてまとめた上で，対応・援助について検討する．なお，こうした問題は幅が広く性的問題や窃盗などの逸脱行動も含まれるが，紙幅の関係で，物質使用，自傷，EDの3つに絞って取り上げる．

4.1 自分の心身を損なう問題行動の捉え方

Menninger[4]が，薬物依存症を「死の本能」と考察したように，反復される自分を傷つける行為の無意識的な意図を「死の本能」「マゾヒズム」などの視点で解釈する試みが行われてきたが，最近は，記述的な定義に基づく実証的な検討が行われている．DSM-5[5]では，典型的な自分を傷つける行動を反復する者について「自殺の意図をもたない自傷行為（nonsuicidal self-injury：NSSI）」という診断が定義された．これは，基本的に自殺を意図しないで，自分の身体を刃物で切ったり，掻きむしったり，燃やしたりするような行為である．SUDやEDは，

[†1] 日本の中高生における飲酒の全国調査[7]では，問題飲酒群は中学生の2.9%，高校生の13.7%であった．薬物使用については，全国中学生調査[8]によれば生涯経験率は有機溶剤0.5%，大麻0.2%，覚せい剤0.2%，「脱法ドラッグ」0.2%であったが，正直に答えにくい違法性のある問題であり，実際はもっと多いと思われる．特に近年「脱法ドラッグ」が増えており，規制の限界が指摘されている．自傷行為は，Matsumotoらによる首都圏12校の中高校生の調査[9]では，男子の7.5%，女子の12.1%に「身体を刃物で切る」自傷行為の経験があった．摂食障害については，平成22年度児童・思春期摂食障害に関する基盤的調査研究（研究代表者：小牧元）[10]では，中学生の男子0.2%，女子1.9%であった．

結果的に自分を傷つける面があるが間接的なものなので，NSSIとは別に扱われる．しかし，明確な定義をもとにしてあらためて調査すると，自傷行為と物質障害およびEDの合併が少なくなく，共通するリスクがあるという知見が集積されている[†2]．そうした観点からClaesら[6]は,これらを包括する「自傷スペクトラム」という視点を提唱している．

一方，「アディクション（addiction，嗜癖的障害)」という概念からこれらの問題を包摂する視点も出されている．アルコールや薬物の過剰摂取が「人格」や「意志の弱さ」の問題でなく，コントロール障害を特徴とする「病気」であることが示され，物質使用障害という診断がつけられている[5]．さらに，DSM-5では物質使用以外の病的ギャンブリングなどの行動上の反復パターンを含めたアディクションという言葉が使われるようになった．アディクションの特徴は，①使用を制御できないこと，②損害を与える影響がわかっていても使用を継続すること，③強迫的な使用，④渇望感の4つがあげられている．Schaef[13]は，アディクションを広義に用いて，物質に関するアディクション以外に，プロセスや人間関係におけるアディクションを含める視点を示した．

4.2　問題行動の危険要因

従来指摘されてきたNSSIとEDおよび依存症の危険因子として指摘されている危険要因を図4.1にまとめた．多くの要因が共通して指摘されている．現在の問題行動から時間的に遠い生育時期などに見られる要因（遠位の危険要因）と現在に近い要因（近位の危険因子）とに分けられる．特に，トラウマなどの環境要因について詳しく以下に述べる．

1)　被害・トラウマ体験

SUDの事例特に女性事例では，暴力や虐待などによるトラウマ体験やそれによるPTSDなどのトラウマ症状を持つ場合が多いことが指摘されている．Pirardら[14]は，アディクション治療のために受診した人の47.3%に被虐待経験がある

[†2] Okasakaら[11]は，大学生691名において多種類のアディクション行動を調べ，そのうち117名がED，アルコール依存，ニコチン依存の傾向のどれか1つを示し，このうち18名（15.3%）が2種類以上のアディクション傾向を示し，2種以上のアディクションと1種類のみの群と3種類ともない群の3群間で比べたところ，複数のアディクション群では最も主観的なストレスが強く，他者からの受容されている感覚が低かったことを報告している．野津[12]は，日本の高校で危険な行動の間の関係を調べ，早期の喫煙体験や飲酒体験は他のリスク行動（朝食を抜く，シンナー乱用経験，性交経験，シートベルト非着用，暴力，自殺願望）の出現に関する予測要因になることを示した．

4. 物質使用障害およびその他の自分の心身を害する行動とトラウマ

	環境要因	個人内要因
遠位の危険要因	**養育環境** 　安定したアタッチメントの不足 　支配的で批判的な関係性 **外傷的な体験** 　感情的,身体的,性的な暴力や虐待 **社会的・文化的・経済的な影響** 　自己対象化, 　非現実的な身体ステレオタイプ 　メディア	**脳・自律神経系・内分泌系の問題** **気質** 　高い感情反応性 **スキーマ・認知の問題** 　否定的な自己認知・自責的 　自尊心の低下 　自己の身体に対する認知の歪み **解離・注意の問題**
近位の要因	**仲間・友人・異性との関係** 　危険な行動の学習 　集団の文化の影響 　集団のプレシャー **危ない状況, ひきがね** 　貧困, 不眠, 健康上の問題 　疲れ, 孤立, 生活困難 　危険な異性関係・DV	**感情調整の問題** 　衝動性, 敏感性 　完璧主義, 強迫性 　アレキシシミア **対人スキルの問題** 　他者への信頼を持てない 　危ない他者への接近 　対人距離の調節が難しい **精神障害** 　感情障害, PTSD・適応障害 　物質使用障害, パーソナリティ障害

図 4.1 物質使用障害・NSSI・摂食障害の危険因子

ことを示した．Kang ら[15]は薬物乱用プログラムを受けている171人の薬物乱用女性で，児童虐待の被害体験（性的虐待24%，身体的虐待45%）があった．Kessler ら[16]は，PTSDを持つ者は，それがない者に比べて2～4倍物質乱用を持つ可能性が高まることを指摘している．Triffleman[17]によれば，SUDで事例化した人の中でのPTSDの割合は，20～59%であったという．日本の研究としては，梅野ら[18]が全国ダルクの薬物乱用者を調べて，男の67.5%，女72.7%が中学時までに虐待を受けた体験を持っており，特に心理的虐待を訴える者が男女とも多いことを報告している．

　自傷行為についても心的外傷と特に生育期のトラウマとの関係を指摘されている．特に児童期の性的虐待経験との関係は強く，その被害の期間や頻度が高いほ

ど成人期における自傷行為が生じる可能性を高めるとされている[19]．

EDも，トラウマ体験特に性的なトラウマとの関係が多く指摘されている．たとえば，Heppら[20]は，277人のEDのある女性におけるPTSDの頻度を調べ，24.5%が望まない性的体験，18.8%が児童期の性的虐待を持ち，1.4%がPTSDの診断基準を満たしたという．日本の中学生約5,200名を対象とした調査で，男女とも，不適切な代償行為，特に排出行為には性的な被害体験（女子OR 2.1；男子OR2.4）が関与している可能性が示されている[10]．

2) 家族関係・アタッチメントの問題からの理解

アルコール・薬物依存症の要因に，家族関係の問題があることは多く指摘されてきた．和田ら[21]による全国中学生調査では，有機溶剤吸引経験のある少年は，ない少年に比べて悩み事がある時に親と相談する者の割合が低いことや父母との夕食の頻度が低いことなどが示されている．また，飲酒や喫煙についても，親が喫煙や飲酒をしていること，親と相談することが少ないこと，落ち込み，睡眠の問題がその使用に関係していることが示されている．アルコール薬物依存を持つ群の児童期に受けた養育の性質について，PBI（parental bonding instrument）という質問紙による調査が行われ，薬物依存者では両親とも過保護の得点が対照群より有意に高く，アルコール依存症では母のみで過保護得点が高かったことが報告されている[22]．生育期の親子関係に基づくアタッチメント（attachment）が依存症の発生に影響しているという研究も重ねられている．Schindlerら[23]は，薬物依存症者で本来の安定型のアタッチメントを形成できた者は少なく，恐怖型アタッチメントを示す者が多いことを報告している．他に，SUDが世代間で連鎖することが多いという臨床的知見から出発したACA（Adult Children of Alcoholics）の研究がある．ACAとは，依存症の親のいる家庭で成人した子どものことであり，実証的な研究でも彼らが機能不全の家庭を生き抜く過程で，依存症のみならず多くの精神的な問題を抱えてしまうことが確かめられている[24]．

NSSIのある青少年は，ない者に比べて，養育者から承認されないという体験を持つ者が多いことが確かめられた[25,26]．Yates[3]は，安定した養育を受けられず不安定型や未組織型のアタッチメントを持った子どもは，自分や他者を否定的に捉えるようになる結果，孤立したり解離症状を生じやすくなり，些細なストレスをきっかけに自傷行為を起こすようになると考えている．

EDについても，養育者の過保護な態度，不安定なアタッチメントと関連して

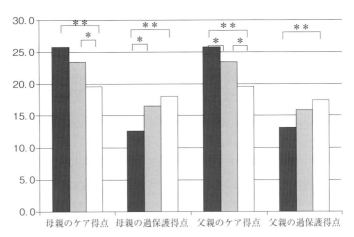

図4.2 薬物依存症と健常対照群のPBI得点の比較
■健常対照(83名),▨薬物依存症(自殺企図なし:51名),□薬物依存症(自殺企図あり:50名). Bonferroni法による. *:$p<0.05$, **:$p<0.01$. 薬物依存症の2群は, 一度でも自殺企図のあった群と, なかった群で分けられている. このデータは岡坂ら[30]による. 健常対照群は, KitamuraとSuzuki[31]の調査報告による.

いることが示されている[27,28].

重複する問題がある場合にはさらに, 家族関係の歪みが強いことも多く報告されている. 山口ら[29]は, EDと自殺企図歴がある者では, ない者に比べて, PBIにおける両親の過保護得点が有意に高く, 虐待体験を伴う症例が有意に多かったことを確認した. 図4.2は, 自殺企図歴のある薬物依存症者とない薬物依存症者と健常者のPBI得点を比べた結果を示している[30]. 薬物依存症者特に自殺企図歴のある群では, 両親のケア得点が低く, 過保護得点が高いことが示唆される.

3) 仲間の影響

SUDの開始には, 青年期における非行仲間からの直接的な誘いや, 非行集団の集団圧力や価値観の伝達の影響が関係しているとされる[32]. 青年期のNSSIについても, 仲間の影響が指摘されている[33]. 仲間との葛藤や仲間からの拒絶などの対人的な出来事がNSSIや自殺行動に関連することや, 仲間が自傷を生じていることが影響することもある. EDについても友人関係との葛藤や疎外感, 友人の持つ価値観が食行動に関係していることを確認した[34]. 親とのアタッチメント関係が不安定だと, 非行仲間との関係が強くなり, 物質乱用を含む危険な行動を生じるという機序が指摘されている[35].

4.3 心理的機序に関する統合的なモデル

a. 自己制御モデル・自己治療モデル

　Khantzian ら[36]は，アルコール薬物依存症が自分のストレスなどの精神的苦痛に対処するために，アルコールや薬物や食や自傷行動を使うようになるという「自己治療モデル」を示した．その後，自傷行為や ED についても，自分の情動制御の機能を持つことが指摘されている．そうした情動の背景の１つが，虐待や暴力などによるトラウマ症状であり，再体験や過覚醒の苦痛を，行動化によって感じなくてすむという機能を持つことが想定されている．こうした行動化による感情を感じないというやり方の中には，意図的な回避の場合もあるが，意図性が少ない麻痺や解離という場合も含まれる．解離は，行動－感情－感覚－意識が連動しなくなり「解離」してしまう現象で，その１つの表れとして意識の統御が働かず「我知らず」やってしまうということを生じる．完全に当人の意識が飛ぶと自己制御モデルにあてはまらないが，解離により嫌な気分を減らして行動として発散できる体験を積むうちに，意図的・半意図的にそうした状態を利用するようになる場合は自己制御モデルに適合するといえる．たとえば，自傷行為は一見痛そうに思えるが，当人は痛みよりすっきりする解放感を感じると述べる場合が多く，こうした自傷が不快感情を麻痺させてくれる経験に基づき，意識的に行動化を反復していると考えられる．van der Kolk[37]は，トラウマ体験の苦痛を乗り切りために，強い刺激を求めたり，トラウマを再現する行動を反復する現象を「トラウマに対する反復強迫」と呼び，そうした行動をとる背景には，危ない行動をとると内因性オピエートを脳内に誘発し「麻酔性の」不安解除ができるためであると述べている．この視点からすると，自傷の反復と SUD は，脳内の報酬系における制御の問題を共有している可能性がある．

b. アタッチメントのモデル

　依存症，ED，自傷行為のある者で生育期における養育者との間でのアタッチメント体験が，大きく影響することが指摘されている．そもそもアタッチメントとは，「子どもが不安を感じた時に，これを養育者に対する近接を維持することで，安全と安心感を回復するというケア探索に関する関係性やその結果として成立するシステムである」とされる．こうした親子間の交流が繰り返されるうち

に子の中に内在化され「内的作業モデル（internal working model：IWM）」として構成され，その人の認知行動のパターン（スキーマ）として定着する．アタッチメントが安定的に発達した場合（安定型），心の中に安心感が蓄積し不安定な感じがしなくなり，いざとなれば守ってもらえるという感覚がその後の感情調節機能や共感性のもとになるとされる．一方，養育者が安全基地の役割を十分果たせない場合には，不安定な型を生じ，特に虐待を受けた児童では，未組織化型（disorganized type：D型）になる場合が多いとされる[38]．この型の事例では，不安や困った場面で，それに対しケアを求めず危ない行動をあえてとったりフリーズしたり，養育者に過度に従順な振舞いをすることが報告されている．こうした型は，その後に修正を生じるような関係性を体験しなければ，成人期においても同様のIWMが継続し，成人期の情動調節や人間関係の持ち方に影響を与えるスキーマとなって存続し，行為障害・パーソナリティ障害，感情障害，不安障害，解離性障害，ED，SUDなどの病理へと結びつくことが確かめられている[39]．

c. 認知・スキーマモデル

SUDやEDや自傷行為には，トラウマや生育期の体験に基づく認知やスキーマの歪みが影響している．Young[40]は，そうした不適応的な早期のスキーマを表4.1のようにまとめている．さらに彼は，スキーマに焦点を当てる認知行動療法（スキーマ・フォーカスト・セラピー）を開発し，スキーマを変えることで問題行動を減らせることが確かめられている[41,42]．

d. 複雑性PTSD

上述してきたモデルを包括するものとして，複雑性PTSDがある[43]．これは，生育期などに長期・反復的にトラウマ体験に暴露される結果，再体験，回避・麻痺，過覚醒といった狭義のトラウマ症状以外のアタッチメントや人格の発達上の問題や解離反応を含む広範な症状・問題行動を生じる病態である．この複雑性PTSDを診断基準として整理しなおしたものが「他に特定されない極度のストレス障害（disorders of extreme stress, not otherwise specified：DESNOS）」であり[44]，その症状を以下に示す．

①感情と衝動の調節の変化：慢性的な感情の制御障害，怒りの調節困難，自己破壊行動，希死念慮性的な関係の制御困難，過度に危険を求める行動

表 4.1 スキーマフォーカスト・セラピーで用いられる早期不適応的スキーマ

領　域	初期スキーマ
断絶と拒絶	1. 見捨てられ／不安定 2. 不信／虐待 3. 情緒的剥奪 4. 欠陥／恥 5. 社会的孤立／疎外
自律性と行動の損傷	6. 依存／無能 7. 損害や疾病に対する脆弱性 8. 巻き込まれ／未発達の自己 9. 失敗
制約の欠如	10. 権利要求／尊大 11. 自制と自律の欠如
他者への追従	12. 服従 13. 自己犠牲
過剰警戒と抑制	14. 評価と承認の希求 15. 否定／悲観 16. 感情抑制 17. 厳密な基準／過度の批判 18. 罰

②注意や意識の変化：健忘，一過性の解離エピソードと離人症

③自己認識の変化：自分が役に立たないという感覚，取り返しのつかないダメージを受けた感覚，罪悪感・自責感，恥辱感，自分を理解する人が誰もいないという感覚，自分に起こることを過小評価する傾向

④加害者への認識の変化：加害者から取り込んだ歪んだ信念，加害者の理想化，被害者を傷つけることばかり考える

⑤他者との関係の変化：他者を信頼できない傾向，再び被害を受ける傾向，他者を傷つける傾向

⑥身体化：胃腸障害，慢性的な痛み，動悸息切れ，転換症状，性的な症状

⑦意味体系の変化：絶望感，以前支えていた信念の喪失

こうした複雑性 PTSD の視点をもとに，トラウマ体験を核にして SUD，ED，NSSI に発展したケースの病態を検討する（図 4.3）．複雑性 PTSD では，反復するトラウマ体験により生じた危機反応に対して，これを安定化するはずの対人・感情調整システムが無効化・有害化しており，感情や対人関係の調節がうまく

かない状態であり，そこで薬物の使用体験など問題行動により短期的によい効果を感じると物質使用や自傷・摂食行為を用いて否定感情に対応するという認知（トラウマの絆）が根づいてしまう．そして，この認知・スキーマを用いて，日々のトラウマ的な反応をに対処して否定的感情を回避するためにSUD，自傷，ED

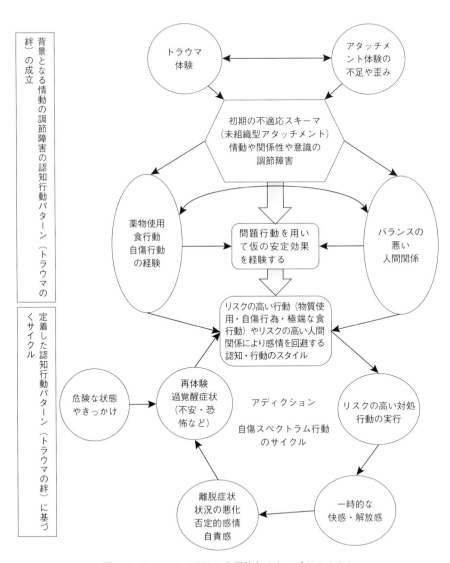

図 4.3　SUD, ED, NSSI の心理的なメカニズムのモデル

を含む問題行動が動員される事態が生じている（図4.2参照）．こうした行動は，結果的には，本人をより危険な状況に追いやっているがなかなか離れることができない．こうしたトラウマを再現するような危険な行動や人間関係にとらわれているパターンを，James は「トラウマの絆（trauma bond）」と名づけている[45]．特に問題なのは，女性の薬物依存症者が薬物を使うまたは売るような異性と離れられない場合である．

4.4 援　　助

van der Kolk[46] は複雑性 PTSD の治療について以下の6段階にまとめている．
①症状のマネージメント法（薬物療法，弁証法的認知療法，マインドフルネス・トレーニング，ストレス感作療法）
②語りを生み出す．
③（再演など）繰り返されているパターンを認識する．
④精神内界の状態と行動のつながりをつくる（攻撃性，性行動，食行動，ギャンブルなど）．
⑤外傷性記憶の結節点を次の方法を用い同定する（暴露療法，EMDR，身体指向的治療）．
⑥対人関係でのつながりを学ぶ．

SUD や NSSI や ED においても複雑性 PTSD の治療を適用することできる[47]．まずは何より①と②がまず重要になるが，精神的にも物理的にも安心できる環境を確保することが前提になる．たとえば，いじめや性的虐待を背景に自傷行為が起きている場合，そうした暴力から切り離されない限りは，安定化することは不可能に近い．危険な関係から離すこと，良い関係を構築することが必要で，援助者や虐待をしていない親など身近な人がクライアントにとって安定したアタッチメント対象と感じてもらうことが大事である．援助者の中には，物質使用などがある場合に，叱責や罰則的な手法が用いられる場合があるが，これをトラウマに基づくコントロール障害と捉え直し，アタッチメントの基本である「つらい気持ちを話せば，それをわかってもらえる」という関係の構築をめざす．特にトラウマを持つ場合には，傷つきやすく，援助を自分から求めることが難しいので，相手を否定することなく，大変な中を頑張ってきた本人の力をエンパワーメントすることが重要である．こうした援助関係の構築を進めながら，問題行動やその

もとにある気持ちのマネージメントについて具体的な方法を示しながら取り組ませる．DBT（弁証法的行動療法）[48] で用いられているマインドフルネスという否定的な感情に対処するスキルを教えることも有用である．

注意すべきなのは，アディクションや自傷スペクトラムはコントロールできないことが病気なので，これをやめるよう押し付けるのは逆効果であり，そうした問題行動が急には離れられないことを援助者自身が受け入れられる姿勢を示すことである．反復する問題を受け入れながらも，それを変える気持をクライアントに起こさせる働きかけを行う．この過程が③になるが，具体的な方法としては「動機づけ面接」[49] が有用である．これは，その時々の患者の動機付けのレベルに合わせ，行動変容を促す面接法である．具体的には，これまでの行動パターンを続けること／変えることの良い点と悪い点を一緒に整理して自己決定を援助したり，小さくても実行可能な行動変容の目標（例：仕事に影響がでる曜日のみの断薬，多種類の薬物のうち違法性の薬物はやめるなど）を自ら立てさせ，うまくいった部分は評価して自己効力感を高める一方，うまくいかない部分はこれを解決する選択肢を考えさせることを繰り返していく．そうした過程では，特に患者との会話の進め方が重視されている．その原則として，i）繰り返し聞くことで共感を示す，ii）患者自身が持つ目標（例：どのようなものを人生で得たいか）と現実の彼らの行動の間の差異を明らかにする，iii）論争や直接対立を避ける，iv）患者の自己効力感と楽観性を支持する，などの項目があげられている．

次に④の段階に移り，過去におけるアタッチメント対象やトラウマ体験の記憶についての個人的な意味づけを検討し，それと症状や問題行動との結びつきを確認する．そして非適応的なパターンを同定した上で，それから離れていくことをめざす．その学習されている問題行動の反復につながる認知行動パターンを「きっかけ・危険な状況―認知・対処スキル―行動―結果」という枠組みで明確化し，薬物使用や自傷などの「行動」を変えるため方法を検討する．きっかけ・危険な状況には「注射器」「売人と会う」「仲間からの誘い」「友人・家族とのいさかい」などの外的なものと，「ストレス」「怒り」「空腹」「ひま・空虚感」などの内的なものがある．薬物使用に直結する認知やスキルの問題としては「問題行動による損失の否認」「問題行動による快感の過大評価」「やめられないという決めつけ」「誘いを断れない」などがあげられる．こうして同定されたパターンを繰り返さないために，a）「きっかけ・危険状況」をできるだけ避ける，b）避けきれない

場合でも切り抜けるための適応的な「認知・対処スキル」を身につける（例1：仲間の誘いに対し「断る」スキルで対抗する．例2：ストレスをきっかけとする欲求に「リラクゼーション」「他人への相談」などのスキルや「問題行動が悪い結果をもたらす」という認知で対抗する）などの再発予防計画を立てさせる．実際にありうる危険な状況を想定させ，ロールプレイなどを用い練習すること（例：誘いを断る練習）も有効である．また，問題となるパターンを減らすのと並行して，健康なセルフケアやコミュニケーションの方法を身につけることが必要である（例：趣味を持つ．シラフで自分の意見を相手に言えるようになる）．

次に⑤のトラウマ記憶を言葉や絵などで表現させる暴露を行い，その際惹起された感情を体験しながらもそれに圧倒されたり，問題行動に逃げ込む（トラウマの絆に頼る）のではなく，対処できる新しい認知や行動を見つけさせていく．たとえば，ある女性事例ではDVを受けた体験により，1）殴られるのは自分が悪いためであると考えるようになった．2）男性から薬物使用と性の強要要求を断れなくなった．3）仕事の場面でも自分に自信がなく，必要以上に謝ってしまう．4）煮詰まると，薬物や自傷行為を用いてしまうようになるという「トラウマの絆」のパターンがあることがわかった．このような自己分析を行ううちに，次第に自分の状態をモニターできるようになり，薬物欲求やうつなどの問題が生じても衝動的にならず自滅的な行動をとる前に立ち直ることができることが増やせた．

さらに⑥では，社会や学校などの具体的な場面への適応を援助し，再発防止計画などを立てて，実行していく．仮に問題行動の再使用があっても，本格的な問題のサイクルに戻らないように，または回復過程にできるだけ早く戻れるようにする．依存症の自助グループや生活上のサービスあるいはプライベートに助けてくれる人へのつなぎも有用である．

おわりに

本章では，青少年において開始される場合が多いSUD，自傷，EDをトラウマや養育体験の問題に基づく問題としてまとめた．自分を「わざと」危ない行動に向けてしまう青少年を援助するためには，「心の痛み」や「生きにくさ」を乗り切るために問題行動を反復してしまうという心理を理解した上で，彼らとつらさを共有できる関係を作り，認知行動パターンの変容を行うことが重要になる．非常に時間とスキルとエネルギーを要する作業であり，これに関わる援助者どうし

でこうした問題への理解を共有し,援助法を共同で開発していくことが今後必要である.

[森田展彰]

文 献

1) 森田展彰,梅野 充:物質使用障害と心的外傷.精神科治療学,**25**:597-605, 2010.
2) Claes L, Vandereycken W, Vertommen H:Self-injurious behaviors in eating- disordered patients. *Eating Behaviors*, **2**:263-272, 2001.
3) Yates TM:The developmental psychopathology of self-injurious behavior: Compensatory regulation in posttraumatic adaptation. *Clin Psychol Rev*, **24**:35-74, 2004.
4) Menninger KA:Man against Himself;Harcourt, Brace, 1938.
5) American Psychiatric Association:Diagnositic and statistical manual of mental disorders, 5th Ed, DSM-5, 2013.
6) Claes L, Vandereycken W:Self-injurious behaviour:Differential diagnosis and functional differentiation. *Compr Psychiatry*, **48**:137-144, 2007.
7) 鈴木健二,簑輪眞澄,尾崎米厚,和田 清:中学生・高校生における問題飲酒群の飲酒行動―1996年全国調査結果から.日本アルコール薬物医学会雑誌,**36**:39-52, 2001.
8) Matsumoto T, Imamura F:Self-injury in Japanese junior and senior high-school students:Prevalence and association with substance use. *Psychiatry Clin Neurosci*, **62**:123-125, 2008.
10) 小牧 元ほか:疾病・障害対策研究分野 障害者対策総合研究「児童・思春期摂食障害に関する基盤的な調査研究(研究代表者:小牧 元)」,2011年度報告書.
11) Okasaka Y, Morita N, Nakatani Y, Fujisawa K:Correlation between addictive behaviors and mental health in university students. *Psychiat Clin Neurosci*, **62**:84-92, 2008.
12) 野津有司:青少年の危険行動に関する研究の概況―第20回IUHPE世界会議での発表研究を基に.日本健康教育学会誌,**19**:89-96, 2011.
13) Schaef AW:When Society Becomes an Addict, HarperOne, 1988.
14) Pirard S, Sharon E, Kang SK, Angarita GA, Gastfriend DR:Prevalence of physical and sexual abuse patients and impact on treatment outcomes. Drug Alcohol Depend, **78**:57-64, 2005.
15) Kang S, Magura S, Laudit A, Whitney's.:Adverse effect of child abuse victimization among substance-using women in treatment. *J Interpers Violence*, **14**:657-670, 1999.
16) Kessler R, Burglund P, Demler O, Jin R, Merikangas KR, Walters EE:Life time prevalence and age-of-onset distributions of DSM-IV disorder in the National Comorbidity Survey Replication. *Arch Gen Psychiatry*, **62**:593-602, 2005.
17) Triffleman E, Carrol K, Kellog S:Substance Dependence Posttraumatic Stress Disorder Therapy. *J Subst Abuse Treat*, **17**:3-14, 1999.
18) 梅野 充,森田展彰,池田朋広,幸田 実,阿部幸枝,遠藤恵子,谷部陽子,平井秀幸,高橋康二,合川勇三,妹尾栄一,中谷陽二:薬物依存症回復支援施設利用者からみた薬物乱用と心的外傷との関連.日本アルコール・薬物医学会雑誌,**44**:623-635, 2009.
19) Fliege H, Lee J, Grimm A, Klapp BF:Risk factors and correlates of deliberate self-harm behavior:A systematic review. *J Psychosom Res*, **66**:477-493, 2009.
20) Hepp U, Spindler A, Schnyder U, Kraemer B, Milos G:Post-traumatic stress disorder

in women with eating disorders. *Eat Weight Disord*, **12**：e24-27, 2007.
21) 和田　清, 嶋根卓也, 江頭伸昭ほか：大学生における違法ドラッグを含む薬物乱用の実態に関する研究. 平成18年度厚生労働科学研究費補助金（医薬品・医療機器等レギュラトリーサイエンス総合研究事業）「違法ドラッグの薬物依存形成メカニズムとその乱用実態に関する研究」（主任研究者：舩田正彦）研究報告書, pp.66-96, 2007.
22) Bernardi E, Jones M, Tennand C：Quality of parenting in alcoholics and narcotic addicts. *Br J Psychiatry*, **154**：677-82, 1989.
23) Schindler A, Thomasius R, Sack PM et al.：Attachment and substance use disorders. A review of the literature and a study in drug dependent adolescents. *Attach Hum Dev*, **17**：207-228, 2005.
24) Christoffersen MN, Soothill K：The long-term consequences of parental alcohol abuse：A cohort study of children in Denmark. *J Subst Abuse Treat*, **25**：107-116, 2003.
25) Sim L, Adrian M, Zeman J et al.：Adolescent deliberate self-harm：Linkages to emotion regulation and family emotional climate. *J Res Adolesc*, **19**：75-91, 2009.
26) 猪飼さやか, 大河原美以：母からの負情動・身体感覚否定経験が自傷行為に及ぼす影響：解離性体験尺度DES-IIとの関係. 東京学芸大学紀要. 総合教育科学系, **64**：171-178, 2013.
27) Ward A, Ramsay R, Treasure J：Attachment research in eating disorders. *Br J Med Psychol*, **73**：35-51, 2000.
28) 山形　俊, 日高三喜夫：子大学生の摂食障害傾向における強迫性と両親の養育態度の関連. 大学心理学研究, **7**：69-76, 2008.
29) 山口亜希子, 松本俊彦, 近藤智津江ほか：大学生における自傷行為の経験率—自記式質問票による調査. 精神医学, **46**：473-479, 2004.
30) 岡坂昌子, 森田展彰, 中谷陽二：薬物依存者の自殺企図に関する研究—自殺企図の実態とリスクファクターの検討. 日本アルコール・薬物医学会雑誌, **41**：39-58, 2006.
31) Kitamura T, Suzuki T：Perceived rearing attitudes and minor psychiatric morbility among Japanese adolescents. *Jpn Psychiatry Neur*, **47**：531-535, 1993.
32) Thornberry T, Krohn M：Peers, Drug Use, and Delinquency. In Stoff DM, Breiling J, Maser JD（eds）, Handbook of Antisocial Behavior, pp.218-233, Hoboken, John Wiley & Sons, 1997.
33) Heilbron N, Prinstein MJ：Peer influence and adolescent nonsuicidal self-injury：A theoretical review of mechanisms and moderators. *Appl Prev Psychol*, **12**：169-177, 2008.
34) Jones DC, Vigfusdottir TH, Lee Y：Body image and the appearance culture among adolescent girls and boys an examination of friend conversations, peer criticism, appearance magazines, and the internalization of appearance ideals. *J Adolesc Res*, **19**：323-339, 2004.
35) Wade TJ, Brannigan A：The genesis of adolescent risk taking pathways through family, school, and peers. *Can J Sociol*, **23**：1-19, 1998.
36) Khantzian EJ, Albanese MJ：Understanding addiction as self medication, Finding hope beyond pain, Rowman & Littlefield Publishers, 2008. 松本俊彦訳：人はなぜ依存症になるのか 自己治療としてのアディクション, 星和書店, 2013.
37) van der Kolk B A：The Compulsion to Repeat the Trauma；Re-enactment, Revictimization, and Masochism. *Psychiatry Clin North Am*, **12**：389-411, 1989.
38) 数井みゆき：子ども虐待とアタッチメント. アタッチメントと臨床領域（数井みゆき, 遠

藤利彦編), pp.79-101, ミネルヴァ書房, 2007.
39) Fonagy P, Leigh T, Steele M et al.：The relation of attachment status, psychiatric classification, and response to psychotherapy. *J Consul Clin Psychol*, **64**：22-31, 1996.
40) Young JE：Cognitive therapy for personality disorders：A Schema-Focused Approach, 3rd Ed, Professional Resource Exchange Sarasota, 1999. 福井　至, 貝谷久宣訳：パーソナリティ障害の認知療法―スキーマ・フォーカスト・アプローチ, 金剛出版, 2009.
41) Ball SA, Young JE：Dual focus schema therapy for personality disorders and substance dependence：Case study results. *Cog Behav Pract*, **7**：270-281, 2000.
42) Ohanian V：Imagery rescripting within cognitive behavior therapy for bulimia nervosa：An illustrative case report. *Int J Eat Disord*, **31**：352-357, 2002.
43) Herman JL, Perry JC, van der Kolk BA：Childhood trauma in borderline personality disorder. *Am J Psychiatry*, **146**：490-495, 1989.
44) Luxenberg T, Spinazzola J, van der Kolk BA：Complex Trauma and Disorders of Extreme Stress (DESNOS) Part One：Assessment. Direc. Psychiatry, pp.373-392, 2001.
45) James B：Handbook of Attachment-Trauma Problems in Children, Lexington Books, 1994. 三輪田明美ほか訳：心的外傷を受けた子どもの治療, 誠信書房, 2003.
46) van der Kolk BA：The assessment and treatment of complex PTSD. In Yehuda R(ed), Treating Trauma Survivors with PTSD, pp.150-178, American Psychiatric Publishing, 2002.
47) 森田展彰：暴力などのトラウマ問題を抱えた薬物依存症者に対する治療. 精神科臨床エキスパート　依存と嗜癖―どう理解し, どう対処するか (和田　清編), pp.102-114, 医学書院, 2013.
48) Linehan MM：Cognitive-behavioral treatment of borderline personality disorder, Guilford Press, 1993. 大野　裕, 阿佐美雅弘, 岩坂　彰他訳：境界性パーソナリティ障害の弁証法的行動療法―DBT による BPD の治療, 誠信書房, 2007.
49) Miller WR, Rollnick S：Motivational Interviewing 2nd Ed, Preparing People for Change The Guilford Press, 2002. 松島義博, 後藤　恵訳：動機づけ面接法―基礎・実践編, 星和書店, 2007.

5 トラウマティック・ストレスが情動調節機能に及ぼす影響と非行

　「非行」「犯罪」は心理学の用語ではないので，一口に「非行・犯罪」といっても心理的な状態は様々である．非行・犯罪行動の変化には，認知行動療法が効果的であるとされ，反社会的な認知を同定し，それを修正することによって行動を変化させる教育プログラムが行われるようになっている．認知行動療法的アプローチに効果が認められることは明らかであるが，限界もある．認知の発達水準が形式的操作期にまで達していない場合，その効果は限定的なものとなる．対象者の年齢が小中学生と低い場合，自ずと限界が生じる．それを補完するものとして，本人への働きかけと同時に，彼（女）を取り巻く家族システムや学校システムにも介入するマルチ・システミック療法も効果を示しているが，これも比較的非行深度が浅く社会内で介入できる少年少女を対象としている．

　認知行動療法的アプローチとマルチ・システミック療法（multisystemic therapy：MST）という二大手法の限界を実感するのが，何らかのトラウマティック・ストレス（traumatic stress）体験に起因する情動調節の課題を基盤として，他との安定した情緒的繋がりを体験することに困難を有している人々であるように思う．知的な障害があったとしても，周囲との情緒的つながりを持つことができて，情緒的に安定していると，非行・犯罪行動は発現しない．また，反社会的思考が生じるのには，その前段として，周囲の人々との関係性のあり方やその基盤となる情動調節，そして自尊心の問題が潜んでいるように思う．情動調節や自己と関係性の課題を一定程度達成している場合にはじめて，反社会的思考の修正が可能になる．本章では，トラウマテック・ストレスが子どもの情動調節機能の発達に及ぼす影響と，それが非行の発現へとどのようにつながりうるのかを述べ，非行・犯罪行動変化のためのより効果的なアプローチについて考察する．

5.1 子どもの発達と非行

　動物としてのヒトは，生まれた時から社会的存在としての人間というわけではない．日々たくさんのことを学んで，社会の一員となっていく．非行は，学習された反社会的行動あるいは社会の中で生きる個人としての責任ある行動を学習できていないことから生じると考えられる．反社会的行動（非行）を学び落とし，責任ある行動を学んでいくには何が必要なのか？　図 5.1 は，乳幼児期から成人期にかけて，愛着・感情・対人関係の発達と認知と社会性の発達からどのようにヒトが人間として成長するのかを示したものである．非行行動の発現時期やその背景にある発達上の課題の違いによって，適切な介入方法も異なってくる．

　ヒトは生まれながらにして睡眠，排泄，摂食などの本能的衝動を統制しているわけではない．周囲の要請に合わせて睡眠，摂食，排泄のリズムを作り，さらにはどこでどのように行うかについての「マナー」を学び，欲求充足を一定程度統制するようになっていく．これは生後間もなくから乳幼児期を通じて習得されていく衝動統制である．この頃にはただ存在すること自体（being）が承認され，

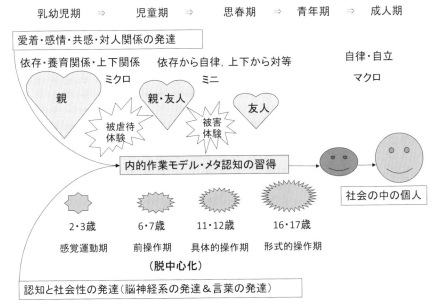

図 5.1　感情と認知・自己と関係性の発達

期待されるように統制ができない場合は，生物学的な躓きが予期されて，生物学的原因究明のために医師に受診するかもしれない．この時期の養育としつけは原則家庭に任されている．子どもは，基本的に自身の欲求充足を養育者の助けなしにはなしえない．この時期に養育を受けることができず，あるいは虐待を受けた場合，子どもの生存自体が脅かされることになる．

　就学し児童期になると，学校にも教育の責任が生じてくる．学校では，様々な欲求と行動を統制し，集団に同調し，目標に向かって努力し達成する（doing）力を蓄えていかなければならない．子どもたちは，少しづつ，自身の心身を用いて自己の欲求充足ができるように訓練されていく．「非行」とみなされる行動が出現するのは，早くても児童期である．乳幼児期には，人の物を盗ろうと，誰かを打とうと，「非行」とは呼ばれない．小学校に入る頃になっても，盗みをしたり，暴力を振るったりすることは，それ以前の段階での衝動統制の構えと力とが，何らかの理由で未熟なままにきている．すなわち親からの養育としつけとが不十分であると考えられ，「悪い子」というレッテルが貼られる危険性が生じてくる．教師や周囲の大人たち，子ども集団の助けによって通常の発達軌道に修正されていくこともありうるが，学校に馴染めない危険性も高く，そうなると早発単独型の非行少年として，児童相談所や行政機関の介入を受けることにもなる．

　非行が多発するのは，思春期に入ってからである．思春期になると親や教師など大人の重要性は後景化し，友達や異性関係で承認を得ることが重要になってくる．それは，すべて大人から与えられ，保護され，代わりに従属していた縦の関係から，独り立ちしていく準備としての対等な横の関係への自然な移り変わりである．子どもたちどうしの「対等な」関係は，葛藤を含む厳しい関係でもありうる．子どもたちは，近しくなることと，優位に立つこととの間で葛藤し，仲間との関係の持ち方を模索する．自身の内なる衝動統制のみならず，自分の衝動や欲求と相手の衝動や欲求との葛藤をどのように調節し，折り合い，協働関係を作り，維持していくのかということが，きわめて重要になるのである．この時期に「いじめ」などの仲間集団からの被害体験は，対等な信頼関係を作り維持していく力を損なうことにもなる．

　思春期に発現する「非行」のほとんどは，自然で健康的な行動である．ちょっとした「冒険」や「好奇心」でやってしまったとしても，気づかれないうちに自らやめてしまうようなものである．次に多いのが，何らかの問題状況に反応して

いるもので，どうしてよいかわからず，ある意味SOSとして非行が生じることもある．子どもは，SOSに気づいてくれた人に対しては，気持ちや考え，置かれた状況を伝えることができ，聞いた方もその子の気持ちを理解しやすく，問題の解決に手を貸したくなるし，その子も助けを受け入れ，感謝も示す．非行をやりたくないけどやってしまって，後悔を示す．ここまでは「非行」とも言えない「非行」かもしれない．

　思春期に発現する非行は，何より集団との関わりで行われることに特徴がある．大人への不信感，傷つけられ感があって，仲間との関係に拠り所を求める．思春期に集団で行われる非行は，内心「これはいけない」と思ってはいても，仲間と行動を共にすることによって，心強くあるいは勢いをつけ，自分だけやらないわけにはいかない．あるいは共に「悪いこと」をして関係を強化したり，大人に叱られるからこそやる，限界を確かめたいということもありうる．きちんと叱り，限界を示してやることが案外大切となる．簡単に大人のいうことを聞いて非行をやめることはないかもしれないが，そのうち成長して非行からは離脱していく．

　より早い時期に非行を発現し，自分の感情を素直に表現でき安心できる関係性を体験したことが少なく，反社会的行動を抑止する考え方や言葉を身につけることが難しい状況に長くいればいるほど，健常な発達経路に戻り，自律・自立した生活を営むという発達課題を達成することが困難になると考えられる．

5.2　ストレス体験と情動調節そして非行

　一般にストレス体験は，子どもの情動調節力の発達にどのような影響を与えるのだろうか．図5.2は，安定した愛着がある場合を示している．子どもが泣く，話しかけるといった感情や行動の表出によって自己の欲求を伝えると，養育者が対応し欲求が満たされる体験を重ねると，神経の興奮が鎮まり，世界は信頼できるという感覚を強めていく．自他を理解する枠組みである内的作業モデルは，「衝動統制は可能で，周囲も信頼に応えてくれる」という自他に肯定的なものとなり，こうした情動の興奮と沈静の体験を日々繰り返すことで，情動調節の力が育成されていくと考えられる．ところが，図5.3のように，子どもの欲求表出に養育者が対応しない，あるいはさらに虐待するといった対応が積み重なると，子どもはいつまでも神経の興奮状態が持続し，自分は無能で，周囲も危険で安心できないものという内的作業モデルを作っていくことになる．そうなると，子どもは自分

図 5.2 子どもの愛着と衝動統制

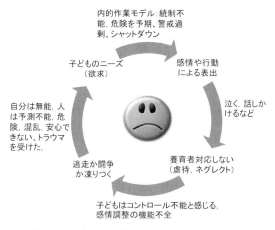

図 5.3 子どもの不適切な扱いと衝動統制不全

には情動統制は難しいと感じるし,周囲に自分の欲求や状態を表出しても無駄と感じつつ攻撃的・衝動的に表出するか,表出を控えるあるいは実際の内的状態とは異なる情動表出(悲しいのに笑うなど)をするようになる.

　すなわち,不安定な愛着は,情動シグナルの発受信を阻害し,やがては自身の情動を認識すること,あるいは気づいてはいても,言語化して他に伝えることを妨げることにつながる.自分が本当は何が欲しいのか,どう感じているのかに気づけない,あるいは自分の状態を人に伝えられないことは,「言っても無駄」「人のことなど知ったこっちゃない」などといった自己効力感や他への信頼感をさらに低下させるような非機能的な認知へとつながりうる.このような情動認識と言

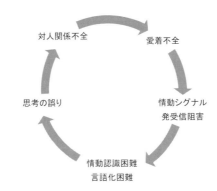

図 5.4 愛着→情動→思考→関係性の悪循環関係

語化の困難は,さらなる対人関係の不全へとつながっていく可能性がある（図 5.4 参照）．こうなると,他の考えや支援が本人には入りにくくなるし,結果として社会で認められる形で欲求充足することも難しくなり,自己効力感も低いままに留まってしまうということが生じうる．

　思春期に多発する集団を組める非行を行う子どもたちは,生死に関わるようなトラウマティック・ストレスを体験しているというわけではないことが多い．ただ,親の保護から一歩踏み出して大人になっていく過程で,「親に何を言っても聞いてもらえない」「一方的に押し付けられる」「親も勝手なことをしている」「親などあてにならない」といった不満を強め,ある意味その不満をばねに,それまでの保護-依存から対等な仲間関係へと移っていくようにも見える．いわばこうした「不安定な愛着」を持つ子どもたちは,非行仲間の支えや,親,教師,関係機関の職員などとの葛藤と関わりを経て,遅かれ早かれ,非行からは離脱していくことが見込まれる．葛藤時に関わりを持つ大人たちの苦闘は容易なものではないが,「この非行は,子どもと自分（親や大人）が成長する,願ってもない機会」と思い定め,子どもたちと向き合い,ともに粘り強く困難を乗り越えた時,子どもは非行から離脱し,大人になることが期待できる．

　また,こうした子どもたちには,反社会的な思考や価値観,態度の修正に焦点を当てる認知行動療法的アプローチが効果を発揮しうる．基本となる情動への気づきがある程度期待でき,情動の表出にもそれなりの一定のパターンがあり,大人たちもわかりにくいながらも,彼らの内的状態に気づくことができるため,一定の「協働関係」を築きやすいからである．

しかし，子どもたちが幼い頃からトラウマティック・ストレス，特に複雑性トラウマにさらされ，愛着が無秩序型である場合はなかなかそうはいかない．思春期前に，多くは単独で，家出や窃盗から始まり，虐待など，一見して不安定な生育環境にあるため，児童福祉機関の注意を引き，児童自立支援施設などに保護されることも多い．それでも，施設の安定した生活環境と，職員や仲間との関わりを経て，次第に人間として生きる力を習得していき，非行からも離脱していくことが可能である．鍵となるのは，自分がかけがえのない1人の人間であるという実感を持つことができ，他の人や社会にとって役に立つことができるという誇りを持てるようになることである．そのためには，基本として，自分と人の情動に気づき，他と伝えあい，共有できるようになることが不可欠であると考える．

こうした子どもたちにとっては，思考中心のアプローチでは不十分である．自分が今，なぜここにいるのか，生きていてよいのか，生きている意味はあるのかといった実存的な疑問を問い直すことが必要であるように思う．これは知的な理解によるものではなく，身体的，感情的にストンと胸に落ちるような体験である．そうした体験が，児童自立支援施設などでは明確に言語化されにくいままに実践的な智慧として積み重ねられているのであろうが，こうした体験を生じやすくするための仕掛け，あるいは仕組みの工夫について，薬物依存症者たちの自助グループから発生した「治療共同体」と呼ばれる方法について考察する．

5.3 「治療共同体」におけるトラウマ体験からの回復

若年受刑者の中には，少年時から非行を続けている者もいれば，少年時には困難があっても目立った非行化はせず，成人に達してから比較的重大な事件を起こして服役する者もいる．なかには，複雑性トラウマにさらされながらも，ある意味回避や委縮といった非社会性が前面に立って非行化するだけのエネルギーを持てなかったり，あるいは少年期までは，ある程度家庭や学校といった「守り」があってなんとかやってきたものの，成人としての行動や責任を求められるようになると発達上の課題が露見する．たとえば，ある20歳代の男性Aさんは，両親の離婚に伴って養育環境が二転三転し，母や兄から身体虐待を受けたが，何とか高校を卒業し，就職．しかしリストラにあい，働かないならと家を出され，ネットカフェ難民状態に陥り，自殺しようと放火し受刑している．20歳代のBさんは，幼少時に兄とその友人たちから性虐待を受け，回避スタイルで何とか高校を卒業

したが，彼女ができてから性虐待のフラッシュバックに悩まされ，女子トイレに逃げ込んで強制わいせつで逮捕され受刑している．いずれもある官民協働刑務所の「治療共同体」寮（以下回復共同体と呼称する）でプログラムを受講している[1]．

回復共同体では，効果評価を全員に定期的に実施しているが，入寮時に出来事インパクト尺度でPTSDのハイリスク群としての25点以上をとる者が，この5年間，常にほぼ1/3を占めている．上記のAさんとBさんも25点以上であった．また，ハイリスク群のアレキシサイミア尺度による感情同定困難，感情伝達困難に関する得点は，日本人の臨床群の平均55.2より高い[2]．AさんとBさんも60点を超えていた．しかし，図5.5, 5.6に示すように，12か月後には，IES-RもTAS-20も分岐点あるいは日本人健常群の平均以下へと落ち着いている[3]．また，回復共同体を終了し釈放された受刑者は，4年半の期間を経て100人程度になるが，うち再犯した者は3%程度であり，同じ刑務所での他のプログラム受講者に比して他の特性は変わらないのに，統計的に有意に低い[4]．ここでは，回復共同体プログラムについて詳細に記すことは紙数の関係から控えるが，関心のある方は毛利[5]を参照されたい．

「治療共同体」の目標は，人格の基盤となる情動に気づき，言語化する力（感

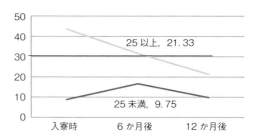

図5.5 「回復共同体」PTSD高リスク群と低リスク群の得点の変化

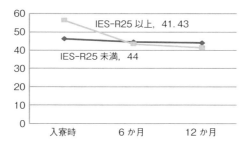

図5.6 「回復共同体」PTSDリスク別TAS-20得点の変化

識力と呼んでいる）を強化し，共同体の中で役割と責任を果たし，自身に誇りを持ち，他との対等で協働する関係性を作り，再犯から離れることはもちろん，人間として成長し，より良い生き方を獲得していくことに力点が置かれている．この目標を達成するには，「人間が共に成長する共同体を作る」ことが課題となる．回復共同体では，訓練生と呼ばれる受刑者たちは，同じ寮で暮らし，同じ工場で作業をする．平日のおおむね半分をグループによる学習に費やし，残り半分は刑務作業を行う．個室に居住し，夕方はホールに集まって歓談することができる．とても密度の濃い集団生活になるわけであるが，それだけに葛藤も生じやすいと言えるかもしれない．ましてや，社会で犯罪をして受刑することになった人々である．「強い者勝ち」の生活にならないよう，職員が目を光らせ，すべてを決め，受刑者どうしの関わりを最小限に留めるようにすることが従前の秩序の保ち方であった．

　回復共同体では，カリキュラムとテキスト，ワークブックがあり，それらに基づいてグループでの話し合い，分かち合いと学習が進められる．臨床心理士であるスタッフは，必要に応じて相談に乗ったり，介入するが，グループの進行や内容の教授は，先輩訓練生たちによって行われる．ある訓練生の言葉によれば，「私たちは刑務所に入ったからといって，これまでのしょっちゅう規範を外れる生き方をすぐにやめるわけではなく，教育の時間だけ規範の中に入ってきて，寮生活ではまた外れる．でも，共に暮らしていると，互いの暮らしも裏表もよく見えて，なかなかごまかしはきかない．それが一定の枠となって，次第に規範の中にいることが多くなったり，外れてもすぐに戻れるようになってくる」．

　グリーンバーグら[6]は，機能不全の感情スキームが変化しない理由として，①自動的に情報を拾い上げる選択的注意，②拾い上げた情報を今の構造に同化させるために歪める，③抽象的概念的処理に頼りその瞬間の体験に触れないことによって新たな情報に接しない，④スキームに支配された感情反応が新たな情報の処理を妨害することを指摘し，感情スキームを変えるには，1) 共感的尊重によって対人的不安を下げ，内的体験により注意を向け処理する容量を広げること，2) 注意の焦点を体験の実際の特徴に向けること，3) 感情記憶とエピソード記憶を喚起すること，4) 避けてきたものと直接接触するよう励ますこと，5) 積極的に感情を表現し新たな体験を作り出すこと，6)「今，ここで」の対人的相互作用において中核的自己を構成し新たな対人的体験がなされること，などを要件として

あげている．

　治療共同体においても，互いに共感的尊重を示す安心・安全な共同体を作ることが大前提としてあり，その共同体を支えに，触れることを避けてきた過去の体験を振り返り，話すこと，聞くことによって感情記憶とエピソード記憶を喚起し，積極的に感情を表現し，同時に日々の生活の中で，互いに役割と責任を果たし支え合う，新たな対人関係を体験することが鍵となる．AさんとBさんも当初はおどおどし，あまり話すこともできなかったが，他のメンバーに受容され，他のメンバーが積極的に開示することに影響を受け，半年経過する頃から，兄から受けた暴力や，本件加害行為，露見していない加害行為などについて涙ながらにさらけ出し，それも受容されたことによって，新たな体験へと開かれ，家族との手紙を通しての対話や後輩たちに教えることを通して，「〜だから,駄目だった自分」から「〜だったからこそ,今の自分になれた」という中核的自己を作っていった．

　思春期以降の新たな，誇りに思える自分を作っていかなければならない時期においては，特にトラウマティック・ストレスによって情動調節の発達が躓いている非行少年・犯罪者にとって，治療共同体は有望な手法であると考えている．

[藤岡淳子]

文　　献

1) 毛利真弓, 藤岡淳子, 下郷大輔：加害行動の背景にある被虐待体験をどのように扱うか？〜A刑務所内治療共同体の試みから．心理臨床学研究, **31**：960-969, 2014.
2) 小牧　元, 前田基成, 有村達之ほか：日本語版 The 20-item Toronto Alexithymia Scale (TAS-20) の信頼性・因子妥当性の検討．心身医学, **43**：839-846, 2003.
3) Fujioka J, Mori M：The Challenge of Rehabilitation Programs to prevent recidivism in a Japanese Prison〜A research on effectiveness of Therapeutic Community Program in a Private Finance Initiative Prison. アジア犯罪学会2012年大会報告, 2012.
4) 藤岡淳子：教育プログラムの効果評価〜再犯を減らすには．島根あさひ社会復帰促進センター5周年記念フォーラム誌, 2013.
5) 毛利真弓：刑務所内治療共同体の効果と課題〜島根あさひ社会復帰促進センター回復共同体プログラム．刑政, **124**：86-92, 2013.
6) グリーンバーグ，ライス，エリオット著, 岩壁　茂訳：感情に働きかける面接技法, 誠信書房, 2006.

6
トラウマによる解離の情動調節発達への影響

6.1 解離とは

　解離（dissociation）という用語は，その状態や症状をさす場合（解離状態・解離症状），そうした状態や症状を形成する心的機制をさす場合や，その症状によって形成される症候群（解離症/解離性障害）を示す場合にも用いられる．また，解離状態や解離症状という言葉には，使う人によって差異が存在することがある．白昼夢やトランス状態など広く健康人にも認められる軽度の変性意識状態を含める人もいれば，解離症状によって機能障害をもたらす状態だけをさすと述べる人まで様々である．

　操作的診断基準である『精神疾患の分類と診断の手引 第5版（DSM-5）』[1]によれば，解離といった機制によって出現する解離症群（解離性障害）の特徴は「意識，記憶，同一性，情動，知覚，身体表象，運動制御，行動の正常な統合における破綻および／または不連続」である．解離の著明な研究者であるPutnam[2]は数多ある定義の1つとしてWest[3]の「解離とはある情報が通常あるいは論理的には関連あるいは統合されるはずの別の情報とが一定期間統合されないために，個人の思考，感情，行動に識別可能な変化をもたらす1つの過程」を引用しているが，Putnam自身は「解離とは正常ならばあるべき形での知識と体験との統合と連絡が成立していないことを1つの条件とする概念」としている．

　さらに，解離のすべてが病理的な現象ではなく，健康な人の日常生活，たとえば白昼夢や，スポーツや祭りなどの観衆の熱狂状態にも解離が認められることが議論を混乱させる．Putnamは「不適応的な反応との連合が一切存在しない解離」を正常の解離，「解離性障害を含めて不適応を増大させる解離」，すなわちその強度が強く期間が長いためにその個人の機能障害をもたらしている場合を病的な解離と述べている．この正常な解離と病的な解離には連続性があると考えられてい

るが，これらが区別されるかの議論もあり，統計的手法で解析された[4]が結論はみていない．

6.2 解離の症候学

解離症状について，Steinbergは5つの中核症状を記述した[5]．健忘（amnesia），離人症（depersonalization），現実感喪失（derealization），同一性混乱（identity confusion），同一性変容（identity alteration）の5つである．彼女はこれら5つの症状の強度や組合せで，疾患構造の理解を試みた．健忘とは「その人の個人情報に関する記憶想起の障害」，離人症は「自己から遊離あるいは遠ざかっているという感覚」，現実感喪失は「外的世界の知覚または体験が変化して奇妙あるいは非現実的に感じられること」，同一性混乱は「自我同一性や自己意識に関する不確実，困惑，葛藤などの主観的感覚」，同一性変容は「他者から行動パターンの変化として気づかれるような社会的役割の変化」である．

また，Holmesは解離症状を離隔（detachment）と区画化（compartmentalization）に二大別した．離隔は離人症や現実感喪失のように自己や世界から分離されているというような感覚によって特徴づけられる意識変容状態，区画化は正常では従順に作動する意図的に制御される運動あるいは認知過程の不能によって特徴づけられるとした[6]．

Putnamは解離症状を1次的症状，連合外傷後症状，2次的症状，3次的症状に分類して，各々に属する症候を記述している．1次的症状は認識および行動へ直接的影響を及ぼすものであり，さらに健忘と記憶に関する症状と，解離過程症状とに分けられる．連合外傷後症状はいわゆる心的外傷後ストレス障害に認められる症状群である．2次的症状は1次的症状から派生的に生じる抑うつ，不安，感情不安定，自己評価の低下，身体化症状などをさし，さらにこれらの2次的症状から生じる自殺念慮や自殺企図，自傷行為，問題行動，性的行動，学習困難や集中困難，転導性など3次的症状としている．

また，Braun[7]は解離を図式的，操作的に概念化したBASKモデルを提唱している．彼は人間の精神機能をBASKすなわち行動（behavior），感情（affect），感覚（sensation），知識（knowledge）の要素に分け，これらは健康な状態では時間の流れの中で同時に機能していると考える．解離が生じると，いずれかの要素が欠落したり，あるいは他の要素と無関連に機能する．すなわち，解離とは，

これらの要素のどれか1つあるいはそれ以上の分離によって，意識の主流から分離された観念や思考過程が生成することと図式化した．たとえば解離が行動の要素で起こると，ある行動をしているにもかかわらずそれに関する記憶が欠落し（知識として蓄えられない），その行動に伴う感情や感覚も曖昧になる精神自動症が生じ，催眠状態では情動と感覚で解離が生じていると考えられるとする．知識に解離が生じれば，本人は記憶しているつもりでも，実際に起こったことを時系列に並べることができなかったり，周囲から記憶の欠落していることを指摘されることになる．行動，情動，知識の要素の乱れはないが，自己についての感覚が歪めば離人症を，外界に対する感覚が変容すれば現実感喪失が生じることになると考えた．

6.3 解離の成因

a. 素 因

解離しやすさには個人差があり，成人に比べて児童期で高く，年齢とともに低下する[8,9]など，解離に器質的な背景が存在するとされている．また解離そのものに性差はないが解離性障害は女性に多い[10]．しかし，素因，器質的要因について決定的な知見はない．

一方，解離症状について内分泌学，形態学，脳機能画像などの生物学的研究が行われている．脳の特定部位への刺激と体外離脱体験との関連についての報告[11]，幼小児期の心的外傷に伴う高濃度コルチゾルの海馬への暴露についての研究[12]などがあり，生物学的背景について今後明らかになっていくだろう．

b. 心的外傷

大きな要因の1つとして心的外傷があげられる．心的外傷を持つ人は解離を引き起こしやすく，解離性障害患者の病歴には重篤な心的外傷や葛藤が認められることが多い．たとえば解離性同一性障害（多重人格性障害）患者の述べた児童虐待歴は非常に高く，性的虐待は70～90%，身体的虐待は60～80%に見られる[13]．また，外傷の重症度と解離の相関が有意に認められるとする報告は多い．杉山は，子ども虐待症例1036例の中で解離性障害は512例（49.4%）に見出され，そのうち児童養護施設などの社会的養護施設に生活する子ども216例のうち164例（76.7%）が解離性障害を有していたことを報告している[14]．

c. 心的外傷と解離

　心的外傷と解離の関係については様々な議論がある．議論の1つは，急性ストレス障害（acute stress disorder：ASD）や心的外傷後ストレス障害（posttraumatic stress disorder：PTSD）に見られるように，強い情動的体験後に一時的な感情麻痺や離人症が生じる，すなわち心的外傷の衝撃そのものが精神心理過程に影響し解離をもたらすのである．これとは別の議論に，発達過程の中で心的外傷や陰性の感情体験が解離という防衛機制を発達させるというものがある．

1) 外傷体験

　Janet[15]は体質的素因の上に，強い情動的体験や外傷的記憶によって心的統合能力が減弱すると，意識の狭窄が起こり，情動的体験や外傷的記憶にまつわる観念系列が意識から分離されて下意識となり意識との連絡が絶たれるすなわち解離されるが，特殊な条件下たとえば催眠下では下意識の内容が出現したり，時には，これら下意識の外傷的記憶が固着観念となって，それに応じた新たな自己（交代人格）が出現すると考えた．

　また中安ら[16]は，Kretchmer[17]の「原始反応」，すなわち生命が危機に瀕する事態に対して個体に生じる運動暴発もしくは擬死反射を取り上げ，解離および転換，離人症を客観的あるいは主観的危急事態における精神危急事態において生じる反応としている．

　いずれにしても，心的外傷の衝撃そのものが精神心理過程に与える影響から解離の出現を説明するものである．

2) D型アタッチメント

　乳幼児の養育者へのアタッチメント研究からの知見がある．これはホスピタリズムに関するBowlbyの研究[18]から始まり，Ainsworthに引き継がれ発展したものであるが，彼女はストレンジ・シチュエーション法（strange situation procedure）を考案し，実験室内での1歳児の母親不在状況と再会場面における行動を観察した．これによって，母親との再会場面でもアタッチメント行動を起こさないA型（回避型），母親不在でも安定しており再会場面では母親に戻ってくるB型（安定型），再会場面でアタッチメント行動が過剰で，泣いたり，怒りを表したりするC型（両価型・抵抗型）の3つのアタッチメント・パターンを見出した．これらは正常なアタッチメントの一形式と考えられている．その後，MainとSolomon[19]はこの3分類に当てはまらないD型（無秩序・無方向型）を

見出した．D 型では親との再会時，接近と同時に生じる回避反応やアタッチメント行動の停止，葛藤状態などが観察され，アタッチメント行動そのものが組織化されていなかったとしている．

Carlson ら[20]は被虐待児と非-被虐待児の D 型アタッチメントの出現率が，被虐待群で 82%，非-被虐待群では 17% と報告し，児童虐待や不適切な養育と D 型との関連が深いことを報告している．さらに Liotti[21] は，一部の D 型の児童が類催眠状態に入りやすいという観察から，D 型アタッチメントが児童の解離性障害への脆弱性をもたらしている可能性について述べている．また，Carlson[22]は，2 歳から 19 歳までの児童青年 157 人を対象とした経時的研究で，1〜2 歳時の早期養育体験と思春期の解離や精神疾患を D 型アタッチメントが介在することを示している．さらに Ogawa ら[23] は，19 年間の追跡研究で，幼少時の D 型アタッチメントが青年期の解離性尺度高値の予測因子になり，思春期，青年期の解離がのちの精神障害の予測因子と述べている．

すなわち児童期の D 型アタッチメントは児童虐待や不適切な養育との関連が強く示され，さらに後年の解離との関連が示されている．

3） 離散型行動状態モデル

Putnam[2] は，Wolff の「乳児期初期における行動状態群の発達と情動表現」[24]から解離を説明している．それによれば，正常発達にある乳児は呼吸数，筋トーヌス，活動水準，発声，表情，眼球運動など観察可能な指標によって，たとえば「うとうとしている」「ぐずる」「大泣きする」「哺乳」「目は覚めているが不活動」「不規則睡眠」「規則睡眠」などいくつかの生理学的に離散した行動状態が同定されており，ある状態から別の状態への経路も定まっている．こうした行動状態は乳児の体験や成長に伴って，また養育によって，その状態数や状態間の経路が増え複雑化し，自分の行動状態を調整する自己調整能力や，どの行動状態にあるかというメタ認知機能も獲得する．しかし，児童虐待や不適切な養育は，その状況に応じた行動状態，行動状態間の経路を改変，創設させ，行動状態の自己調整能力やメタ認知的統合機能を破壊する．Putnam は，自己調整能力やメタ認知機能の失調が，D 型アタッチメントや解離状態を引き起こす可能性について述べている．

6.4 解離と情動調節

a. 情動調節

そもそも情動とは何かについては，様々な定義があるが，ここでは喜怒哀楽など感情と密接な関連のある，扁桃体，帯状回，海馬，視床の一部を含む大脳辺縁系に生起する生物学的な基盤のある神経興奮状態と考える．したがって，人が生きている限りこうした情動は存在していることになる．Lewis[25]によれば，情動は出生後しばらく未分化な状態にあるが，出生8～9か月後には喜び，驚き，悲しみ，嫌悪，怒り，恐れといった原初的情動を認めるという．一方，高齢となって脳機能が全般的に低下しても存在する．こうした情動は感情と結びついて表出されるが，それは発達段階や他の精神機能あるいは他者との関係による加工がなされている．たとえば，学童期ではこうした情動は顔面の表情や身体運動として直接外部に表現され，成人すれば言語化して表現されたり，あるいは隠されたり加工されるかもしれない．こうした過程を情動調節と考えることができるが，その定義は様々で統一的な見解は存在しない．

Grossら[26]は発達段階初期においては内的な情動調整ではなく，与えられた外的な環境に対して情動調整を行うことについて述べ，状況選択，状況修正，注意展開，認知変化，反応調整の5つの過程について述べている．ヒトは自ら置かれている状況に対して，その状況で生じる可能性のある情動に対してその状況の選択を行ったり，状況を変化させたり，注意をそらしたり，その状況に対する見方を変えたり，あるいは生じた情動反応を調整する．こうした情動が乳幼児に生じる際に，それを察知した養育者が調整を代理するが，子どもの認知発達に伴って子ども自身が調整できるようになっていく[27]．

b. 情動調節と解離

先述したBASK理論でも情動は解離される要素の1つである．情動が主体から解離されれば，情動反応が主体の覚知しないところで生じ，主体の行動とは不調和な情動が生じ，たとえば怒っているが理由がわからず，友達と遊んでいるのに寂しいといった体験として捉えられるかもしれない．その主体の状態と不適切な情動が生じている時に，情動調節障害があるという．

トラウマ反応では基本になるのは恐れ，驚き，悲しみ，嫌悪などのネガティブ

な情動である．それに附随して，抑うつ気分，不安，警戒，攻撃，かんしゃくなど様々な感情状態が生じ，逃走，闘争，暴力や引きこもり，性的行動などの行動状態が生じる．子どもの場合には，こうしたネガティブな情動に対して，その調節には保護者や養育者など成人の助けが必要であることが多い．しかし，こうしたネガティブな情動の調整がなされないことが続くと，こうした感情に対する脆弱性が生じると大河原は述べている[28]．その上で大河原[29,30]はPerry[31]を引用して，「個が抱えるネガティブ感情に対する脆弱性は，乳幼児のストレス反応としての過覚醒（hyper arousal）反応と解離（dissociative）反応として症状化する」と述べている．

また，紀平[32]はSchore[33]を踏まえて，「感情調節機能をコントロールする主な神経解剖学的中枢は前頭眼窩皮質-辺縁系-右脳-視床下部-脳幹網様体であり，前頭眼窩皮質が感情調節機能システムの頂点にある」と述べ，この系は2歳までに臨界期を通過するため，この時期にこの系に生じる成熟障害はストレス対処能力や感情調節機能の発達を妨げ，心的外傷への脆弱性を形成するとしている．その上で，「乳幼児期の解離は，前頭葉眼窩皮質を最高位とする目的遂行機能が統合性を失った時の，下位機能の解発現象と見なせる」と述べている．このようにみれば，情動調節システムの破綻が解離を引き起こすと考えることになる．

また大河原は上記論文で，副交感神経系にある迷走神経を腹側迷走神経，背側迷走神経に分類したPorgers[34]の論から，Schore[35]が背側迷走神経が興奮することで解離，麻痺が生じる可能性について述べていることを記している．こうした神経解剖学的な実証的な研究から，情動調節と解離の関連について徐々に明らかになっていくものと期待される．

c. 発達性トラウマ障害

van der Kolk[36]は「トラウマとなる出来事に対して，子どもも大人も，汎化した過覚醒，注意集中困難，刺激の識別上の問題，自己制御の不能，解離過程といった形で反応するが，このような問題は，成熟した大人より幼い子どもに様々な影響を与える」と述べ，トラウマに対する防衛としての安全なアタッチメントの重要性について記している．しかし，子どもに反応できない養育者や虐待親のもとでは，子どもに慢性的な過覚醒状態をもたらし，情動調律能力に影響し，その結果，自己破壊行動や解離，失感情症や身体化症状を起こしてしまうと述べて

表 6.1 トラウマの長期的影響

- 汎化した過覚醒と覚醒調整困難
  - 自己および他者への攻撃性
  - 性的衝動が調節できないこと
  - 社会での愛着の問題－過剰な依存あるいは孤立
- 弁別の刺激における神経生理学的過程の変化
  - 注意集中の困難,解離,身体化
- トラウマに関連する刺激に対しての条件づけられた恐怖反応
- 人生の意義を破壊されること
  - 信頼,希望,力の感覚の喪失
  - "体験を通して考えること"ができなくなること
- 社会的回避
  - 重要な愛着の喪失
  - 将来のために何かしようとすることがなくなる

(van der Kolk BA：トラウマティックストレス)

いる(表6.1).さらにこうした症状が解消されないままに成長することによってさらなる失調を起こすと述べ,他に特定されない極度のストレス障害(disorder of extreme stress not otherwaise specified：DESNOS)の診断基準試案を提唱し,さらに発達性トラウマ障害(developmental trauma disorder)概念を提唱している[37].これは,棄児,身体的・性的暴力,養育の中断,身体の毀損,強制労働,心理的虐待,暴力や死の目撃といった発達における対人トラウマに複数回あるいは慢性的暴露され,怒り,恐怖,諦め,敗北感,恥辱といった主観的な体験が持続している時に,情動,生理学的運動学的な身体機能,行動,認知,対人関係性の調節障害がもたらされる.自己帰属感や他者への期待が毀損されることを述べたものである.

事 例 A子.小学校4年生(初診時9歳),女児,児童養護施設入所

胎生期,出生児,乳児期の詳細は不明.母子手帳は2歳時に交付されたものである.出生時状況は不明であったが,母親は気性が激しく出奔を繰り返す人であった.父親は病弱で,本児が1歳時に死去した.母親は本児をいくつもの遠縁の親戚に預けては出奔を繰り返していたが,本児が3歳時に行方不明となり,4歳時に児童養護施設に入所となった.

この間の虐待歴は不明であったが,養育者や養育場所は次々と変わり安定しなかった.入所時には,周りを窺っている様子であったが,指示に静かに従い,自発的な行動も発語も殆どみられず,食欲も乏しかった.知的障害が疑われたが,

指示理解が年齢相応に可能であったために特別な教育的支援は行われなかった．保育士と二者ではおどおどした様子であったが，相互的な遊びが可能となり，次第に弱々しい様子ではあれ自己主張ができるようになった．

　5歳で幼稚園に入園した．他児との遊びはぎこちなく，自信なげで保育士の傍にいることが多かった．施設内では少人数で他児との遊びができるようになったが，幼稚園入園後から夜間中途覚醒し，泣き出すこともなくぼんやり起きていた．保育士がついていても再入眠できず，朝まで起きていることが続いた．小学校入学後，他児とのやり取りも増え，自己主張もできるようになり，時には年少児に意地悪なふるまいをすることも見られるようになったが，不眠は続いていた．

　小学校3年生になって施設内年少児をつねったりすることが見られ，理由に見当がつかず尋ねても説明ができなかった．施設職員の指示に聞いている様子は見せるものの，従わないことが見られるようになった．こうしたことが続く中で，他児や職員から注意されると無反応，放心状態になって，返事を求めたり，身体を揺さぶると急に泣き出すことが見られるようになった．また，泣き出さずに黙ってその場を離れ，施設内の箪笥の上に座ってぼんやりしていたり，猫のように丸まって横になったりすることが見られた．学校でも授業中ふらっと教室を出て学校内を徘徊したり，教室の書棚やロッカーの上に座ったり，横になったりすることが見られた．ぼんやりしている時には目の前で手を振っても気づかない様子で，しばらくすると普段の様子に戻ったが，その間の記憶は「覚えている」と言ったが，不鮮明な様子だった．小学校4年生になり，登校渋りが見られるようになって医療機関を受診した．

　言語的な面接は深まらなかったが，箱庭療法やプレイセラピーを含む心理療法には真剣に入り込む様子が見られた．職員や教師によれば，いくつかの人格状態があるようにみられたが，明瞭に同定できるものではなかった．書棚やロッカーの上に上がって危険な場合には，声をかけて下ろしたが，人格状態が変化している時には養護教諭や職員ができるだけ傍にいるようにした．その後，数か月で次第に人格状態が変化している時間が短くなり，普段の様子に戻る時に照れたような笑みを見せるようになった．心理療法は約3年続いて終了した．

　本事例には周囲の刺激に反応しないぼんやりした白昼夢状態，不明瞭な人格変容あるいは交代人格状態が見られた．健忘の存在は確認できず，また観察によっ

ても大きな記憶の欠落はないようだった．生活の中で見られる解離状態には直接介入せず，また不明瞭な交代人格状態に対してそれを明確化することはせず，見守り，保護的に接することで次第に解消していった．

　また本事例には激しい情動の表出は認められなかったものの，頑迷な不眠が長期に持続した．いったん寝ついても，夜中にボンヤリと起きて，保育士への働きかけにも反応せず，そのまま朝を迎えていた．どのような体験をしているのか保育士が尋ねても言語化されることはなく，感情が消え去った様子で，保育士は少々不気味な感覚を報告した．一方，施設内では他児や職員からの注意で無反応となったり，急に泣き出したり，学校では放心した様子で黙って教室を出て行ったり，ロッカーの上に横たわったりと，行動や情動の調節の障害が存在したといえよう．

　心理療法では，おそらく本事例の心的外傷あるいは重要な事柄を象徴すると考えられるものを，隠し発見し再び隠すという遊びが繰り返された．

おわりに

　心的外傷の衝撃が直接心理的過程に影響し解離が生じるということは理解しやすいことである．しかし，子どもの解離はそうした機制に加えて，心的外傷がもたらす陰性の情動体験にどのように適応するかという過程を含むことが，その病理に複雑さをもたらしている．すなわち，子どもの情動体験に波長合わせできる養育者とのアタッチメントは，子どもの陰性の情動体験を緩和し，解離機制を発展させることなく，健康な情動調節を行いうる成長をもたらすのであろう．すなわち，子どもの解離は，養育者とのアタッチメントを媒介にして，心的外傷と関連しているところがあると考えられる．これらの生物学的基盤も脳科学や神経学などの発展によって次第に解明されつつある．しかし，社会はこの子どもと養育者の良質のアタッチメントを保証するように歩んでいるだろうか．これらの知見が子どもの健康な成長のために活かされることを期待してやまない．

　　　　　　　　　　　　　　　　　　　　　　　　　　　　［田中　究］

文　　献

1) American Psychiatric Association：Diagnostic and Statistical Manual of Mental Disorders, 5th Ed, DSM-5, APA, VA, 2013. 高橋三郎，大野裕監訳：DSM-5　精神疾患の診断・統計マニュアル，医学書院，2014.
2) Putnam FW：Dissociation in children and adolescents, A developmental perspective,

Guilford Press, 1997. 中井久夫訳：解離―若年期における病理と治療. みすず書房, 2001.
3) West LJ : Dissociation Reaction. In Freedman AM, Kaplan HI (eds), Comprehensive textbook of Psychiatry, 2nd Ed, pp. 885-899, Williams and Wilkins, 1967.
4) Waller NG, Putnam FW, Carlson EB : Types of Dissociation and Dissociative Types : A Taxometric Analysis of Dissociative Experiences. *Psychol Methods*, **1** : 300-321, 1996.
5) Steinberg M : Handbook for the Assessment of Dissociation : a clinical guide. American Psychiatric Press, 1995.
6) Holmes EA, Brown RJ, Mansell W et al. : Are there two qualitatively distinct forms of dissociation? A review and some clinical implications. *Clin Psychol Rev*, **25** : 1-23, 2005.
7) Braun BG : The BASK Model of Dissociation. *Dissociation*, **1** : 4-23, 1988.
8) Putnam FW, Helmers K, Horowitz LA et al. : Development,reliability and validity of a child dissociation scale. *Chike Abuse Negl*, **17** : 731-741,1993.
9) Putnam FW, Carlson EB, Ross CA et al. : Patterns of dissociation in clinical and nonclinical samples. *J Nerv Ment Dis*, **184** : 673-9, 1996.
10) van Ijzendoorn MH, Schuengel C : The measurement of dissociation in normal and clinical population : Meta-analytic validation of the Dissociative Experiences Scale (DES). *Clin Psychol Rev*, **16** : 365-382, 1996.
11) De Ridder D, van Laere K, Dupont P et al. : Visualizing out-of-body experience in the brain. *N Engl J Med*, **357** : 1829-33, 2007.
12) Teicher MH, Andersen SL, Polcari A et al. : Developmental neurobiology of childhood stress and trauma. *Psychiatry Clin North Am*, **25** : 397-426, 2002.
13) Ross CA : Dissociative identity disorder : diagnosis, clinical features, and treatment of multiple personality, 2nd Ed, John Wiley & Sons, 1996.
14) 杉山登志郎：発達障害とアタッチメント障害. トラウマティック・ストレス, **9** : 25-31, 2011.
15) Janet P : L'Automatisme Psychologique, Librairie Felix Alcan,1889. 松本雅彦訳：心理学的自動症. みすず書房, 2013.
16) 中安信夫, 関由賀子：自己危急反応の症状スペクトラム―運動暴発, 擬死反射, 転換症, 解離症, 離人症の統合的理解. 精神科治療学, **10** : 143-148, 1995.
17) Kretchmer E : Histerie, Reflex und Instinkt(5 Aufl.). Georg Thieme Verlag, 1948. 吉松脩夫訳：ヒステリーの心理. みすず書房, 1961.
18) Bowlby J : Attachment and loss : Vol. 1 : Attachment, Basic Books,
19) Main M, Solomon J : Procedures for identifying infants as disorganized/disoriented during the Ainsworth Strange Situation. In Greenberg MT, Cicchetti D, Cummings EM (eds), Attachment in the preschool years : Theory, research and intervention, pp. 121-160, University of Chicago Press, 1990.
20) Carlson V, Cicchetti D, Barnett D et al. : Disorganized/disoriented attachment relationships in maltreated infants. *Dev Psychol*, **25** : 525-531, 1989.
21) Liotti G : A model of dissociation based on attachment theory and research. *J Trauma Dissociation*, **7** : 55-73, 2006.
22) Carlson EA : A Prospective Longitudinal Study of Attachment Disorganization/ Disorientation. *Child Dev*, **69** : 1107-1128, 1998.
23) Ogawa JR, Sroufe LA, Weinfield NS et al. : Development and the fragmented self―

Longitudinal study of dissociative symptomatology in a nonclinical sample. *Dev Psychopathol*, **9**：855-879, 1997.
24) Wolff PH：The development and behavioral state and expression of emotions in early infancy, University of Chicago Press, 1987.
25) Lewis M：The emergence of human emotions. In Lewis M, Haviland-Jones JM, Barrett LF (eds), Handbook of Emotions 3rd Ed, pp. 304-319, Guilford Press, 2008.
26) Gross JJ, Thompson RA：Emotion regulation：Conceptual foundations. In Gross JJ (ed), Handbook of Emotion Regulation, pp. 3-24, Guilford Press, 2008.
27) Kopp C：Regulation of distress and negative emotions a developmental view. *Dev Psychol*, **25**：343-354, 1989.
28) 大河原美以：親子のコミュニケーション不全が子どもの感情の発達に与える影響―「よい子がきれる」現象に関する試論．カウンセリング研究，**37**：180-190, 2004.
29) 大河原美以：怒りをコントロールできない子の理解と援助：教師と親の関わり，金子書房，2004.
30) 大河原美以：教育臨床の課題と脳科学研究の接点（2）：感情制御の発達と母子の愛着システム不全．東京学芸大学紀要．総合教育科学系，**62**：215-229, 2011.
31) Perry BD, Pollard R：Homeostasis, stress, trauma, and adaptation；A neurodevelopmental view of childhood trauma. *Child Adolesc Psychiatr Clin N Am*, **7**：33-51, 1998.
32) 紀平省悟：子どもの単回性外傷を再考する．トラウマティックストレス，**3**：163-171, 2005.
33) Schore AN：Affect regulation and disorders of the self, W. W. Norton & Company, 2003.
34) Porgers SW：The polyvagal theory：phylogenetic substrates of a social nervous system. *Int J Psychophysiol*, **42**：123-146, 2001.
35) Schore AN：Relational trauma and the developing right brain. An interface of psychoanalytic self psychology and neuroscience. Self and Systems, Ann. N. Y. Acad. Sci. XXXX, pp. 1-15, 2009.
36) van der Kolk BA, McFarlane AC, Weisaeth L：Traumatic Stress；The effects of Overwhelming Experience on Mind, Bod and Society, Guilford Press, 1996. 西澤　哲訳：トラウマティックストレス，誠信書房，2001.
37) van der Kolk BA：Developmental trauma disorder：Towards a rational diagnosis for chronically traumatized children. *Psychiat Ann*, **35**：401-408, 2005.
http://www.traumacenter.org/products/pdf_files/preprint_dev_trauma_disorder.pdf

7
発達障害児者のトラウマと情動調節

7.1　発達障害はトラウマを受けやすい

　発達障害と子ども虐待は複雑に絡み合う．表7.1はあいち小児保健医療センターを受診した子ども虐待の症例1000名余りに対して精神医学的に診断を行った一覧表である．実に3割近くの被虐待児が自閉スペクトラム症（autism spectrum disorder：ASD）を基盤にしていた．これらの児童のうち，9割までが知的な障害を伴わない高機能群であった．これはいかに高機能ASDが虐待の高リスクになるのかを示しているが，実はもう1つの要因がある．それはASDの親の側に，診断基準に満たない，軽度の自閉スペクトラム症がしばしば認められることである[1]．子どもの側にASDがあっても，親の側にASD傾向があっても，ともに子どもの側の社会性の発達，なかんずく愛着形成には遅れが生じ，これが子ども虐待の高リスクになる．注意欠如多動性障害（attention deficit hyperactivity disorder：ADHD）は17%である．臨床的にはADHDはASDに併存する児童が多いが，この表ではASDの者は除外している．実は，虐待を受けた児は，多動性行動障害を示すことが多く，虐待による多動なのか，もともと

表7.1　子ども虐待に認められた併存症（$n=1110$）

併存症	男性	女性	合計	%
自閉スペクトラム症	233	90	323	29.1
注意欠如多動性障害	146	28	174	15.7
知的障害	49	46	95	8.6
反応性愛着障害	256	197	453	40.8
解離性障害	272	251	523	47.1
PTSD	153	205	358	32.3
反抗挑戦性障害	139	79	218	19.6
素行障害	168	113	281	25.3

のADHDなのかという鑑別は筆者のこれまでの検討では,ほとんど不可能であった.両者がかけ算になっていると考えられる場合も実際に多いので,この症例の中に,後述の愛着障害に基づく多動性行動障害が含まれる可能性は否定できない.知的障害は約1割であった.この表では,ASDやADHDの併存がなかった者のみを拾っている.他の発達障害との併存がない場合には,知的障害は,子どもの能力に見合った教育(特別支援教育)を受けることができれば,大きな問題を生じずに成長することが可能である.知的障害に子ども虐待が絡む場合とは,親が子どものハンディキャップに気づかない,あるいは気づいていてもそれを認めずに子どもに無理を強いている場合が多い.また親子ともに知的障害があり,ネグレクトが生じたという例もあった.この3者(各々の重複はない)を足すと53%と過半数を超える.このように発達障害の存在は,一部に病因をめぐってニワトリかタマゴか不明のものを抱えるが,子ども虐待の高リスクになるのである.

　大多数の発達障害は,多因子遺伝であることが近年明らかになった[2,3].これは発達障害が,素因と環境因によって生じるというモデルである.ここでいう環境因とはepigeneticsの関与である[4].臨床的閾値を超えないレベルで素因を持つ者は,障害診断を受ける者の数倍以上存在する.我々はこの素因レベルを発達凸凹と呼んできた[1].ASDに関しては,拡大型自閉症発現型(broad autism phenotype:BAP)[5]と呼ばれてきたものとほぼ同じグループである.凹凸ではないのは,一般にマイナスではないからである[6,7].しかしたとえば,自閉スペクトラム症において,本人のみならずその親にもうつ病の頻度がきわめて高い[8]など,素因レベルの者であっても適応障害が起きやすいのである.

　表7.1のそれ以外の項目に関して,発達障害との関連について触れておきたい.表7.1の次の3つ,反応性愛着障害,解離性障害,PTSDは虐待の後遺症である.

　極めつきのネグレクト環境に育った時にまれに,子どもが周りに全く無関心になってしまうことが生じる.つまり重度の自閉症のような状態になってしまう.これを我々はシャウチェスク型自閉症と呼んできた.DSM-5において反応性愛着障害と呼ばれている病態にほぼ一致する.我々はこの1000人余りの対象児の中で,30人を超える鑑別に困難を要する児童を経験したが,ほぼ全員が社会的養護に暮らす児童であった.つまり,家庭に育つ児童の場合には,このような自閉症との鑑別を要するまでに極端な愛着障害は生じないことがわかる.一方,それほどひどい放置ではない時には,被虐待の緊張と警戒の状態の中で,誰

彼かまわず人にくっつく子どもが生じる．DSM-5では脱抑制型社会関係障害（disinhibited social engagement disorder）という新たな診断基準が設けられた．落ち着きのなさや集中困難が同時に認められ，学童期にはADHDと区別が困難な状態を呈する．これら愛着障害を呈する児童は半数近くに上る．診断基準では自閉スペクトラム症が認められる場合には，反応性愛着障害の診断を除外していた．ASDがあれば愛着形成が遅れるからである．だがASDにおいて，愛着は形成されないのではなく，学童期へとその形成が遅れるだけである．しかしここに子ども虐待が加算すると，重複愛着障害とでも言うべき問題が起きてくる．ASDと愛着障害を足すと全体の7割になる．つまり被虐待児において，何らかの愛着の問題を抱える者がそれだけ多いことを示す．さらに何からの解離性障害が5割，PTSDが3割であるが，PTSDの頻度が少ないのは，児童が安心した環境に置かれない限りこの病態は出現しないからである．

　最後の2つ，反抗挑戦性障害（oppositional defiant disorder：ODD）と素行障害（conduct disorder：CD）は非行に関連した問題である．反抗挑戦性障害とは，大人にわざと逆らったり，周囲をわざといらだたせたりする行動を繰り返す児童である．大多数の症例は自然治癒してしまうのであるが，ここに子ども虐待が加わると，年齢が上がるにつれ非常に高率に素行障害へと移り変わっていく．DSM-5ではこの両者の重複はなく，2つを合わせると46%になる．

　実は被虐待児に認められる非行の問題は，発達障害と無関係ではない．我々はこの数年間，ある児童自立支援施設の継続的な全入所児調査を実施してきた．これは数年前にその施設において，ケアワーカーから児童への暴行事件が生じ，施設から介入を依頼されたからである．このような事件が生じた背後に，従来の方法では指導が効果を示さないということが，ケアワーカーから訴えられていた．当初筆者は，子ども虐待の結果生じた重度の解離のために，ケアワーカーの指導に健忘が生じるのだろうと考えていた．事実，調査した102名の児童のうち95%に被虐待が認められ，さらに性的虐待が約4割であった．そのために，重篤な解離は約3割に認められた．しかしながら筆者自身が驚嘆したことに，要因はそれ以外のところにあった．表7.2に全児童調査の結果を示す．実にASD陽性者は全体の3/4，ADHD陽性者が4割であり，どちらかの発達障害を基盤に有する児童は8割を超えたのである．これでは，従来の情緒的な関係を基盤にした非行児への指導がうまくいかないのは当然である．ここには先に述べた愛着障害

表7.2 児童自立支援施設の全児童調 (n = 102)

	ADHD⁻	ADHD⁺	計
ASD⁻	19名 (18.6%)	6名 (5.9%)	25名 (24.5%)
ASD⁺	35名 (34.3%)	42名 (41.2%)	77名 (75.5%)
計	54名 (52.9%)	48名 (47.1%)	102名(100.0%)

と発達障害をめぐる論議が当然浮上する．しかし我々は1人ひとりの児童について，その家族の問題を含めて症例検討を行ってきた．ASD陽性の児童の家族には，社会的な関係が非常に取りにくい親の存在があることがわかった．この親の側も，子ども虐待の後遺症としての発達障害という可能性は存在する．だがこうして何代か重なった時，療育において必要とされるのは，社会的な関わりの苦手さを元々の基盤に持つという視点からの介入であり，一般的な発達障害と変わりはない．事実，この結果を踏まえて新たに始められたグループによるSST (social skills training) は有効に働いたのである．この結果は，子ども虐待が絡んだ非行児への対応に際して，発達障害およびトラウマへの視点が必要であることを示すものである．

7.2 発達障害の増悪因子としてのトラウマ

多因子遺伝モデルの慢性疾患である糖尿病において，その素因を有する者に「肥満」という要素が加わると，発病率は数倍以上に跳ね上がることが知られている．同様に，発達障害に関して増悪因子となるものとは何だろう．子ども虐待，学校でのいじめなど，迫害体験こそ，発達障害における増悪因子であることを我々はこれまでにも指摘してきた．表7.3は，筆者の自験例のASDのうち触法を行った者と，年齢，性別，DSM-IVにおける下位診断，IQを一致させた対照群との比較である[9]．詳細は論文を参照して頂きたい．筆者が当初予想していなかった，診断年齢と子ども虐待の有無において両者に大きな有意差が認められた．ロジスティック回帰分析を行うと，ネグレクトのオッズ比6.3，身体的虐待において3.7，さらに診断が1年遅れるごとに，非行の危険性が1.2倍になるという結果が得られた．このように，迫害体験の中でも子ども虐待が大きな増悪因子であることが示された．

精神医学はこれまで，2つの問題を十分に考慮せず構築されてきた．1つは発達障害であり，もう1つはトラウマである．診断を行う理由は，治療を組

表 7.3 ASD 触法群と ASD 対照群の比較[9]

	非行群（36）	対照群（139）	
診断年齢	10.3±4.7 歳	5.9±3.8 歳	$p<.001$
乳幼児リスト	2.5±2.1	3.6±2.6	$p<.05$
C-GAS	51.5±10.0	68.8±9.3	$p<.001$
虐待あり	56%	28%	$p<.001$
いじめあり	64%	73%	n.s.

表 7.4 ADHD の 15 歳以上の併存症（$n=60$）

子ども虐待	ADHD のみ	ADHD＋ODD	ADHD＋CD
なし	17	7	1
あり	1	13	21

むためにあるので，発達障害の基盤があるか，トラウマが関与しているのかということは，臨床では大きな違いを生じるので，この見落としは決定的な欠落であると考えられる．ここで登場したのが，発達精神病理学（Developmental Psychopathology）[10] である．元々の発達特性の基盤の上に，どのような要因が加わると，どのような病理の展開が起きるのかを明らかにする科学である．その中で異型連続性（heterotypic continuity）[11] と呼ばれる現象が注目されてきた．これは年齢の経過とともに 1 人の子どもが複数の診断カテゴリーを渡り歩く現象である．その代表は齋藤[12]のいう DBD（disruptive behavior disorder，破壊的行動障害）マーチである．表 7.4 に筆者の自験例の調査を示す．117 名の ADHD 診断（男児 98 名，女児 19 名）初診時 8.1 歳±4.1 歳のうち，現在 15 歳以上の 60 名（男性 49 名，女性 11 名：平均年齢 18.3 歳±3.9 歳）の現在の状態と被虐待の既往をみた．子ども虐待の有無で相関を見ると，DBD マーチが子ども虐待の有無によって展開することが示される（$\chi2\ (f=2)=33.5\ \ p<.01$）．ちなみに，この 60 名の併存症を見ると，気分障害 3 名，強迫性障害 2 名，パニック障害 2 名，全般性不安障害 1 名であり，さらに警察への逮捕者 4 名，少年院入所 1 名，事故死 1 名であった．これらの資料によって，子ども虐待をはじめとする迫害体験こそ，発達凸凹を発達障害に突き動かす増悪因子であることが示される．

7.3　発達障害児への親子並行治療

筆者はこれまでも必要があれば親の側のカルテも作成し，親子並行治療を行っ

てきた[13]．最近，発達障害を抱える児童において，その親にもカルテを作って並行治療を行う症例が増えてきた．受診した子どもの約1/3に上る．親の側のカルテを作る理由は，第1に親の側の精神医学的問題である．親の側に凸凹レベルを含めた発達障害の存在があり，現在の問題としては気分障害を生じているという症例が大変多い．第2は，親の側の被虐待の既往であり，そのような場合，親の側がトラウマを抱えており，現在は親から子どもへの加虐が生じている．子どもの治療を行うとなると，親の側のトラウマ治療も必要になる．ここに述べた発達障害と気分障害と被虐待はそれぞれ無関係ではない．発達障害と子ども虐待の複雑な関連については先に述べた．そして発達障害の有無にかかわらず，被虐待児の大多数は青年期に至ると気分変動を示すようになる．ただし後述するように，これを従来の気分障害の診断カテゴリーに含めることには問題がある．しばしば指摘されるように，子ども虐待において子どもを保護するだけでは不十分で，親の側の治療が必要とされる．ところが我々のクリニックを受診した子どもの親に関してみれば，これまで精神科未受診の症例はむしろ少数であるのに，治療に成功した者がほとんど存在しない．その故にこそ親子並行治療を必要とするのであるが，その理由を考察すると次の諸要因が浮かび上がる．

　第1に，この親の側に認められる気分障害を診断カテゴリーに当てはめれば双極II型がほとんどである．ところが，うつ病と診断され，抗うつ薬のみが処方されていて逆に悪化したという例が多い．さらに双極性障害と診断をされても，一般的な気分調整薬の服用による治療のみでは気分変動を止めることが非常に困難である．そのような非定型的で難治性の気分変動が多い．この気分変動の起源を辿ってみると，学齢児の被虐待児に認められる激しい気分の上下に行き着く．これは抑うつの基盤にハイテンション（一般に午後になると）が認められるという被虐待児特有の気分変動である．これが徐々に怒りの爆発など，気分調整困難へと発展するのである．さらにその背後には愛着形成の障害があり，それ故に，情動調整の障害が生じるのである．愛着行動とは幼児が不安に駆られた時に養育者の存在によってその不安をなだめる行動である．やがて養育者の存在は幼児の中に内在化され，養育者が目の前にいなくとも，不安をなだめることが可能になる．これこそが愛着形成の過程であり，その未形成とは，自ら不安をなだめることを不可能にする．その帰結の1つが，選択的対人関係の障害（脱抑制型社会関係障害）であり，この病態には多動，不注意，そして気分変動が同時に認められ

るのである.

　この臨床像は，かつて重症気分調整不全（severe mood dysregulation）[14]と呼ばれ，その後 DSM-5 に登場した重篤気分調整症（disruptive mood dysregulation disorder：DMDD）[15]に合致する．しかしこの新たな診断カテゴリーには子ども虐待との関連の記載はない．DMDD は，子ども虐待に見られる気分調整障害とは異なった類似の診断カテゴリーなのであろうか．しかし DMDD は我々が見ている被虐待児特有の気分調整困難とあまりにも臨床像が一致しており，異なった問題を扱っているとは筆者には考えにくいのであるが，いずれにせよ，愛着障害を基盤にした気分調整不全が，成人に至った時に双極Ⅱ型類似の気分変動を生じると考えられるのである．この病態に対して単純なうつ病と診断し，成人の治療量の抗うつ薬を処方すると，今度は躁転を生じ，気分変動はむしろ著しくなる結果をもたらす．さらにこれは双極性障害類似ではあるが双極性障害と呼んでよいのだろうか．そもそも成人精神医学において，気分障害を巡っては混乱が著しい．その要因は，カテゴリー診断学によって安易な診断をどの対象にも行ってきたことにあると考えられる．

　第 2 にその薬の量の問題である．発達障害が基盤にあると考えられる症例において，向精神薬全般に非常に敏感な反応を示し，通常の使用量の数分の 1，場合によっては数十分の 1 の量で著効を示す例が少なくない．その理由を考えてみると，1 つは発達障害の薬物への過敏性であり，もう 1 つは，発達障害にしても複雑性トラウマにしても，基本的な病態は大うつ病とも，統合失調症とも，てんかんとも異なっているからである．我々は臨床経験を積み重ねる中で，これらの気分変動を有する大多数の症例において，向精神薬の極少量処方が有効なこと，またその方が当然ながら副作用が少なく，安全性が高いことに気づくようになった．

　第 3 に，これらの親は自身の被虐待に基づくトラウマを持っている．このためフラッシュバックが親子関係の中で頻々と噴出し，加虐を含む様々な問題を生じている．つまりトラウマへの治療が行われない限り，当然ながら親の側の気分障害を含む精神医学的問題は解決しない．気分変動そのものが，フラッシュバックを引き金として生じているものが少なくない．そうなると，このフラッシュバックへの対応を行わない限りは「双極性障害」の治療が困難になることも当然であり，一般的な双極性障害の治療で著効が得られない理由はまさにここにあるのであろう．

親子並行治療の臨床的な要点を以下にまとめる．

典型的なパターンとしては，主訴は子どもの発達の問題であるが，親からの虐待があり，その親もまた被虐待の既往がある．親は発達障害というレベルの問題ではないが，患児とよく似た認知傾向や対人関係を有し素因レベルに相当する．親の生育歴で，虐待だけでなく兄弟差別のエピソードがよくあるのは，おそらく軽度の対人関係の苦手さを抱える母親の愛着形成が遅れ，その親から見ると理屈っぽく，共感性が乏しい可愛くない子だったからではないだろうか．学校教育では継続して，孤立，そして激しいいじめがある．言い換えると，この親の側は，様々なレベルの迫害体験を有していて，対人関係における被害的な傾向もしばしば認められる．そして青年期以後，気分の変動が生じるようになる．結婚した相手もまたサブクリニカルなレベルの ASD が多い．女性の場合，子どもの出産後，産褥期の抑うつの遷延化が生じるが，ここで精神科へ受診すると，抗うつ薬による薬剤賦活によって躁転が生じ，適応はより悪化してしまう．このようなエピソードは，発達障害基盤の気分障害の親に実に頻回に認められる．何十例も経験すると，ほとんどの症例が上記のパターンを示しているのに逆に驚かされる．精神科診断で言えば，前面にあるのは非定型的な双極性障害のエピソードであり，その背後に慢性のトラウマが認められる．

発達障害基盤の精神科併存症に対して，一般の成人量の処方を行うと，副作用のみ著しく出現し薬理効果は認められないということが少なくない．これはおそらく，彼らの多くが過敏性を抱え，薬物治療に対しても非常に敏感に反応をするからである[16]．三好の指摘に沿って薬の量を減らしていったところ，むしろ著効を示すことに筆者は驚嘆した．有効な薬物の量を探し，試行錯誤するうちに，徐々に一般の精神科の常識より遙かに少ない量で有効に働くことに気づいた．一般に精神科医療において，薬物治療の効果が不十分な時に，精神科医は薬の増量を行う．あるいは他の薬物を加えていく．その結果，多剤，多量併用という状況が生まれていく．発達障害基盤，トラウマ基盤ともに著効が得られない場合に行うべきは薬剤の減量である．

気分調整薬としてしばしば用いているのは炭酸リチウム 1-5 mg，カルバマゼピン 5-50 mg，ラモトリギン 2-25 mg である．児童においても ASD に双極性障害はしばしば認められる[17]．この場合も，気分調整薬の少量処方が有効である．一方，ASD 系に普遍的に認められるセロトニン系の脆弱さ[18]に対してセロトニ

ン系の賦活目的で用いる抗精神病薬としては，アリピプラゾール 0.1-0.5 mg，ピモジド 0.1 mg-0.3 mg をしばしば用いている．これらの少量処方に関しては，通常量の服用とは異なった作用機序を持つのではないかと考えられる効果を示す．プラセボ効果ではないかという見解も当然あるが，プラセボ効果とは，患者の持つ自然治癒力と同じであり，自然治癒力の賦活を行うと考えるとわかりやすいのではないかと思う．

さらにフラッシュバックに対しては，神田橋処方と筆者が呼んでいる神田橋條治によって見出された漢方薬の服用が必要である[19,20]．桂枝加芍薬湯 2～3 包および四物湯 2～3 包を同時に服用する．前者は小建中湯，桂枝加竜骨牡蛎湯に，後者は十全大補湯に置き換えることもある．フラッシュバックに関してはいきなりトラウマ治療を行うことは極力避け，神田橋処方の服用によってその圧力を軽減させた後に実施をしている．心理士に依頼をして正面からトラウマ処理を行うよりも，精神科医師による通常の精神科臨床に EMDR（eye movement dissensitization and reprocessing）を援用した簡易型トラウマ処理の形で組み込むようにして行うことが多い．すべての症例にいわゆる大精神療法を行うより，とりあえずは簡易型トラウマ処理の形で処理ができないかをまずは試みる．むしろこの方が安全性は高いと考えるからでもある．

先に従来の精神医学は発達障害とトラウマとを考慮せずに構築されてきたと述べた．本章に述べた臨床的なテーマには，検討を要する問題が数多くあり，若い研究者によるさらなる探求を期待するものである． [杉山登志郎]

文 献

1) 杉山登志郎：発達障害のいま．講談社現代新書，2011．
2) Sumi S, Taniai H, Miyachi T et al.：Sibling risk of pervasive developmental disorder estimated by means of an epidemiologic survey in Nagoya. *J J Human Genetics*, 52：518-22, 2006.
3) Virkud Y, Todd RD, Abbacchi AM et al.：Familial aggregation of quantitative autistic traits in multiplex versus simplex autism. *Am J Med Gent part B*, 150B：328-334, 2008.
4) Marcus G：The birth of the mind. Basic Books, Cambridge, 2004. 大隈典子訳：心を生みだす遺伝子．岩波書店，2005．
5) Losh M, Piven J：Social-cognition and the broad autism phenotype：identifying genetically meaningful phenotypes. *J Psychology Psychiatry*, 48：105-112, 2007.
6) James I：Asperger's Syndrome And High Achievement：Some Very Remarkable People. Jessica Kingsley Pub, 2006. 草薙ゆり訳：アスペルガーの偉人たち．スペクトラ

ム出版,2007.
7) Fitzgerald M : The Genesis Of Artistic Creativity ; Asperger's Syndrome And The Arts. Jessica Kingsley Pub, 2005. 石坂好樹訳：アスペルガー症候群の天才たち―自閉症と創造性,星和書店,2008.
8) Ghaziuddin M, Ghaziuddin N, Greden J : Depression in persons with autism ; implications for research and clinical care. *J Autism Dev Disord*, **32** : 299-306, 2002.
9) Kawakami C, Ohnishi M, Sugiyama T et al. ; The risk factors for criminal behaviour in high-functioning autism spectrum disorders. *Research in Autism Spectrum Disorders*, **6** : 949-957, 2012.
10) Rutter M : Child and adolescent psychiatry ; past scientific achievements and challenges for the future. *Eur Child Adolesc Psychiatry*, **19** : 689-703, 2010.
11) Burke JD, Loeber R, Lahey BB et al. ; Developmental transitions among affective and behavioral disorders in adolescent boys. *J Child Psychol Psychiatry*, **46** : 1200-1210, 2005.
12) 斎藤万比古：注意欠陥多動性障害とその併存症.小児の精神と神経,**40**：243-254,2000.
13) 杉山登志郎：子ども虐待という第四の発達障害,学研,2007.
14) Brotman MA, Schmajuk M, Rich BA et al. ; Prevalence, clinical correlates, and longitudinal course of severe mood dysregulation in children. *Biolar Psychiatry*, **60** : 991-997, 2006.
15) American Psychiatric Association ; Diagnostic Statistical Manual of Mental Disorders, 5 Ed, DSM-5, 2013.
16) 三好 輝：難治例に潜む発達障害.そだちの科学,**13**：32-37,2009.
17) 森本武志,杉山登志郎,東 誠：広汎性発達障害における双極性障害の臨床的検討.小児の精神と神経,**52**：35-44,2012.
18) Nakamura K, Sekine Y, Ouchi Y et al. ; Brain serotonin and dopamine transporter bindings in adults with high-functioning autism. *Arch Gen Psychiatry*, **67** : 59-68, 2010.
19) 神田橋條治：PTSD の治療.臨床精神医学,**36**：417-433,2007.
20) 神田橋條治：難治例に潜む発達障害.臨床精神医学,**38**：349-365,2009.

8 トラウマ後の情動調節への治療的アプローチ

　トラウマとは，本来持っている個人の力では対処できないような圧倒的な体験によって被る著しい心理的ストレスのことである．発達途上にある子どもたちがトラウマを体験した場合，情動・認知・行動など様々な領域に影響が及ぶことが知られている．トラウマを体験した子どものすべてが病理的になるわけではなく，子ども自身の回復力や周囲からのサポートによって，自然に回復に向かう場合も多い．しかし，一部のケースは病理的な状態に発展し，専門的な治療的アプローチが必要になる．また，トラウマ体験後に病理的な状態を示した子どもたちは，その後の人生において，さらにトラウマに曝露されるリスクが高まり，成人期に至るまで心身の健康を害する傾向が高いことが報告されている[1]．日常の臨床現場においても，たとえば，子ども期に家庭内虐待の被害を受けた子どもが，適切な支援を受けられないまま放置された場合，交通事故や犯罪被害・いじめや家庭外での暴力被害・性被害など，複数のトラウマを体験し，青年期に至って非行に手を染め，さらにトラウマ体験を累積させた挙句に，重度の情動調節障害に陥っているケースに出会うことがある．

　それだけに，トラウマを体験した子どもたちに適切な支援を提供することは，成人の精神疾患の予防の観点からも，非常に重要なことである．本章では，欧米のいくつかの治療ガイドライン[2,3]において，第1選択治療として推奨されているトラウマフォーカスト認知行動療法（Trauma-Focused Cognitive Behavioral Therapy：TF-CBT）の構成要素を紹介しながら，トラウマ体験後の情動調節への治療的アプローチについて概観したい．

8.1 トラウマを体験した子どもの情動調節不全

　治療的アプローチを考える上で，トラウマを体験した子どもの情動調節にどの

ような要素が関与しているのかを知っておくことは不可欠なことである．

a. 断片的な記憶

　トラウマは，突然の予期せぬ非常に理不尽な出来事として体験される．これらの衝撃的な体験の記憶は，適切に情報処理されないままに，鮮明な断片として記憶される（図8.1）．子どもは自分に何が起きたのかさえ理解できず，混乱している場合が多い．時には，体験の一部，またはほとんどすべてが想起できない状態になっている場合もある[4]．

　このため，トラウマ体験によって惹起される恐怖・不安・怒り・抑うつなどの非常に強い情動は，未整理の状態のまま置き去りにされている．これらの強い情動にまつわる記憶は，日常生活の中に潜む様々な「ひきがね（トリガー）」によって，フラッシュバックや悪夢となって，突然再体験されることがある．このような再体験は，トラウマをもう一度体験しているかのような強い情動を引き起こすことがあるため，子どもはトリガーとなるものをできるだけ避けようとする．

　たとえば，父から母へのひどい暴力を目撃していた子どもは，学校でクラスメイトが取っ組み合いのけんかをしている場面を見ると，一瞬にして家庭内での暴力場面の記憶がよみがえり，著しい恐怖のために硬直してしまった．そして，そのうちに登校することさえ困難になってしまった，というケースなどである．このように，トラウマ体験の記憶だけではなくその後の生活においても，子どもは現実には自分自身に危険が及ばないものまでを回避するようになり，子どもの生活は断片的で一貫性のないものになってしまう．

　このような子どもと安定した治療関係を築くためには，治療者が何者であるの

図 8.1　断片的な記憶

か，何のためにどのようなことをしようとしているのかを繰り返し明確にし，子どもの同意をとりながら進めていくことが不可欠である．その上で，トラウマ体験とはどのようなものなのか，体験の結果どのような症状が生じるのかを十分に説明（心理教育，後述）する必要がある．

b. 情動への無関心

特に，子ども虐待のような慢性反復性のトラウマを体験した子どもたちは，アタッチメントの対象が不在であったり，対象となるはずの人が加害者であるため，育ちの過程において自らの感情に関心を持ってもらった体験が乏しい．虐待によって引き起こされる様々な強い情動は，その1つひとつが共有され，共感されてしかるべきであるのに，現実には放置されたり否認されたりすることが多い．こうして育った子どもは，自分自身の情動に無頓着であり，自分の情動に関心を持たない．また，彼らの情動が場にそぐわない不適切なものであることも多い．彼らは，情動に適切なラベルづけができないために，自分が今怒っているのか，悲しいのか，さびしいのかを認識できないことがある．もちろん，周囲の人たちの情動を適切に理解し受け止めることができない[5,6]．

このような子どもたちは，当然のことながら，自分の情動をうまく調節することができない．些細なストレス状況で怒りが暴発したり，いつも不機嫌で不安定な状態になったりする．時には，激しい情動が自傷や暴力行為などの衝動行為となって表出される．一方，情動全般が深く押し込められて麻痺した状態になることもある．こうした場合，子どもは激しい情動を体験しているはずであるのに，表面的には全く平気そうに見える．

このような状態にある子どもたちに対して，命の教育（「命を大切にしよう」）や道徳教育（「友達を大切にしよう」「社会のルールを守ろう」）などが有効であることはまれである．まずは，子どもの情動に関心と共感を示すことが重要なのである．

c. 非機能的な認知

衝撃的で圧倒的なトラウマを体験した子どもは，世の中全体や自分自身についてのとらえ方（認知）を大きく変えてしまうことがある（図8.2）．トラウマ体験後に生じる恐怖・不安などの情動は般化しやすく，世の中全般に対する安全感

> 安全感の喪失
> ・世の中は危険だ．何が起こるかわからない．
> 信頼感の喪失
> ・いつもぼくばかりひどい目に合う．誰もわかってくれない．
> 自責感，罪責感
> ・ぼくが悪い子だから虐待された．
> ・私が悪いことをしたから，罰として施設に入れられた．
> ・私が性的虐待のことを開示したから，お父さんが逮捕された．
> 恥・汚辱感
> ・私は恥ずかしい存在だ．私の身体は汚れてしまった．
> ・もう一生まともに生きていけない．
> あきらめ，意欲の低下
> ・どうせ頑張ってもうまくいかない．
> 自尊感情の低下
> ・私なんかいなくてよい．生まれてこなければよかった．
> ・生きていても仕方がない．

図 8.2　非機能的な認知の例

を喪失する場合がある．たとえば，大きな自動車事故に遭遇した子どもは，その後すべての自動車に乗ることを怖がるかもしれない．また，母親から身体的虐待を受けていた子どもは，世の中のすべての大人に恐怖を抱くかもしれない．

一方，不当で理不尽なトラウマ体験には，当然のことながら妥当な理由などは存在しない．そのため，子どもの信頼感は断ち切られ，自責感や罪責感・あきらめや意欲の低下・自尊感情の低下など，生きていく上で役に立たない非機能的な認知を発展させることが多い．そして，非機能的な認知が情動調節不全を引き起こすという悪循環が繰り返されるのである[7]．

このような子どもに対して，通常の治療で行うような，自発的な訴えを聴取し，辛さに共感するというやり方は成功しないことが多い．トラウマ体験の後に，このような非機能的な認知が生じやすいことを，子どもや養育者に十分説明し，自責感や罪責感を低減させることが必要である．しかし，重度の情動調節不全に陥っているようなケースでは，子どもの示す非機能的な認知は，次項で述べる治療的なアプローチなしには修正されないことが多い．

d. 養育者のストレス

トラウマを体験した子どものその後の情動調節には，養育者の精神状態や苦悩

が大きく影響すると考えられている．わが子がひどいトラウマを体験することは，養育者（子ども虐待ケースの場合は非虐待親）にとっても大きな苦痛となる．そのため，わが子のひどい状態を過小評価してしまう養育者は少なくない[2]．また，トラウマを体験した子どもの養育者は，多かれ少なかれ，「自分が〜をしたために子どもがこんなめにあった」「自分さえ〜しなければこんなふうにはならなかったのに」などの自責感を有している場合が多い．

一方，どのようなタイプのトラウマを体験した子どもでも，「養育者を悲しませたくない」と思う気持ちを持っていることが多い．そのため，時には，自分の心の中で起きていることを正直に話さないことがある．

それだけに，治療を提供する前には養育者の精神状態にも気を配り，養育者の安全感を保障するとともに，子どものトラウマに関する説明（心理教育）を十分実施することが不可欠である．

8.2 治療的アプローチの目標

トラウマ後の情動調節への治療的アプローチの最終的な目標は，トラウマに関連した症状や問題を有する子どもが，生物-心理-社会モデル（bio-psycho-social model）において，様々なニーズに対処できるよう支援することである[7]．このことは，トラウマ体験の記憶を消去することや，トラウマによる苦痛や症状を完全にゼロにすることを意味しない．むしろ，衝撃的で圧倒的なトラウマ体験を自らの人生の様々な記憶と統合し，今後その子どもが生きていく上で道しるべとなるような新たなる「なにか」を獲得することこそが求められるのである．

具体的には，トラウマ体験の記憶を適切に整理し，トラウマと関連する思考―情動―行動の関係に気づき，それをうまくコントロールしていく方法を身につけることが必要になる．また，特に子どもの治療的アプローチにおいては，心身の安全を守るための技術を獲得したり，養育者や周囲の人たちとのコミュニケーションを向上させるための知識と技術を習得することも重要な要素となる．

このように，トラウマを体験した子どもへの治療的アプローチは包括的なものであり，医療・保健・教育・福祉・司法など子どもに関連する様々な領域の協力が不可欠である．

8.3 治療プログラムの発展

現在，子どものトラウマ治療の中で，第1選択治療として推奨されているTF-CBTは，わが国においても試験的に導入され，日本の症例においても実施可能であることが報告されている[8]．このプログラムはDeblinger, Cohen, Mannarinoにより開発されたものであり[7]，現在までに約20のランダム化比較試験においてその有効性が実証されている[10]．

当初は性的虐待の被害を受けた子どもたちへの治療プログラムとして発展したが，現在では子ども虐待のような慢性反復性のトラウマだけではなく，自然災害や大規模な事故・犯罪被害など，様々なタイプのトラウマ治療に適用され，効果をあげている．

TF-CBTの治療の中核は，子ども自身がトラウマ体験の記憶に向き合い，それを適切に消化し整理することである．通常の精神療法や心理療法では，子どもに苦痛な体験を表現させて（語る，書く，描画，遊戯など），その際に表出される様々な情動を治療者と共有し，治療者がそれに共感を示すことから治療的アプローチが開始されることが多い．しかし，鮮明だけれども断片的な記憶しかなく，自分の情動を適切に捉えることもできずひたすら自分を責めていたり，時には，あまりの恐怖のために，あるいは，あまりの怒りのためにその体験の記憶に向き合うこともできずにいる子どもに対して，いきなり出来事の表出を迫っていくと，かえって情動の爆発や衝動的な行動化を引き起こすことになりかねない．

一方，通常の面接や診察で，一見すらすらと，時には饒舌といってもいいほどに自らのトラウマ体験を語る子どもに出会うこともある．しかし，彼らの語った内容をよく吟味してみると，本当に痛みを伴う部分——たいていは非機能的な認知が背景に潜んでいる部分——が巧妙に「回避」されていたり，痛みによって当然生じているであろう強烈な情動を「麻痺」させているのではないかと推察されることが多い．治療者がこの「回避」や「麻痺」に気づかずに治療を進めていくと，治療はいつまでたっても上滑りになり，子どもの情動調節不全が続いてしまう．

TF-CBTは，これらのトラウマ治療に特有な障害物をうまく乗り越えるために開発されたプログラムである．

8.4 TF-CBTの構成要素―情動調節のためのアプローチ

　TF-CBTは，一般的な認知行動療法や愛着理論，精神発達的神経生物学などの原理に基づき，家族療法やエンパワメントの要素など，様々な治療技法を取り入れて構成される複合的なプログラムである．

　基本となる構成要素は，次の言葉の頭文字「PRACTICE」で表される（表8.1）．すなわち，心理教育とペアレンティングスキル（Psychoeducation and parenting skill），リラクセーション（Relaxation），情動表出と調整（Affective expression and regulation），認知コーピング（Cognitive coping），トラウマナラティブ（トラウマの言語化）とプロセッシング（Trauma narrative & procession），実生活内での段階的曝露（In vivo mastery of trauma reminders），親子合同セッション（Conjoint child-parent sessions），将来の安全と発達の強化（Enhancing future safety and development）である[7]．

　TF-CBTの全プログラムを実施するためには，治療者の準備性が重要であるとされている[9]．すなわち，決められた方法でプログラムの基本原理と技法を十分習得した上で，治療の進行中にコンサルテーションやスーパーバイズを受けるよう推奨されているのだ．しかし，プログラムの中でも，教育的要素の部分（PRAC）は様々な認知行動療法に共通する要素であり，医療だけではなく，教育・保健・福祉などの枠組みにおいても，比較的安全に実施できるものである．また，養育者をはじめ，子どもに関わる周囲の大人がこれらの要素の視点に立った支援を実践することで，子どものトラウマ反応や症状がずいぶん軽減する場合もある．よって，TF-CBTのフルコースについての詳述は成書[7,10]に譲り，ここでは教育的要素を主に紹介する．

表8.1 TF-CBTの構成要素「PRACTICE」[3]

- Psychoeducation and parenting skill：心理教育とペアレンティングスキル
- Relaxation：リラクセーション
- Affective expression and modulation：情動表出と調整
- Cognitive coping：認知コーピング
- Trauma narrative and processing：トラウマナラティブとプロセッシング
- In vivo mastery of trauma reminders：実生活内での段階的曝露
- Conjoint child-parent sessions：親子合同セッション
- Enhancing future safety and development：将来の安全と発達の強化

a. 心理教育の重要性

心の傷（トラウマ）は誰の目にも見えないものであるだけに，「ここに傷がある．だから痛かったんだね．痛くて当然だよ」という身体外傷の治療では当たり前すぎる指摘が，治療的アプローチのスタートラインになる．これがトラウマケアにおける心理教育に相当する．心理教育では，表8.2に示すように，どのようなタイプのトラウマがあるのか，トラウマを体験する子どもは決して少なくないこと，トラウマを体験することによってどのような反応が起こるのかについての情報提供がなされ，その反応は当然の自然な反応であることを伝えることが必要とされる[7]．これらのことを通して，子どもと養育者は，正しい知識を獲得し罪責感を和らげることができるようになる．

通常，心理教育を実施する際には，あらかじめ，冊子[11]や絵本[12,13]を用意しておくと，「あなただけじゃない」ことが伝わりやすく，子どもと養育者の安心感の強化につながる．一方的な説明ではなく，子どもや養育者の反応を見ながら会話形式で進めていくことが重要であるとされている．また，心理教育は，支援のあらゆる段階で繰り返し提供することが推奨されている．子どもは，情動をコントロールできないのは自分が悪いからではなく当然のことなのだ，ということを理解することによって，逆に情動をコントロールすることに目を向け始めるのである．

b. リラクセーション

元々子どもは，遊んだり楽しんだりする能力を備えているが，トラウマを体験

表8.2 心理教育に含むべき要素

1) トラウマについての一般的な情報提供
・どのようなタイプのトラウマがあるか？
・どのくらいの子どもがトラウマを体験するのか？
・トラウマによる影響，トラウマ反応について
2) トラウマのタイプに特化した情報
・（例）性的虐待とは？
・（例）なぜ性的虐待は起こるのか？
・（例）なぜ子どもはその体験を話そうとしないのか？
・（例）性的虐待によって起こる反応について
3) トラウマ反応への対処法
・リラクセーション（呼吸法，漸進的筋弛緩法）など
4) 治療についての情報提供

した子どもには，特に身体と心のリラクセーションが必要である．リラクセーション法を習得することによって，子どもは様々な情動反応を自分でコントロールしようとするようになる．

呼吸法，漸進的筋弛緩法など，一般によく知られているものがTF-CBTにおいても活用されているが，子どもは注意集中力が短いので，より単純で簡単な方法が推奨される．子どもの好む動物やキャラクターなどが登場する絵本やパペットなどを使用したり，ゲーム形式にするなど，子どもが楽しめる工夫が必要である．

また，治療場面だけでなく，日常生活において生じる様々な葛藤場面で，子どもがタイムリーにリラクセーションを持続的に実践できるようにサポートすることが不可欠である．そのためには，子どもが日常の小さな情動調節不全を自らコントロールできたことに十分な肯定的評価を与え，子どもの自己効力感を高めることが重要である[7]．

c. 情動の表出と調整

この要素では，子どもが自らの様々な情動への気づきを高め，それを適切に表出し，さらに，リラクセーションやその他の方法を使ってコントロールする方法を習得する．発達途上にあり言語表出力も未熟な子どもが，トラウマ体験によって生じた圧倒的な情動について，適切に表現することは困難な場合が多い．また，先述のように，虐待のような慢性反復性のトラウマを体験した子どもは，自分自身の情動に適切に気づくことさえも難しい場合が多い．それだけに，「情動について学ぶ」ことがとても重要になる．

具体的には，気持を表す言葉をどれだけ知っているか書き出したり，「気持ちの温度計」を使って気持ちに強弱があることを学んだり，同時に様々な，時には相矛盾する気持ちを感じることがあってもよいのだということを学ぶ．さらに，強い気持に圧倒されそうな時にどのようにすればそれを鎮めることができるのかを習得する[11]．このような学びによって初めて，子どもは自分の情動がコントロールできるのだということを理解し始めるのである．

d. 認知コーピング

多くの認知行動療法の治療原理の根幹となる要素である．思考（考え）-情動

（気持）─行動は互いにつながっており，否定的な考えをすると不快な気持が起きて否定的な行動につながるが，肯定的な考え方をすると否定的な気持が生じることがなく落ち着いた行動ができる，という法則を学ぶものである．

　トラウマを体験した子どもたちの日常生活は，先述したように非機能的な認知に満ちていることが少なくない．たとえば，自分自身に何の落ち度もないのに「自分のせいだ」と自責的に考えたり，「いつも自分ばかり怒られる」と被害的になることがある．このような場合に，「別の考え方」が存在するという視点を持つことで，情動（気持ち）が変化することに気づくことは，将来の情動調節力を大きく育てる原動力になる．

　ここで紹介したTF-CBTの教育的要素を実践してみると，年少の子どもでさえもよく理解し習得できることに驚かされることが少なくない．最近では，認知行動療法の子ども向け資料が日本でも紹介されており[14]，子どもが楽しく学べるような工夫がなされているので参照されたい．

　また，これらの要素は机上で学ぶだけではなく，日常生活で応用されてこそ子どもの力となることは言うまでもない．それだけに，子どもが持続的に獲得したスキルを実践していけるような周囲の大人のサポートが不可欠である．さらには，支援する大人自身が，これらの要素を習得し，日常生活において実践できていることが重要である．

おわりに

　本章で紹介したTF-CBTの教育的要素は，トラウマを体験した子どもたちの「心の免疫力」を高めるために非常に有効なものである．すなわち，フルコースのTF-CBTにおいては，子どもがトラウマ体験の記憶に向き合いそれを整理していくための大きな勇気の源になるものである．一方，まだトラウマを体験していない子どもにとっても，「心の免疫力」を高めておくことは予防的観点からも不可欠なことであると思われる．日本中の子どもたちが，これらの知識とスキルを習得できるよう，普及啓発が望まれる．　　　　　　　　　　　［亀岡智美］

文　　献

1) Copeland WE, Keeler G, Angold A et al.：Traumatic Events and Posttraumatic Stress in Childhood. *Arch Gen Psychiatry*, **64**：577-584, 2007.

2) American Academy of Child and Adolescent Psychiatry : Practice Parameters for the Assessment and Treatment of Children and Adolescents with Posttraumatic Stress Disorder, 2009. www.aacap.org.
3) Foa E, Keane TM, Friedman MJ et al : Effective Treatments for PTSD 2nd Edition-Practice Guidelines from the International Society for Traumatic Stress Studies, Guilford Press, 2009. 飛鳥井望監訳：PTSD 治療ガイドライン 第2版，金剛出版，2013.
4) 村松太郎，鹿島晴雄：ストレスと記憶．臨床精神医学講座 S6 外傷後ストレス障害（PTSD）（松下正明総編集），pp. 90-100，中山書店，2000.
5) Fonagy P, Target M : Attachment and reflective function ; Their role in self organization. *Dev Psychopathol*, **9** : 679-700, 1997.
6) 奥山眞紀子：アタッチメントとトラウマ．アタッチメント（庄司順一，奥山眞紀子，久保田真理編），pp. 143-176，明石書店，2008.
7) Cohen JA, Mannarino AP, Deblinger E : Treating Trauma and Traumatic Grief in Children and Adolescents, Guilford Press, 2006. 白川美也子，菱川愛，冨永良喜監訳：子どものトラウマと悲嘆の治療，金剛出版，2014.
8) Kameoka S, Yagi J, Arai Y et al. : Feasibility of trauma-focused cognitive behavioral therapy for traumatized children in Japan : a Pilot Study. *Int J Ment Health Syst*, **9** : 26, 2015. Doi : 10.1186/s13033-015-0021-y.
9) 兵庫県こころのケアセンター他訳：トラウマフォーカスト認知行動療法（TF-CBT）実施の手引き．http://www.j-hits.org/child/index.html, 2012. National Child Traumatic Stress Network : How to Implement Trauma-Focused Cognitive Behavioral Therapy (TF-CBT). www.NCTSN.org, 2004.
10) Cohen JA, Mannarino AP, Deblinger E : Trauma-Focused CBT for Children and Adolescents. Treatment Applications, Guilford Press, 2012. 亀岡智美，紀平省吾，白川美也子監訳：子どものためのトラウマフォーカスト認知行動療法，岩崎学術出版，2015.
11) 亀岡智美，野坂佑子，元村直靖ほか：子どものトラウマへの標準的診療に関する研究．平成20-22年度厚生労働科学研究（子ども家庭総合研究事業）報告書，pp. 437-474, 2011.（主任研究者：奥山眞紀子「子どもの心の診療に関する診療体制確保，専門的人材育成に関する研究」）．冊子の入手先：http://www.j-hits.org/child/indexl.html
12) Holmes MM : A Terrible Thing Happened, Magination Press, 2000. 飛鳥井望，亀岡智美監訳：こわい目にあったアライグマくん．子どものトラウマ治療のための絵本シリーズ，誠信書房，2015.
13) Jessie : Please Tell !, Hazelden, 1991. 飛鳥井望，亀岡智美監訳：ねえ，話してみて！．子どものトラウマ治療のための絵本シリーズ，誠信書房，2015.
14) ドーン・ヒューブナー著，ボニー・マシューズ絵，上田勢子訳：だいじょうぶ 自分でできる心配の追い払い方ワークブック．イラスト版子どもの認知行動療法1，明石書店，2009.

9

親子関係における情動調節の相互作用
―虐待予防に向けて

　親子関係というテーマは，19世紀末のフロイト（Freud）によるエディプス・コンプレックス（oedips complex）以降，精神医学や心理学など心を扱う科学において，常に臨床と研究のゴールデンスタンダードの1つであり続けてきた．20世紀には精神分析における「親と子」にまつわるテーマはMahlarによる分離固体化理論やWinnicottによる対象関係論などに広がり，やがて「神経症」の枠組みを越えてBatesonのダブルバインド理論（double bind theory）に基づく統合失調症の成因論やMastersonらによる境界例解釈など精神疾患の成因論に近づく重要概念としても見過ごせない位置を占めることになった．これに並行して，日本でも一般向けの著書で「母原病」「父原病」「毒になる親（毒親）」などが世間の耳目を集めることとなった．

　そして21世紀，親子関係の研究は不適切な養育や虐待・ネグレクトなどの問題の膨らみに伴い，喫緊の課題として私たちに迫っている．本章では情動とトラウマという枠組の中で親子関係における情動調節の相互作用を少しでもわかりやすく語るために，まずはBowlbyらのアタッチメント理論をゆっくりとした歩調で概観することから始めていきたい．周知のようにアタッチメント（attachment）は日本語を母国語とする者として親しみやすさを持つ「愛着」の訳が与えられ，特に心理学分野で愛用されてきた概念だが，必ずしもその本質がよく理解された上で使用されているわけではなく，論文上，成書上の誤用も少なくない．DSM-5の日本語版[1]において，「reactive attachment disorder」がDSM-IV-TRまで使われていた「反応性愛着障害」に変わり，「反応性アタッチメント障害」と訳されたことは記憶に新しい．トラウマや虐待の領域できわめて重要な立ち位置を占めるようになったこの専門的語彙に対し，日常的に頻用され，意味もまた多岐にわたり，時には愛情と混同されやすい「愛着」の訳で応じることはふさわ

しくないとの議論の結果の変更であり，筆者もまたこれを改善と考えている1人である[2]．

本章ではアタッチメント理論の振り返りと子どものトラウマとアタッチメントとの関連について述べた後に，アタッチメント理論とは別の観点から発展した親の養育行動に関する生物学的研究，母親のうつ病と子育てをめぐる問題および親子関係に働きかける治療について小さなスケッチを試みている．

9.1 アタッチメント理論を振り返る

a. Bowlbyのアタッチメント理論

アタッチメント理論のバイブルには，その創始者であるJohn Bowlbyによって1969年から1980年の間に出版された3冊に渡る大著『Attachment and Loss』(『母子関係の理論』)[3-5]があるが，決して読みやすいものでない．和書でこれを読み解いた概論を含む優れた成書としては，庄司ら[6]，数井ら[7]，Wallinによるもの[8]などがある．本章はこれらを参考にできる限り時間軸と構築過程に沿ってアタッチメント理論を構成する重要概念について述べるところから始める．

Bowlbyは20世紀初頭にイギリスに生を受けた精神分析家・児童精神科医であり，ロンドンでMelanie KleinやAnna Freudに師事したが，彼女らとの関係は，少なくともBowlbyからのスタンスとしては近しいものではなかったようである．30代，若き日のBowlbyはロンドン児童相談センターの精神科医として非行少年の治療および研究に携わり，少年泥棒の性格と家庭生活について早期児童期における分離の遷延が与えた壊滅的影響について報告している[9]．タヴィストック・クリニックに移籍後，取り組んだのは世界保健機構（WHO）からの依頼である．第2次世界大戦後にホームレスになった子どもたちに関する研究であった．1930年代から指摘されてきた子どものホスピタリズム（Hospitalism）の問題に母性剥奪仮説（maternal deprivation hypothesis）[10]を唱えることによって応じた著名な報告書である．Bowlbyはその報告書の中で，ホスピタリズムとは，「乳幼児と母親（あるいは生涯母親の役割を果たす人物）との人間関係が親密で継続的で，しかも両者が満足と幸福感に満たされているような状態が精神衛生の根本である」とし，このような人間関係を欠いている子どもの状態を「母性的養育の喪失」と名づけた．この時期に一致して，BowlbyはLorenzによる「刷

りこみ（imprinting）」[11]に関する研究に代表される野生動物に対する比較行動学（ethology）の概念と手法を心理学に導入し[12]，これを携えてその後のアタッチメント理論の構築化に向かったのである．すなわち人の生涯発達理論の展開と親子の相互作用に関する系統的研究の創始である．比較行動学はダーウィンの進化論の流れを汲む遺伝学の側面も持つ．Bowlbyは，そのコンテクストを用いてヒトの乳児が他の霊長類と同様に生存確保のために養育者の庇護を求めるというプログラムを遺伝子的に獲得したと考えた．

　子どもが特定の対象に対して「アタッチメント」を示すという時，その子どもは特定の人物（多くは母親）に対する接近や接触を求めていることを示しており，特に子どもがおびえている時，疲れている時，病気にかかっている時は，この傾向を顕著に示しやすい[13]．さらに「アタッチメント行動」という用語は，アタッチメント対象に対し接近を達成しようとしたり，維持しようとしたりするために子どもが示す様々な行動の型を意味しており，フロイトが言うような食物や保温を求めるための動因（2次的動因）ではなく，「刷り込み」近縁のより1次的動因を有し，その機能は「略奪者（predator）からの保護」であって子どもにとって「安全のために役立つもの」であり，性的行動とは深い関連は持っていても別個の行動であって，目的を持った「行動システム」を形成すると位置づけた[3]．行動システムとは，工学における制御の仕組みを援用したもので，そのシステム特定の目標の達成のために個々の行動を制御する機構であり，同一の目標のために役立つ個々の行動は1つのシステムにまとめられ，どの行動もそのシステムの目標を達成するよう制御されているものである[12]．

　Bowlbyは，アタッチメント行動システムも特定の条件でその行動が活性化し，特定の条件で終結するというコントロール・システム論も展開した．「アタッチメント行動システム」は，乳児自身の内的要因（病気，苦痛，疲労・空腹などの生理的不快状態），外的環境要因（見知らぬ人など新奇性のあるもの，突然の大きな音などの物理的要因），養育者の不在，拒絶的反応，養育者と離れている物理的な距離や時間などの諸要因によってその行動が活性化し，同時に「不安・警戒システム」もまた活性化するものであるが，養育者との接触により安心感・安全保障感を得るとその一連の行動はたちまち終結し，すぐに別の，典型的には「探索行動システム」が活性化されるとした．この時の養育者の役割が有名な「a haven of safety（安全の港）」である．すなわち，探索行動や遊びは子どもの自

立に向けられた新たなスキルの獲得にとって非常に重要な行動であり,その際中に子どもは特に不安はなくても養育者のもとに時々戻って活動の拠点とするが,この時養育者は子どもにとって「安全基地(secure base)」となっているのである.

子どものアタッチメント行動そのものは双方向的なものではなく,親子の相互作用を生み出す行動の1つである.その他親子の相互作用を生み出す行動としては,子どもの探索行動や遊び,親の養育行動,親としての養育行動とは相反する親の行動の3つの行動があげられている[13].また,強烈な情動体験の多くはアタッチメント関係の形成,維持,中断,更新の際に起こるものであるとも位置づけられた.

なお,アタッチメント行動は乳児期に活発化するが,この時期に特定されたものではない.子どもの認知と記憶の発達と対人交流の広がりに伴い,内的表象である「内的作業モデル(internal working model)」に形を変えて一生涯人格の発達に影響を及ぼすとBowlbyは考えた.Bowlbyはこの内的作業モデルを「人や世界との持続的な交渉を通じて形成される世界,他者,自己,そして自分にとって重要な他所との関係性に関する表象」[3]と定義とし,アタッチメント理論をパーソナリティの生涯発達理論としても提唱した.アタッチメントは乳幼児期のみならず,他の発達期においても依然として重要な機能を担い続けると位置づけられたのである.また,Bowlbyは養育者の敏感性(sensitivity)の差異が,子どもと養育者の情緒的かかわりの質を規定し,その累積の中で,子どもは内的作業モデルを徐々に内在化し,アタッチメント行動のパターンを固定化すると仮定した.

b. 乳児のアタッチメント行動の類型化―AinsworthとMainの寄与

さて,上述したBowlbyの理論に最初に実証性を与えたのはMary Ainsworthによる一連の研究であった.Ainsworthはトロント大学で博士を修めたのち,夫の留学で訪れたロンドンで偶然Bowlbyの研究と出会う.タヴィストック・クリニックでの共同研究の期間は4年と短かったが,2人の交流はその後もずっと継続したとのことである[8].Ainsworthはロンドンから夫とともに移住したアフリカのウガンダで1954年から1955年にかけてガンダ族の乳児28人の行動観察と母親の面接調査(Infancy in Uganda : infant care and the growth of love)[14]を行い,その後米国ジョンス・ホプキンス大学でアメリカ中産階級の家庭の乳児を対象にストレンジ・シチュエーション法(strange situation procedure : SSP)を

用いてアタッチメントの類型に関する研究に寄与した[15]．Ainsworthはウガンダでの研究において，詳細な行動観察から，乳児は初期には他者と母親とを区別できないが，生後半年頃になると母親を明らかに好むようになり，強い絆を結晶化すること，そしてそのアタッチメントの徴候について，乳児が苦痛を感じたり警戒したりした時に母親のもとへと逃げ込むこと，母親を探索行動の際の安全基地として用いること，母親との再結合を求めて積極的に母親に接近すること，そして一方で少数の乳児にはこの徴候が認められないことを発見した．また彼女は，重要なのは世話の量ではなく，むしろ質であること，乳児のアタッチメントの安定性と，母親が授乳を楽しんでいることとの間に正の相関があることも発見した．その8年後，今度は米国ボルチモアで出生から1歳になるまでの乳児のアタッチメント対象に示すアタッチメント行動を縦断的に観察し，SSPを用いて有名な類型化を行ったのである．

　SSPとは母親と乳児に実験室に来てもらい，乳児にとって，見たこともない部屋，母親との分離，見知らぬ人という3つの不安にさせる要素（ストレンジネス）を含んだ8つのシーン約20数分をビデオで記録し，それを分析するものである．この研究の成果として，Ainsworthは乳児のアタッチメント行動を安定型，不安定－回避型，不安定－両価／抵抗型の3カテゴリーに分類し，これらはそれぞれに対応する家庭内での母－乳児相互交流パターンの相違に結びついていると主張した（表9.1）．SSPにより安定型とされる乳児は母親を安全基地あるいは港とみなすと探索行動に夢中になり，めったにアタッチメント行動を見せなくなるが，時折母親を振り返ってみたり，おもちゃを見せに来たりして所在を確かめる行動もまた繰り返す．既存の報告をみると，日本を含めてどの文化においても，中産階級の家庭で育つ1歳児の6，7割は質の良い安定した愛着（Bタイプ）を持つが，3〜4割は不安定な愛着を持つと報告されている[16]．なお，Ainsworthの発見した安全基地概念がBowlbyによってさらに発展することになったのは上述した通りである．

　1990年，Ainsworthの3類型に無秩序／無方向型アタッチメントの概念を加えたのはAinsworthに学んだMary MainとSolomonであった[17]．無秩序／無方向型（以下Dタイプ）とは，乳児が親のいる所で不可解で矛盾した反応や怪奇な反応を見せるもので，母親との再会に際し，母親に背を向けながら近づいたり，その場に凍りついたり，床へと崩れ落ちたり，当惑した解離様状態に陥ったりし

表9.1 アタッチメント行動のパターン

SSPによるタイプ	乳児の行動	母親の交流パターン
Bタイプ 安定 secure	安心している時には探索し、不安な時には結びついて慰めを求める.	乳児が泣き叫ぶとすぐに気づいて接触し、慰めるが、乳児が望む以上に抱き続けることはない. 乳児の生理的リズムに自分自身のリズムをスムーズに調和させる（AAIでは母親のアタッチメントに関わる心理状態は安定／自律型に分類される）.
Aタイプ 不安定－回避 insecure-avoidant	不安を与えられた場面では独特の冷めた態度をとる. 母親が不在再来にも無関心で絶え間なく探索行動を続ける.	結びつこうとする乳児の試みを積極的に拒絶する. 情緒反応に乏しく、身体接触を嫌悪し、無愛想（AAI：アタッチメント軽視型）.
Cタイプ 不安定－両価的／反抗的 insecure-ambivalent/ resistant	母親の居場所に心を奪われるあまり、自由に探索行動をとることができない. 母親が去ろうとすると圧倒的苦悩を示す. 再開の時には母親と結びつこうと接触的にアタックするか、拒絶的な態度をとる. 母との再会でも苦悩は改善されない.	乳児のシグナルに対する応答性は鈍感で、乳児にとっては予測はできないが時たま利用可能となる（AAI：とらわれ型）.
Dタイプ 不安定－無秩序／無方向 insecure-disorganized/ disoriented	親のいるところで不可解で矛盾した反応や怪奇な反応を見せる. 再開に際し、母親に背を向けながら近づいたり、その場に凍りついたり、床へと崩れ落ちたり、当惑した解離様状態に陥ったりする.	怒りや虐待により、明らかに子どもを脅している. そのほか親の恐れが子どもに対する反応として生じていると思われる場合、親が物理的に引きこもる形で反応する場合、あるいは解離様状態へと対比する形で反応が生じる場合など（AAI：未解決型）.

ABCタイプはAinsworthら[15]、DタイプはMain & Solomon[17]による.
AAI: Adult Attachment Interview.

ていた. MainはD型タッチメントを示す乳児のアタッチメント人物が、安全な避難所としてのみならず、同時に危険の源としても体験されている時に生じたのだろうと仮定した. しかし、Dタイプが必ずしも虐待やハイリスク群から抽出されていない乳児にも見られたことから、Main自身、このカテゴリーのアタッチメントは、①子どもを脅す親、②親の方が脅されていると子どもが体験している

ような親，③解離している親と子どもとの関わり合いの3者から生じるものであり，「解決されない恐怖」を体験している乳児側の方略の崩壊を反映しているとも述べている[18]．

このDタイプに関する研究がアタッチメント理論と虐待というテーマを近づけることになった．たとえば，被虐待児の虐待者に対するアタッチメントの型のおよそ8割から9割がこの最も不適応な無秩序／無方向型であることが示されており，また，極端なネグレクトなどとの関連が強く疑われる非器質性成長障害の子どもにおいてこのDタイプがかなり高率になることも指摘されている．世代間伝達の研究からは，Dタイプの子どもの養育者は死別や虐待といった何らかのトラウマを有しており，成人アタッチメント面接（次項で詳述）において，それらについてメタ認知が崩れ，矛盾・崩壊した内容の語りをすることも報告された[19]．その他貧困，精神病，薬物乱用などのストレス因子に晒されている家族を含むハイリスク群において非常に多く認められことも報告された[8]．

c. 内的作業モデル仮説と世代間伝達

さらにMainはSSPに基づいた乳児のアタッチメントタイプとその子が6歳になった時の内的世界の構造との間に相関関係があること，また，乳児のアタッチメント行動と親の「アタッチメントに関わる心理状態」との間には世代間相関関係があることを指摘し，Bowlbyの内的作業モデル仮説の発展に大きく貢献することになった．Ainsworthの研究は直接的な行動の観察という方法論をとったが，Mainは愛着に関する個々人の作業モデルは行動のみならず，物語，談話，想像における特徴的なパターンにも表れるとの推論に基づき，アタッチメントに関する記憶にはっきりと注意を向けられるような一連の質問とそれに続く精査からなる成人アタッチメント面接（adult attachment interview：AAI）[20]を作成し，親のアタッチメントをも同時に評価したのである（表9.2）．

Bowlbyの「内的作業モデル」とは，生涯にわたってアタッチメントにかかわる他者と自己の理解や行動を処理するために使われるシステムであり，母親との相互交流で形成された乳幼児期のアタッチメントタイプがアタッチメントの鋳型（テンプレート）を作り，生涯にわたって強く影響を及ぼすとする考え方である[3]．MainはAAIを用いた一連の研究からさらに発展的に，親の内的作業モデルは子ども自身の内的作業モデルを形づくる，すなわち世代間伝達機能を有する

表9.2 Mainらの成人アタッチメントインタビュー（AAI）による母親のアタッチメントに関する心の状態の4類型（久保田まり[12]をもとに作成）

類　型	アタッチメント	内　　容
自律型 secure autonomous type	安定	過去の出来事や親に対する肯定的・否定的な記憶や感情が防衛されることなく統合されており，語りの内容にも首尾一貫性がある．過去から現在の親との関係に浮いて現実的客観的な見方ができている．アタッチメントそのものに価値をおいている．
アタッチメント軽視型 dismissing/ detached type	不安定	アタッチメントに関連する子ども時代の記憶の想起しがたさや，具体的なエピソードとは結びつかないか矛盾するような，過度に理想化された親子関係の叙述がある．外傷的な出来事の既往や否定的な感情がすべて防衛的に排除されている．アタッチメントそのものに価値を置いていない．
とらわれ型 preoccupied/ enmeshed type	不安定	過去のアタッチメント関係に現在も過剰にとらわれている．特に親への依存の問題に葛藤を抱えたまま，記憶の中に潜在する親への様々な負の感情を統合できず，語りの内容も首尾一貫性に欠け，質問に対する冗長的な言述や逸脱が特徴となる．
未解決型 unresolved type	不安定	親からの拒否・分離・虐待・不適切な養育の経験，あるいは重要な他者の喪失など，アタッチメントに関連する過去の外傷的な経験を心理的に解決できず，恐怖感情を意識下の領域に抱え続けている．

ものと考えた．すなわちMainは，安定型乳児は安定型成人となり親になれば安定型の子どもを育てるが，不安定型乳児は不安定型成人となりその子どもは不安定型になる傾向があると考えたのである．養育者と子どものアタッチメントの間には理論的に想定された連関が有意に認められることは多くの研究で明らかになっている[19]．

d. アタッチメント理論の現在

しかし現在，研究者の多くは，幼児決定論的な見方，すなわち乳児期のアタッチメントおよび内的作業モデルがそれ単独で，あるいは直線的に，その後の発達の質を規定するという考え方をほぼ捨てており[21]，むしろほとんどの研究者が，乳児期のアタッチメントは，その後の生育過程において個人がさらされることに

なる養育の質や貧困や親の教育歴なども含めた家族の生態学的条件と絡み合う中で，個人の発達の筋道や適応性に複雑に影響を及ぼすという見解をとるに至っている[22]．ただし，人の発達がその都度の環境に応じていくらでも書き換え可能であるということではなく，子どもの年齢が上がるにつれて徐々に養育の質が悪化していく場合，その負の影響は幼少期のアタッチメントが不安定であったケースでより深刻であり，一方，安定したアタッチメントを有していた子どもはそうした事態に対して相対的にレジリエントであったこともまた知られている[21]．この点に関し遠藤は，幼少期のレジリエンスの質とこれに関係する内的作業モデルは，人がさらされている様々な状況要因が，その人の発達や適応性に及ぼしうる影響に対して，いわゆる緩衝要因や触媒として作用することが考えることができると述べた．さらに，加齢に伴う変化として，人は自分自身の内的作業モデルに合致した対人関係や社会的環境を身の回りに構築しやすくなり，異質な対人関係を自ら遠ざけてしまうことになるため，結果的にアタッチメントの質やパーソナリティにはより変化が生じにくくなるとしている[21]．

世代間伝達研究における最近の関心は，むしろ世代間伝達が生じない場合にそこにいかなる要因が関与しているのか，あるいは世代間伝達はどのような機序に支えられて生じるのか，といったことの解明に移行してきているという．また，アタッチメントの個人差に関わる遺伝的要因の介在については，ほとんどないか，あっても微弱であることが明らかになってきているという[21]．

e. 日本におけるアタッチメント研究の流れ

Bowlbyのアタッチメント理論は1970年代に日本に紹介され，1980年代にはすでにSSPを用いた実証研究が複数の国内施設で行われるようになっていた[23]．しかし欧米諸国の報告とは異なり，Cタイプが多かったこと，それが日本の母子密着型の育児という文化的要因によるものであり，SSPは日本の乳児に強いストレスを与える懸念があること[24,25]などが問題点としてあげられた．アタッチメント理論には，Bタイプが最も標準的であるという前提（標準仮説），日本発のこれらの研究により養育者の敏感性がアタッチメントの安定性に通じるという前提（敏感性仮説），幼少期のアタッチメントがその後の社会的コンピテンスの発達を補足するという前提（コンピテンス仮説），ストレス下にあって恐れや不安などのネガティブな感情が喚起された時には必ずアタッチメント要求および行動が生

じるという前提（普遍仮説）の4つの仮説があるが[21]，このうちのいくつか，場合によってはすべてが成り立たないとの指摘につながったのである．このことから日本におけるSSPを用いた研究は一時衰退することになった．一方，1990年代に入り，内的作業モデル概念が新たに注目され，特に世代間伝達に関する研究が活発化した．2007年Behrensらは，日本でSSPではなくそれに類する方法を用いて6歳児のアタッチメント分類と同時にAAIを用いた養育者の分類を行い，子どもと養育者ともに安定型に相当するタイプの割合が多く，それぞれのタイプの比率も，米国圏の結果と大差なく，世代間伝達が認められることを明らかにした[22]．このことから，Behrensらはアタッチメント理論の有効性は日本でも確認されたと言いうるのではないかと考察している．現在は虐待におけるアタッチメント理論の重要性や，アタッチメント理論を用いた臨床介入が注目を浴びつつあるが，日本におけるSSPの妥当性に関する問題提起がまだ解決されていないことは留意しておくべきであろう．

　アタッチメント理論の安易な導入に警鐘を鳴らす研究者もいる．高橋はアタッチメント理論について1970年代から自らの実証研究を通して批判してきた研究者の1人である[16]．高橋は，母子関係の心理学の多くでは母親偏重主義が存在し，特にアタッチメント理論は子どもと子どもを産む母親との結びつきを不可欠と考えてきたことから，子どもの発達における母親の重要性をとりわけ強調し，肥大させてきたとする．そしてこの分野から大量に流されるデータは，「母性」「3歳児神話」「母原病」など日本に根づいている素朴な一般論と結びつき，研究者が望むと望まざるとにかかわらず，一般論を支持する科学的データとしてとして扱われ，国の施策や義務教育における家庭科の教科書にも影響を及ぼしてきたという．高橋は母子関係の心理学は母親偏重主義を越えるべきであり，子どもの愛情ネットワークの中の1メンバーとして母親を位置づけるという提案をしている．

9.2　子どものトラウマとアタッチメント

a.　子どものトラウマの特徴

　アタッチメント理論に基づけば，幼いころに体験した養育者との関係性は内的作業モデルとして自身に内包され，生涯にわたってその人の対人関係や発達，そして子育てに多大な影響を与え，やがて世代間伝達という形で子どもの人生に引き継がれていく．しかし，そこにトラウマ体験が介在したら，そしてとりわけそ

れが養育者から受ける虐待やネグレクトなどのトラウマ体験であったら，はたしてどのようなことが起こりうるのだろうか．そして，Main の言う乳幼児の「解決されない恐怖」は本当に解決されないのだろうか．

　幼い子どもと成人の間には認知や記憶のありように量的のみならず質的な違いがある．たとえば3歳前後の子どもでは自らが見聞きした直接情報と，人から聞かされた間接情報の重みづけにあまり差異がなく，1つの事柄について2つの相矛盾する記憶が統合されずに複数の一貫性のないモデルが形成されてしまう可能性があったり，5歳以下の子どもが魔術的思考によって，身近な他者の死を自分のせいだと思い込み，罪の意識を抱え込んでしまうこともあると言われている[26]．しかし一方で，こういった認知的制約が防御因子として働くこともあり，自伝的記憶が希薄な分，大人にとってきわめて衝撃的な災害や惨事などの出来事が子どもにはあまりインパクトを残さないこともある．

　悲惨な出来事に遭遇した後，それがトラウマとして残存するかどうかは，大人でも保護の状況や他者からの関わりに影響を受けるが，子どもは特にその傾向が強い．惨事そのものによって一時的に生じた情緒的混乱よりも，それに対する周囲の大人の持続的な関わりの失敗や情緒的利用可能性の低さの方が，より外傷的な意味を持ちうる．また，トラウマ体験の数と症状の重症度には相関性があること，すなわちトラウマには累積性があることも知られている[27]．

　虐待体験のような長期反復的トラウマ体験が子どもの精神健康に及ぼす影響には計り知れないものがある．虐待を受けた子どもたちはアタッチメント問題に関連した様々な症状を呈するようになるが，奥山はこれを「アタッチメント問題－トラウマ複合（attachment problems－trauma complex）」と名づけ，外界（特に他者）への恐怖，他者に頼れない臨戦態勢・過覚醒，刹那的な行動，他者との距離感の問題，無力感・自己評価の低下，否認・解離，強い怒り，自己調節不全，共感性の低下，不安定な感覚入力による情報処理能力の発達不全，感情の認識障害，自己の統合不全・分断された自己の12の特徴を有すると述べた[28]．

　一方，虐待を受けたり人質になったりするようなひどいトラウマを受けた子どもたちが，その行為の加害者と一見固い絆で結ばれているように見えることがある（トラウマ・ボンド，trauma bond）[29]．これは表面的にはアタッチメントに基づく絆（アタッチメント・ボンド）と似ているが，トラウマ・ボンドは恐怖によって条件づけられた絆であり，アタッチメント・ボンドとはむしろ正反対に位置し

ている．子どもは，次の恐怖にさらされないために瞬時に加害者に対応し，加害者と子どもの関係は恐怖を媒介にして支配と被支配の関係で結ばれ，養育者に接近する時，葛藤によって激しい不安・恐怖や麻痺症状を生じることがある．ここで子どもの見せる従順さは，加害者の意思やコントロールによるものなのである．

なお，発達早期におけるトラウマ体験は心の傷を残すだけでなく，視床下部−下垂体−副腎皮質軸など，生理学的なストレスセンサーやホメオスタシスの維持・調整メカニズムの発達にも大きな負の影響を及ぼすことが知られており，「隠れたトラウマ（hidden trauma）」[30]として重要視する研究者も少なくない．

b. 反応性アタッチメント障害と脱抑制型対人交流障害

極端に不適切な養育環境下では，子どもは様々な特徴ある行動や感情面での症状を呈してくる．これらは現在，アタッチメントおよび社会との関わり合い（social engagement）の問題として捉えられている（表9.3）．操作的診断基準にあげられているのは「反応性アタッチメント障害（reactive attachment disorder：RAD）」と「脱抑制型対人交流障害（disinhibited social engagement disorder：DSED）」（DSM-5）ないし「小児期の脱抑制型愛着障害」（ICD-10）の2者であり，DSM-5ではともに「心的外傷およびストレス因関連障害群」に分類されている．DSM-5におけるこの両者の診断項目とその内容をみると，極端に不適切な養育，その不適切な養育が子どもの行動様式に責任があると推測されること，その子どもが少なくとも9か月の発達年齢を有することなどの基準は共通しており，行動様式と社会的，感情障害における項目の記載のみ異なったものとなっている[2,31]．なお，「極端な形の不適切な養育」としては，次の3つがあげられている．

①養育している大人による快適さ，刺激，そして感情のための基本的な情緒的ニードの持続的欠落の形での社会的ネグレクト，あるいは社会的はく奪

②安定したアタッチメントを形成する機会を多々制限する主要な養育者の繰り返される変更

③安定したアタッチメントを形成する機会を多々制限する普通ではない環境での養育

9.3 養育行動に関する生物学的研究

さて，今度はアタッチメント理論から離れ，少し視点を変えて親の養育行動に

表 9.3 DSM-5 における反応性アタッチメント障害と脱抑制型社会交流障害

	RAD	DSED
子どもの行動様式	抑制された，感情的に引きこもった持続的な行動様式 1. 苦痛のある時でも，全くあるいはほとんど快適さを探索しない 2. 苦痛がある時にも，全くあるいはほとんど快適さに反応しない	見慣れない大人に積極的に近づき交流する子どもの交流様式． 1. 見慣れない大人に近づき交流することへのためらいの減少または欠如 2. 過度に馴れ馴れしい言語的または身体的行動（文化的な許容範囲を越える） 3. たとえ不慣れな状況であっても，遠くに離れて行った後に大人の養育者を振り返って確認することの減少または欠如 4. 最小限に，またはなんのためらいもなく，見慣れない大人に進んでついて行こうとする
持続的な対人交流と情動の障害	1. 他者に対する最小限の社会的，感情的反応 2. 限定的な肯定的感情 3. 説明できないイラつき，悲しみあるいは恐怖のエピソード．それは，大人の養育者との非威嚇的な相互交流の間であっても存在する	
鑑別疾患	自閉スペクトラム症	注意欠如・多動症
養育状態	〈極端な形の不適切な養育〉 1. 養育している大人による，快適さ，刺激，そして感情のための基本的な情緒的ニードの持続的欠落の形での社会的ネグレクト，あるいは社会的はく奪 2. 安定したアタッチメントを形成する機会を多々制限する，主要な養育者の繰り返される変更 3. 安定したアタッチメントを形成する機会を多々制限する，普通ではない環境での養育	

関する生物学的研究の発展を俯瞰してみたい．養育行動（母性行動）に関する生物学的研究の多くはげっ歯類を中心とした動物で行われている[32]という．ラット・マウスの主な母性行動としては，巣作り，外的からの保護，哺乳・保温する行動，仔を巣に集める行動などがある[33]．育児経験のある動物が仔に暴露されると母性行動を起こすことから，母性行動には特定の神経回路があり，ホルモン状態と環境刺激によって母性行動のための神経回路が形成されると，その回路が駆動し定型的な母性行動が惹起されると考えられている．母性行動は親から仔への一方的なものではなく，たとえば仔が独特の超音波の鳴き声を出すと親は仔を探すなどの行動が見られるなど，多くの母性行動は仔との協働的な行為であり，親子相互

に正のフィードバックを形成しているとされる[34,35]．また，授乳期の動物にとって，親が仔と一緒にいることが報酬価を持つことも知られている．羊を用いた研究では，仔のアタッチメント行動の形成にはコレシストキニンとオキシトシンが関与し[36]，親が仔を識別する際にも，嗅球におけるオキシトシンが重要であることが示されている[37]．

母性行動の中枢として想定されているのは内側視索前野である．ここにはエストロゲン受容体，プロゲステロン受容体，ドーパミンD1受容体，オキシトシン受容体，プロラクチン受容体があり，これらの受容体への刺激によって母性行動が促進されることが知られている[32]．また，母性行動の報酬系に関しては，内側視索前野から腹側被蓋野を経由して側坐核へ投射するドーパミン作動性ニューロンが活性化と関連のあることが示唆されている．

さらに，母性行動のコントロールには，エストロゲン，プロラクチン，オキシトシンが促進的に関与することが知られている．ここでは近年注目が集まっており，ヒトにおいても研究が進んでいるオキシトシンについて重点的に触れておきたい．オキシトシンは視床下部の室傍核と視索上核で形成され，下垂体後葉に運ばれるホルモンであり，出産時や授乳時に分泌が増大するが，近年では脳の様々な領域でその放出があることが知られるようになった．動物実験ではオキシトシンは母性行動を高めることが確認されている．ヒトにおいても同様な報告がなされているが，興味深い報告としては，母親の場合，血漿オキシトシン濃度は愛情的な接触と正の相関があるが，父親においては，仔との刺激的な接触（積極的な探索遊びなど）が関係するとするものがある[38]．父親へのオキシトシン投与では子に対してより我慢強くなり自律的に遊ばせるようになり，親子の接触が増えた結果，子どものオキシトシン分泌が増加したことも報告されている[39]．その他，幼児の泣き声に対する反応に対して，オキシトシンを投与すると扁桃体の活動が下がること[40]，厳しく育てられた親にはオキシトシンの効果が弱いこと[41]なども報告されている．オキシトシンはヒトにおけるトラウマ症状の発現にも影響を及ぼしているとされ[42]ているほか，近年では扁桃体をはじめとする「社会脳」領域を介して社会性行動，特に信頼を基礎とするあらゆる人間相互間活動にも影響を与えるホルモン[43]として自閉スペクトラム症の子どもの治療への効果も期待されていることを付記しておきたい．

9.4 母親のうつ病と子育てをめぐる問題

　親のボンディングに関する研究もまたアタッチメント理論とは一線を画したところで発展してきている．母親がわが子に対し愛おしい気持で接近していく情緒的な絆をボンディング，一方で子どもに対してこのような気持ちや状態になれずむしろ嫌悪的感情を抱くことをボンディング障害といい[44,45]，1990年代からイギリスを中心に注目されるようになった[46]．

　現在，ボンディング障害は，しばしばうつ状態を伴わず生じることやうつ病とは原因論が異なることから，産後うつ病による情緒的交流障害と区別すべきだと言われている[47]．産後の抑うつと子どもに対するボンディング障害は相関しているが，産後1年のボンディング障害を予測するのは抑うつよりも早期のボンディング障害であると報告されており[48]，また，日本における研究でも，ボンディング障害を予測していたのは妊娠中の抑うつよりもむしろ妊娠中の不安であることと，妊娠に対する否定的な思いであったとの報告がある[49]．また，うつ病を含む母親の精神疾患が子どもに与える影響については，その診断によるものではなく，疾患の重症度や妊娠中や出産後の臨床経過，子どもの発達のどの時期に母親の精神疾患に晒されたかなど，様々な機序が働いているという[44]．しかし，産後うつ病の頻度は10%余りとまれではないこと，産後うつ病を持つ母親の子どもに対する否定的感情とは明らかに関連があり，母子相互作用，ひいては子どもの発達に影響を与える可能性があること，うつ病の中核症状である楽しみや脅威の喪失が乳児との関わりの場面で反映されたものであると理解されることから，産後うつ病への精神保健的・治療的介入は子どもの発達の視点からも非常に重要な意味を持つことは論を待たない．

　虐待との関係においては，Kitamuraらが産後3か月検診を受診した1198名の母親の調査結果から，産後抑うつ，ボンディング障害，虐待的育児の3者関係を調べている[50]．その結果これら3者が併存しやすく，抑うつとボンディング障害は虐待的育児を予測することが示された．しかしその説明率は低く，虐待的育児の9割近くが産後うつやボンディング障害とは関係なく行われていることもまた同時に示唆されている．日本において産後うつ病とボンディング障害の知識は，助産師を中心とし，妊産婦と乳児に対する精神保健の分野において幅広く活用されていることも付記しておきたい．

9.5 親子に働きかける治療・介入

a. アタッチメント理論に基づいた治療・介入

　アタッチメント理論が子どもの虐待の分野における研究の発展に大きく貢献してきたことはすでに述べた．一方，この理論に基づいた治療・介入への応用を見てみると，1950年代から個々に工夫されていたものが1990年代後半になって少しずつ整理・統合しようという試みがなされ始めたところであるという[51]．有名なものとしては，アタッチメントに焦点づけた親子関係支援プログラムであるMarvinらの開発したサークル・オブ・セキュリティ（circle of security）があり，2008年に日本にも導入されている[52]．

b. ペアレント・トレーニングの歴史

　親子に働きかける治療と介入を述べる時，ペアレント・トレーニング（parent training：PT）の果たしてきた役割を外すことはできない．PTはAD/HDなど子どもの発達に特徴がある場合，あるいは親自身の育児行動に偏りや悩みがある場合，双方の問題が複雑に絡み合っている場合に，育児に関する行動面でのスキルを獲得するという方法で応じるものであり，わかりやすく取り組みやすいといった利点を持つ．

　PTはアタッチメント理論が構築化された時代とほぼ同じくして主として米国で発展を遂げた行動科学を理論的支柱としたものである．子どもの行動の改善に親の対応の工夫や家庭環境の改善が注目されるようになったのは行動変容の技法が開発され始めた1920年代のアメリカであったという[53]．PTの歴史については免田の詳細な報告があるので，以下これをかいつまんで述べたい．

　親子への治療は，親はクライエント中心療法，子どもは別室で遊戯療法という分離並行面接が多かったが，1950年代後半から行動療法や応用行動分析に基づいた子どもへの治療が多く報告されるようになり，この流れの中で親を子どもの訓練者（トレーナー）とするアプローチが出現した．1960年代には，子どもの心理的治療は力動的アプローチから行動学的アプローチへと重心が移り，やがて，子どもに直接働きかける媒介者として親をおき，その相談に乗るコンサルタントとして治療者を立てる3者モデルが提唱された．1970年代になると単一児童に対するPTから知的障害児や自閉症児を子どもに持つ親のグループによる集

団 PT のアプローチが始まり,小児肥満や夜尿症,爪かみ,慢性腹痛,チック,遺糞症,慢性便秘症,気管支喘息,摂食障害,心身症,言語障害,恐怖症などへ広がった.トイレットトレーニングや夜尿,公共の場での買い物など,領域ごとに親向けのマニュアルが出版されるようになったのもこの頃であるという.1970年代後半,治療の対象はさらに子どもの問題行動へと発展する.Hanf は子どもの不従順に対し,前半で好ましい行動に関心を向け,不適切な行動を無視し,後半で不従順行動に対するタイムアウトを用いる2段階プログラムを適用するようになった[54].この方法論は後述する親子相互交流療法 (parent-child interactim therapy;PCIT) にも受け継がれている.この頃から PT の対象は注意欠如・多動症や反抗挑戦性障害,行為障害にさらに広がっていく.Hanf の2段階プログラムの考えは Barkley らの ADHD の親訓練プログラム[55]へと受け継がれるが,この頃から,PT には学習と条件づけの原理を基礎に行動変容モデルに忠実に基づくアプローチと,子どもとの関係強化アプローチの2つの流れができてきたという[53].

1980年代には子どもを変化させる対象としてではなく,親子の相互作用の分析が必要だと指摘されるようになり,次第に予後研究も始まるようになった.1990年代以降,現在はランダム化比較試験が行われるようになり,PT のハイリスク児に対する予防効果に関する研究も散見されるようになった.また,いくつか定式化された標準的 PT も出現するようになっている.

PT の阻害要因としては,母親の抑うつ,両親間の不和,親の社会的スキルの低さなどがあげられている.これらの問題に対しては PT プログラムに追加して母親に対する認知療法を実施する,あるいはソーシャルスキルトレーニングを実施するなどの研究が行われている.

c. 日本で施行されているペアレント・トレーニング

日本における PT の草分けは ADHD に対する肥前式親訓練プログラム (Hizen parenting skills training)[56]であり,行動療法と行動変容アプローチに基づき,10セッションから構成され,集団で行う講義と小グループで行う個別形式からなるもので行動変容アプローチを中心としている.一方,同じく ADHD を対象とするものに,UCLA(カリフォルニア大学ロサンゼルス校)のプログラムとBarkley のものを刻愛向けに修正した奈良式並びに精研式 PT プログラム[57]があ

り，関係強化アプローチに該当する．対象を AD/HD に限定しない PT としては，PCIT のプログラムをもとにシンシナティ子ども病院で開発された child adult relationship enhancement（CARE，子どもと大人の絆を深めるプログラム）[58]，1980 年にクイーンズランド大学心理学部サンダース教授が開発した triple p-positive parenting program[59]，1980 年代にカナダ保健省と大西洋 4 州により開発された nobody's perfect[60] がある．また，ドメスティック・バイオレンス被害者や虐待に悩む親子を対象としたものとしては森田ゆりによる my tree ペアレンツプログラムや，カナダで開発された親子同時並行プログラム（コンカレント・プログラム）[61] がある．アメリカで開発されたコモンセンスペアレンティング（common sense parenting）は国内の公的施設でよく普及している．

d. 親子相互交流療法（PCIT）

PT は養育に問題を抱える親にとっては大きな助力になるが，ワークショップを通して学んだスキルが実践できているかどうかの測定は難しい．子どもの問題や親の問題が軽微であれば PT のみで解決できることも少なくないが，重症度が高かったり，虐待の問題が絡んでいた場合にはよりインテンシブな介入が必要となる．PCIT は上述した PT の流れを汲むものだが，親子をともに治療するという方法は親のみをトレーニングの対象とする PT と根本的に異なるため，別項として扱った．

PCIT は 1970 年代に Eyberg によって開発された親子を同時にコーチングを用いて治療する行動療法である[62]．当初は発達障害児童における外在化行動障害とその親を治療の対象としてきたが，次第に家庭内暴力被害事例にも援用されるようになった．治療構造は Hanf と同様に 2 段階に分かれており[54]，前半では親子間の肯定的な相互交流の構築／回復を目標とし，これをマスターしたのち後半に適切なしつけの方法の獲得をめざす．対象は行動面や精神面で何らかの症状を有する子どもか，虐待を含め養育困難に陥っている養育者であり，子どもの最適年齢は 2～7 歳とされている．メタアナリシス研究によればアメリカ心理学会の提示するエビデンスに基づく治療のガイドラインにおいて「よく確立された well-established」治療に位置づけられている[63]．被虐待児童とその親に対する PCIT の治療効果は 1990 年後半から報告されるようになり，被虐待児の行動障害，親の育児ストレスの減少，短期的な虐待の減少が認められたとする報告[64] や虐待

の再発を防ぐ中期的効果の報告[65]，DV 被害を受けた親子に対し有効であったとする報告[66,67]などがある．日本には 2008 年加茂らによって導入され，徐々に普及が進んでいる．なお，虐待家庭への PCIT の導入は Chaffin らが草分けで一定の成果を上げている[65]が，導入に際しては動機づけセッションを盛り込むなどの工夫を加えている．

おわりに－養育者支援の重要性について

　親子の情動調節の相互作用という大海にアタッチメント理論の俯瞰から漕ぎ出し，子どものトラウマとアタッチメント，親の養育行動に対する生理学的研究，母親のうつ病が子どもの養育に与える影響，そして親子に働きかける治療の 5 つの港を経由したが，まだ虐待の予防という終着点にはほど遠そうである．終着点を遠くに仰げば，今後私たちに与えられた課題はあまりにも膨大だと言わざるを得ないが，その中で最も重要なものは何かと問われたら，筆者はためらいなく，それは養育者支援であると回答する．アタッチメントや親子相互作用といった語彙を用いて親子の関係を語り，あるいは治療や介入に取り組む時，弱者である子どもに重心がおかれることは当然である．しかし，子どもに重心をおくあまり親への取り組みが遅れたとすればそれはまた子どもに返ってくる問題となる．そして子どもはやがて大人になり，親となるのである．今，虐待の問題をかかえる親子が共に回復することこそ本質的な虐待予防と言えるのではないか．私たちの社会が女性精神医学の立場からさらに DV 被害親子への治療介入に PCIT を導入した筆者の偽らざる思いである． ［加茂登志子］

文　　献

1) American Psychiatric Association 編，高橋三郎，大野　裕 監訳：DSM-5 精神疾患の分類と診断の手引．医学書院，2014．
2) 加茂登志子：反応性アタッチメント障害／反応性愛着障害．DSM-5 を読み解く 4 不安症群，強迫症および関連症群，心的外傷およびストレス因関連障害群，解離症群，身体症状症および関連症群，中山書店，2014．
3) ジョン・ボウルビィ著，黒田実郎 他訳：母子関係の理論 I 愛着行動．岩崎学術出版，1976，改訂 1991．
4) ジョン・ボウルビィ著，黒田実郎 他訳：母子関係の理論 II 分離不安．岩崎学術出版，1976，改訂 1991．
5) ジョン・ボウルビィ著，黒田実郎 他訳：母子関係の理論 III 対象喪失．岩崎学術出版，1976，改訂 1991．

6) 庄司順一,奥山眞紀子,久保田まり：アタッチメントー子ども虐待・トラウマ・対象喪失・社会的用語をめぐって,明石出版,2008.
7) 数井みゆき,遠藤利彦：アタッチメントと臨床領域,ミネルヴァ書房,2007.
8) デイビッド・J・ウォーリン著,津島豊美訳：愛着と精神療法,星和書店,2011.
9) Bowlby J：Forty-four juvenile thieves：Their characters and home lives. *International Journal of Psychoanalysis*, **25**：19-5, 1944.
10) Bowlby J：Maternal care and mental health, Geneva：World Health Organization, 1951.
11) Lorenz K：Der Kumpan in der Umwelt des Vogels. *Journal of Ornithology*, 1935.
12) 久保田まり：アタッチメントの形成と発達—ボウルビィのアタッチメント理論を中心に．アタッチメント—子ども虐待・トラウマ・対象喪失・社会的擁護をめぐって（庄司順一ほか編), pp.42-63, 明石出版, 2008.
13) ジョン・ボウルビィ著,作田 勉監訳：母子関係入門,星和書店,1981.
14) Ainsworth MDS：Infancy in Uganda：Infant care and the growth of love, 1967.
15) Ainsworth MDS：Patterns of attachment；A psychological study of the strange situation, Hillsdale, Erlbaum, 1978.
16) 高橋恵子：人間関係の心理学—愛情ネットワークの生涯発達,東京大学出版,2010.
17) Main M, Solomon J：Procedures for identifying infants as disorganized／disoriented during the Ainsworth Strange Situation. Attachment in the preschool years. *Theory, Research, and Intervention*, **1**：121-160. 1990.
18) Main M, Hesse E：Frightening, frightened, dissociated, or disorganized behavior on the part of the parent：A coding system for parent-infant interactions. Unpublished manuscript, University of California at Berkeley, 1992.
19) van I Jzendoorn M：Adult attachment representations, parental responsiveness, and infant attachment：a meta-analysis on the predictive validity of the Adult Attachment Interview. *Psychological Bulletin*, **117**：387, 1995.
20) George C, Kaplan N, Main M：Attachment interview for adults. Unpublished manuscript, University of California, Berkeley. 1985.
21) 遠藤利彦：アタッチメント理論の現在．教育心理学年報,**49**：150-161,2010.
22) Behrens KY, Hesse E, Main M：Mothers' attachment status as determined by the Adult Attachment Interview predicts their 6-year-olds' reunion responses：A study conducted in Japan. *Developmental Psychology*, **43**：1553, 2007.
23) 山本政人：日本におけるアタッチメント研究の展開．学習院大学紀要人文, **9**：35-54, 2011.
24) Miyake K, Chen SJ, Campos JJ：Infant temperament, mother's mode of interaction, and attachment in Japan：An interim report. Monographs of the Society for Research in Child Development, 276-297, 1985.
25) Takahashi K：Examining the strange-situation procedure with Japanese mothers and 12-month-old infants. *Developmental Psychology*, **22**：265, 1986.
26) 遠藤利彦：アタッチメント理論とその実証研究を俯瞰する．アタッチメントと臨床領域（数井みゆき,遠藤利彦編), pp.1-58, ミネルヴァ書房,2007.
27) Cloitre M, Stolbach BC, Herman JL et al.：A developmental approach to complex PTSD：Childhood and adult cumulative trauma as predictors of symptom complexity. *Journal of Traumatic Stress*, **22**：399-408, 2009.
28) 奥山眞紀子：アタッチメントとトラウマ．アタッチメント　子ども虐待・トラウマ・対象

喪失・社会的用語をめぐって（庄司順一他編），pp.143-176，明石出版，2008．
29) James B：Handbook for treatment of attachment-trauma problems in hildren, Simon and Schuster, 1994.
30) Delahunta EA：Hidden trauma：the mostly missed diagnosis of omestic violence. The American Journal of Emergency Medicine, 13：74-76,1995.
31) 奥山眞紀子：脱抑制型対人交流障害，DSM-5を読み解く4 不安症群，強迫症および関連症群，心的外傷およびストレス因関連障害群，解離症群，身体症状症および関連症群，中山書店，2014．
32) 尾仲達史，高柳友紀：母性行動と下垂体ホルモン，精神科治療学，28：777-784，2013．
33) Kuroda KO, Tachikawa K, Yoshida S et al.：Neuromolecular basis of parental behavior in laboratory mice and rats：with special emphasis on technical issues of using mouse genetics. Progress in Neuro-Psychopharmacology and Biological Psychiatry, 35：1205-1231, 2011.
34) Nagasawa M, Okabe S, Mogi K et al.：Oxytocin and mutual communication in mother-infant bonding. Frontiers in Human Neuroscience, 6, 2012.
35) Okabe S, Nagasawa M, Mogi K et al.：The importance of mother-infant communication for social bond formation in mammals. Animal Science Journal, 83：446-452, 2012.
36) Onaka T, Takayanagi Y, Yoshida M：Roles of oxytocin neurones in the control of stress, energy metabolism, and social behaviour. Journal of Neuroendocrinology, 24：587-598, 2012.
37) Nowak R, Keller M, Levy F：Mother-young relationships in sheep: a model for a multidisciplinary approach of the study of attachment in mammals. Journal of Neuroendocrinology, 23：1042-1053, 2011.
38) Feldman R, Gordon I, Schneiderman I et al.：Natural variations in maternal and paternal care are associated with systematic changes in oxytocin following parent-infant contact. Psychoneuroendocrinology, 35：1133-1141, 2010.
39) Weisman O, Zagoory-Sharon O, Feldman R：Oxytocin administration to parent enhances infant physiological and behavioral readiness for social engagement. Biological Psychiatry, 72：982-989, 2012.
40) Riem MM, Bakermans-Kranenburg MJ, Pieper S et al.：Oxytocin modulates amygdala, insula, and inferior frontal gyrus responses to infant crying：a randomized controlled trial. Biological Psychiatry, 70：291-297, 2011.
41) Rilling JK：The neural and hormonal bases of human parentalcare. Neuropsychologia, 51：731-747, 2013.
42) Olff M, Frijling JL, Kubzansky LD et al.：The role of oxytocin in social bonding, stress regulation and mental health：an update on the moderating effects of context and interindividual differences. Psychoneuroendocrinology, 38：1883-1894, 2013.
43) 東田陽博，棟居俊夫：自閉症とオキシトシン，CD38の関連について．脳と発達，45：431-435，2013．
44) 吉田敬子：胎児期からの親子の愛着形成．母子保健情報，54：39-46，2006．
45) 南谷真理子，大橋優紀子，北村俊則：周産期うつ病とその周辺（特集女性のうつ）．産科と婦人科，81：1093-1098，2014．
46) Kumar RC：Anybody's child：Severe disorders of mother-to-child infant bonding. Br J Psychiatry, 171：175-181, 1997.

47) Brockington I: Diagnosis and management of post-partum disorders: a review. *World Psychiatry*, **3**: 89, 2004.
48) O'Higgins M, Roberts ISJ, Glover V et al.: Mother-child bonding at 1 year; associations with symptoms of postnatal depression and bonding in the first few weeks. *Archives of Women's Mental Health*, **16**: 381-389, 2013.
49) Kokubu M, Okano T, Sugiyama T: Postnatal depression, maternal bonding failure, and negative attitudes towards pregnancy: a longitudinal study of pregnant women in Japan. *Archives of Women's Mental Health*, **15**: 211-216, 2012.
50) Kitamura T, Ohashi Y, Kita S: Depressive mood, bonding failure, and abusive parenting among mothers with three-month-old babies in a Japanese community. *Open Journal of Psychiatry*, **3**: 1-7, 2013.
51) 中尾達馬, 工藤晋平：アタッチメント理論を応用した治療・介入．アタッチメントと臨床領域（数井みゆき，遠藤利彦編），pp.131-165，ミネルヴァ書房，2007．
52) 北川 恵：養育者支援—サークル・オブ・セキュリティ・プログラムの実践．アタッチメントの実践と応用：医療・福祉・教育・司法現場からの報告（数井みゆき編），誠信書房，2012．
53) 免田 賢：親訓練研究の歴史と展望：効果的プログラムの開発に向けて（その1）．佛教大学教育学部学会紀要，**10**: 63-76, 2011．
54) Hanf C: A two-stage program for modifying maternal controlling during mother-child (MC) interaction. In meeting of the Western Psychological Association, Vancouver, 1969.
55) Barkley RA: Taking charge of ADHD, revised edition: the complete, authoritative guide for parents, Guilford press, 2000.
56) 免田 賢, 伊藤啓介, 大隈紘子ほか：精神遅滞児の親訓練プログラムの開発とその効果に関する研究（原著）．行動療法研究，**21**: 25-38, 1995．
57) 上林靖子, 斉藤万比古, 北 道子：注意欠陥／多動性障害—AD／HD—の診断・治療ガイドライン，じほう，2003．
58) 福丸由佳：CAREプログラムの日本への導入と実践．白梅学園大学教育福祉研究センター研究年報，**14**: 23-28, 2010．
59) Sanders MR: Triple P-Positive Parenting Program: Towards an empirically validated multilevel parenting and family support strategy for the prevention of behavior and emotional problems in children. *Clinical Child and Family Psychology Review*, **2**: 71-90, 1999.
60) Chislett G, Kennett DJ: The effects of the Nobody's Perfect program on parenting resourcefulness and competency. *Journal of Child and Family Studies*, **16**: 473-482, 2007.
61) 森田展彰, 春原由紀, 古市志麻：ドメスティック・バイオレンスに曝された母子に対する同時並行グループプログラムの試み（その1）プログラムの概要と子どもに関する有効性（特集［日本子ども虐待防止学会］第14回学術集会）．子どもの虐待とネグレクト，**11**: 69-80, 2009．
62) 加茂登志子：ドメスティック・バイオレンス被害母子の養育再建と親子相互交流療法 (Parent-Child Interaction Therapy: PCIT)．精神経誌，**112**: 885-889, 2010．
63) Rae Thomas, Melanie J. Zimmer-Gembeck: Behavioral Outcomes of Parent-Child Interaction Therapy and Triple P—Positive Parenting Program: A Review and Meta-Analysis. *J Abnorm Child Psychol*, **35**: 475-495, 2007.

64) Susan G, Timmer Anthony J, Urquiza Nancy M et al.：Parent-Child Interaction Therapy：Application to maltreating parent-child dyads. *Child Abuse & Neglect*, **29**：825-842, 2005.
65) Chaffin M, Silovsky JF, Funderburk B et al.：Parent-Child interaction therapy with physically abusive parents：Efficacy for reducing future abuse reports. *Journal of Consulting and Clinical Psychology Copyright*, **72**：500-510, 2004.
66) Borrego JJr, Gutow MR, Reicher S et al.：Parent-Child interaction therapy with domestic violence populations. *Journal of Family Violence*, **23**：495-505, 2008.
67) Pearl E：Parent-Child interaction therapy with an immigrant family exposed to domestic violence. *Clinical Case Studies*, **7**：25-41, 2008.

各論 II
成人期に
関して

10 性暴力被害と情動制御

10.1 性暴力被害の実態と心身への影響

　性暴力（sexual violence）は心身や生活機能にわたる影響がきわめて深刻な暴力被害の1つであり，全世界的な課題である．世界保健機関（World Health Organization：WHO）の多国間調査によれば，15歳以上の女性で，パートナー以外の他人から受けた性暴力被害の生涯経験率は0.3～12%であったが，パートナーからの性暴力被害の経験率は10～50%であることが報告されている[1]．この調査では，性暴力を「身体的強制や脅しによる被害者の望まない性交あるいは屈辱的な性的行為」と定義しているが，WHOでは本来は性暴力をもっと広い概念「強制や脅し，身体的暴力による性的な行為およびそれを得ようとする行為のすべて（強姦，強姦未遂，強制わいせつ，痴漢，人身売買，性的発言など）であり，加害者はいかなる人（夫や恋人も含まれる）も含まれ，どのような環境（家庭や職場など）における被害も含まれる」[2]としており，このような定義を当てはめた場合，もっと多くの被害者が存在するものと考えられる．性暴力被害の特徴は，暗数（警察など公的機関に通報されない被害数）が多く，実数が十分に把握できないことである．前述のWHOの多国間調査では，日本での親密なパートナーからの性暴力被害の生涯有病率は6.3%とされているが[3]，内閣府男女共同参画局の調査（平成23年度）[4]では，「異性から無理矢理に性交された」経験のある女性は7.8%となっており，またこれらの被害女性の67.9%は誰にも相談していなかったことから，性暴力はなかなかおもてに現れないことがわかる．

　性暴力被害の影響は心身の広範囲にわたってみられる．妊娠，妊娠中絶，性感染症などのリプロダクティブ・ヘルス（reproductive health，性と生殖に関する健康）に関わる問題や，体の痛み（頭痛，下腹部痛など），暴力に伴う身体的負傷を被ることが多い．精神的な問題としては，心的外傷後ストレス障害（posttraumatic stress disorder：PTSD)[5]，うつ病，その他の精神障害，アルコール等薬物関連障害[6]や自殺関連行動の有病率が高いことも報告されている[7]．WHOでは，これらの自殺関連行動だけではなく，妊娠合併症や危険な中絶，AIDS（acquired immunodeficiency syndrome，後天性免疫不全症候群）による死亡のほか，一部の国では名誉の殺人（女性の婚前・婚外交渉（強姦の被害含む）があった女性を家族の名誉をけがしたとして家族が殺害する風習）による死亡をあげており，致死性の高い問題としている[1]．

性暴力被害の中でもレイプ被害者についての研究が多いが，レイプ被害者の反応は生命の危険のあるような他の外傷的出来事の経験者と比べても多様で重度である．Faravelliら[8]は，レイプ被害女性とレイプや性虐待ではない生命の危険のあるような出来事を体験した女性を比較し，PTSD症状のほか，性的欲求の欠如・性的行為への嫌悪，抑うつ気分，性器の疼痛，罪悪感，過食・嘔吐，過眠，パニック発作，失感情症などが有意に多いことを報告した．

また，性暴力は，被害者の認知に与える影響も大きい．トラウマ体験によって，もともと持っていた自己や他者，世界に対する安全や安心，信頼といった認知が損なわれると言われているが[9]，特に性暴力被害では，被害者が強い屈辱感，恥辱感を感じ，「永久に汚れてしまった」「将来結婚や妊娠は望めない」など絶望的な気持ちを抱くことが多い．

このような否定的な認知やPTSD，うつ病などが存在することによって，被害者の社会生活や対人関係に支障が生じやすい．世界や他人に安心感を感じられないために，不安が強く，外出や他人と関わることを避けるようになる．このような不安は周囲の人だけでなく，相談したり支援を求めたりすることへの不安にもつながり，適切な治療や支援を受けられないという問題が生じる．また，性暴力被害者に対しては，レイプ神話と言われる社会的偏見が存在する．このような社会的偏見は被害者に対する2次被害（secondary victimization）をもたらす可能性があり，司法や医療での2次被害が心的外傷後ストレス反応に有害な影響を与えていることが示唆されている[10]．

10.2 性暴力被害者における情動調節の問題

前述したように性暴力被害は被害者の心身および，QOL（quolity of life）に深刻な影響を与える．これらに加えて，情動調節（emotional regulation）の困難

が様々な問題行動 ―― 怒りの爆発，自傷行為など ―― の背景に存在していることが指摘されている[11]．

a. 情動調節とその方略

　情動調節については研究者によって定義が異なっているが，ここでは Gratz と Roemer[12] の定義，「人々が自分の情動を意識し，理解し，受け入れることであり，個人の目的や状況に合わせて衝動的な行動をコントロールし，感情反応を調整する能力」とした．情動調節を行うことは，最終的には情動反応をどのように表出するかということを決めることであり，社会的な存在として私たちが他者やコミュニティと関わるうえできわめて重要である．Gross[13] は，情動調節には多くの方法があるが，特に2つの方法が重要であると述べている．1つは"認知再評価（cognitive reappraisal）"であり，もう1つは"抑圧（suppression）"である．認知再評価は，情動を喚起するような出来事（特に不快な情動）に対する認知を変化させることである．具体的には，知人が挨拶しなかったような出来事に対して，「相手が失礼だ」と認識した場合には怒りを感じ，また「自分に何か嫌われるようなことがあった」と認識すれば悲しみの感情が湧いてくる．しかしこの出来事に対して「急いでいて相手は気づかなかった」と再評価することによって，前述したような感情を感じることが少なくなる．一方，抑圧の場合は，怒りや悲しみの感情を感じてもそれを表出することを抑えたり，あるいは自分自身がそのような感情を感じていることを認めないようにする方略である．両者の方法はともにその結果として，強い感情の表出や行動を示さないことになるが，生理的反応は異なっているということが実験的研究で明らかになっている[14]．不快な出来事に対して，認知再評価を指示された群では，生理学的変化は生じなかったが，抑圧するように指示された群では交感神経系の活動が亢進していた．このことから感情を抑圧することは，表出をコントロールはしても不快な感覚を軽減することができず強いストレスとなることが示された．したがって，不快な出来事に対しては，認知再評価を行うことが有効であると考えられる．

　このような情動調節が，結果として状況にそぐわない行動や反応をきたしたり，あるいは本来の目的（ストレス反応の軽減など）として機能しない場合に"情動調節困難（emotional dysregulation）"が起こっていると考えられる．Cole ら[15] は，情動調節困難については，その臨床的重要性にかかわらず明確に定義されていな

いとし，具体的には，情報や出来事の処理過程の障害，他の処理過程への情動の柔軟な統合の困難，感情体験や表出の不十分なコントロールなどが含まれるとしている．また，情動調節困難は，情動調節を行っていない（あるいは行えていない，unregulated）状態を意味しているわけではなく，情動調節が正常に行えず，非機能的な形で行われていることを意味しているとも述べている[15]．情動調節困難は大きく2つの形——過剰（over）あるいは，過少（under）な情動調節——に分類される[15]．情動調節が過少であった場合には，感情の爆発や衝動的な行為として表現される．一方，情動調節が過剰に行われた場合が，前述した抑圧であり，感情鈍麻や麻痺をきたす場合もある．性暴力被害者においては，被害直後に解離による感情麻痺が見られることがあり，これらは一過性の正常な防御機能として過剰な情動調節が行われたと考えられるが，反応が持続した場合には急性ストレス障害の症状となる．1か月を超えて慢性的に持続している場合には，PTSDの回避・麻痺反応や，解離性障害の一部となり，むしろ非適応的な反応と見なされる．実際，被害直後の情動麻痺を含む解離反応（peritraumatic dissociation）[16]はPTSDの予測因子とされており[17]，一過性には苦痛の軽減には役にたっても，長期的には有効な情動調節とは言えないと考えられる．

b. 性暴力被害者における情動調節の特徴と要因

　性暴力被害はきわめて不快な苦痛を伴う体験であるため，被害者はそのことを考えるのを避けようとする傾向がある．特にPTSDを発症している場合には，思考や感情に対する抑圧（回避症状）が顕著である．Campbell-Sillsら[18]は，不安障害の患者においては，そうでない人よりも不快な体験（例：不快なTV映像を見る）後の否定的な感情を，受け入れがたいと感じ，抑圧することが多いが，その結果，否定的な感情がより強まっていたことを報告している．トラウマ体験は人々を圧倒するような恐怖や無力感をもたらすことから，被害者は自分自身の感情をコントロールできるという自律感が損なわれてしまうため，被害体験の侵入的な記憶とそれに伴う恐怖などの否定的な感情を受け止めることができないと感じ，結果としてそれを抑圧するのではないかと考えられる．PTSDはそのような情動調節の困難が顕著な疾患であるといえるが，その他の不安障害（パニック障害，全般性不安障害など）も性暴力被害者には多く見られる[5]ことから，性暴力被害者では情動調節として抑圧を用いることが多く，むしろ否

定的な感情が持続することが考えられる．

　また，認知再評価を行うにあたっても，出来事に対して"否定的な意味づけ"を行いがちであることが考えられる．トラウマを経験した人では，自己や他者，世界に対する認知が否定的になるとされている．Janoff-Balman ら[9] は人々は，成長の過程で「世界（人や社会）は善なるものである」「世界には意味がある（物事が起きるには何らかの理由がある）」「自分は価値のある存在である」という中核的仮定（core assumption）を有するようになるが，トラウマ体験は，それらの仮定を閉ざしてしまうと述べている．なぜならば，性暴力被害のようなトラウマティックな出来事は，前述した中核的仮定を完全に否定するものであるからである．ほとんどの場合，災害や犯罪，事故のようなトラウマティックな出来事は，突然予測できない形で起こり，私たちに世界は決して安全ではないということを突きつける．また，加害者が存在するような犯罪や事故では，人間が必ずしも善意の存在ではなく，むしろ悪意が存在することを知らされるようになる．ほとんどの場合，犯罪の発生する理由は加害者側の一方的な理由である．また災害や事故は，被害者を特定して発生するわけではないため，世界には意味や理由のない出来事が発生するということに直面することになる．被害者は，これらの出来事に対して適切に対処できなかったという無力感を感じ，自分自身に対する自信や信頼感を失ってしまう．特に性暴力被害は，その性質上中核的仮定に対する侵襲性が高いと考えられる．内閣府の調査では，性暴力被害（異性から無理やりに性交された）の加害者の 76.9% が面識のある人であり，加害者との関係性は，配偶者や元配偶者（面識のある加害者の 36.9%），職場・アルバイトの関係者（15.5%）など親密な関係者が多かった．そのことは，家庭や学校，職場など本来被害者にとって自分を守ってくれる安心な場所で被害が発生し，信頼している人から被害を受けているということを意味している．したがって，被害者は世界や他者は安全ではなく危険なもの，信用してはいけないものとして認知するようになる．Goldsmith ら[19] は，このような親密な関係者によるトラウマは，"betrayal trauma（裏切りによるトラウマ）"であり，より情緒調整の困難をきたすことによって，PTSD 症状や抑うつ，不安症状を悪化させるというモデルを提唱している．

　近親者からの性的暴力は，しばしば幼い頃から繰り返し行われることから，心身の成長過程に影響を与え，その結果，情動調節が困難になることが考えられる．

このような慢性的なトラウマの影響として，"複雑性 PTSD（complex PTSD）[20]"や，"他に特定されない極度のストレス障害（disorders of extreme stress not otherwise specified：DESNOS）[21]"という概念が提唱されている．Cloitre ら[22]は，幼少期に繰り返し，持続するトラウマを体験することが，不安が喚起された状態や怒りの制御の困難や解離症状，攻撃性あるいは回避的な行動を引き起こすが，これらは複雑性 PTSD の症状の一部であると述べている．

　幼少期からの繰り返される性的虐待が情動調節困難を引き起こす理由として，2つのことが考えられる．1つは虐待体験そのものによるストレス反応性や脳神経系の形態・機能の変化である．Nemeroff[23]は，幼少期における性的・身体的虐待などの慢性的なストレスは，副腎皮質ホルモン（ACTH）放出ホルモン（corticotropin-releasing factor：CRF）の過剰分泌を引き起こし，その結果，自律神経系の活性化や末梢のカテコラミンの増加，消化管活動の変化，心拍・血圧の亢進が生じるとしている．このような CRF の過剰な分泌の持続は，自律神経系や HPA 軸におけるストレス反応性そのものを永久的に変化させることで，うつ病や不安障害に対する脆弱性を高める．実際に，幼少期における性的・身体的虐待を経験した成人女性では，非虐待女性に比べ軽度のストレス刺激に対して，ACTH やコルチゾールの反応性が高いことが報告されている[23]．また，De Bellis ら[24]は，虐待を受けて PTSD を発症した児童では，MRI 画像で，頭蓋内および大脳体積と脳梁の面積が非虐待児に比べ小さく，これらの大きさと侵入的思考，回避，過覚醒症状および解離症状の重症度には負の相関があることを示した．このような脳の器質的な変化や HPA 軸，自律神経系におけるストレス反応性の変化は，負の刺激やストレスに対する脆弱性を形成し，不安などの情動反応が大きくなることから制御困難をきたしやすい基盤を作ると考えられる．

　性的虐待における情動調節困難のもう1つの理由はアタッチメントスタイルの不安定さ（あるいは未組織化）である．アタッチメントスタイルと PTSD の症状やその他の精神的障害の重症度についてはいくつかの研究があり，安定したアタッチメント表象を持つ人では，症状が軽度であり，逆に不安定なアタッチメント表象を持っている人では，重度であることが報告されている[25-28]．アタッチメントは，幼少期において主たる養育者との間に形成され，成長過程において他者の影響を受けて，持続するものである[29]．不適切な養育や虐待によってアタッチメントは，不安定型（insecure）となったり，未組織型（disorganized）になる

と考えられている．幼少期のアタッチメントスタイルは，成長してからの対人関係の困難や精神障害への脆弱性の要因となるとされているが，情動調節システムそのものとして機能するとも考えられている[30]．Sroufe[31]は，30年の追跡によるMinessota研究の結果から乳幼児期のアタッチメントスタイルは，成人後の自己回復力の発達，情動調節能力，社会的対処能力などに関連しており，精神病理に対しては潜在的に働くことを述べている．乳幼児期においては，養育者が子どもの情動が喚起された状態をあやしたりすることによって情動を調整するが，次第に子ども自身が自分の情動を調整できるように成長していく．養育者が子どもの情動を適切に捉え，応答する場合，子どものアタッチメントは安定型となる．安定したアタッチメントを有する子どもは，強い情動が喚起された場合でも，自分自身でそれを調整し，また困難な場合には他者に頼ることができると考えられる[30]．一方，不安定なアタッチメントを有する子どもでは，自己の情動への気づきが乏しい，情動が喚起された状態を調整できない，気分が落ち込んだ状態からの回復が困難などの情動調節の困難があることが報告されている[32]．Cloitreら[33]は，幼少期の虐待経験を有する女性109人を対象とした研究で，アタッチメントスタイルは，不良な情動調節を仲介因子として精神障害と関連していることを報告しており，アタッチメントスタイルが情動調節と深く関わっていることを示した．性的虐待に限らないが，被虐待児では約80％が無秩序・無方向性型のアタッチメントに分類されたという報告（コントロール群では19％）[34]もあり，性的虐待者において不安定・無秩序型のアタッチメントが多く見られ，そのことが情動調節を困難にしていると考えられる．

c. 情動調節困難の影響
1) 精神障害のリスク
　前述したように情動調節困難は，PTSDやうつ病などの精神障害のリスク[31,33]となる．Newら[35]は，ネガティヴな情動を引き起こすような写真を提示し，そこで生じた感情を軽減するか，維持するか，増強するかのいずれかの方略を取るよう指示する実験を行った．その結果，性暴力被害を受けていない対象者では，被害女性より感情を減衰させやすく，その際に前頭前野（prefrontal cortex：PFC）の活動がより高進していた．性暴力被害を受けた被害者においては，感情の減衰能力には差はないものの，PTSDを発症していない群では被害を受けてい

ない女性と同じ程度のPFCの活性化が見られた．PFCは刺激に対する認知的処理や楽観性などのレジリエンスに関連しているとされる部位であることから，性被害者においてPFCの機能が十分に機能しない場合に，情動調節が適切に行えず，PTSDの発症につながると考えられる．

また，境界性人格障害では，情動感受性の亢進，高いレベルのかつ不安定な否定的な情動，適切な情動調節戦略の欠如，過剰な非適応的な調整戦略によって構成される情動調節障害が見られ，結果として不安定な対人関係や自傷行為などの衝動行為を起こす[36]とされているが，これらの要素は複雑性PTSDにも共通するものであり，性暴力被害者がしばしば境界性人格障害が併存していると診断されることに関連している[11]．

2) 再被害化のリスク

性暴力被害者では，被害後にまた性暴力を受ける（再被害）のリスクが高いことが報告されている．Walshら[37]の調査では，性的暴力の被害を受けた女性の約50%が再被害を経験しており，再被害の経験者においては，単回の性被害者よりもPTSDの有病率が高いなどその影響が深刻であることが明らかにされた．このような再被害の要因として，性暴力被害者では，危険な状況への認識（risk perception）が乏しいことが指摘されている[38]．Walshら[37]は，再被害と危険な状況への認識の低さを情動調節の困難（情動調節戦略を有効に使えず衝動性のコントロールが悪いこと）が仲介していることを示した．このことから，被害後の情動調節困難を改善することが再被害の防止にもつながる可能性があると言える．

10.3　性暴力被害者の情動調節困難への介入・治療

性暴力被害者においては，情動調節の困難が生じやすく，またこのことが社会機能に影響を与えるだけでなく，PTSDなどの精神障害や再被害化のリスク要因となることから，適切な情動調節が行えるような治療や介入が必要である．

性暴力被害者に多く見られるPTSDに対しては，持続エクスポージャー法[39]に代表されるトラウマに焦点を当てた認知行動療法が有効とされている[40,41]が，これらの治療では，トラウマ体験への暴露が含まれるために，暴露によって喚起された情動をある程度コントロールできることが求められる．したがって，情動調節の困難を抱えた被害者においては，情動調節の改善を行う要素があ

ることが，より治療効果を上げる上で重要であると考えられる．Resickら[42]は，PTSDの治療として，認知再構成を中心的な要素とした認知処理法（cognitive processing therapy：CPT）を開発し，性暴力被害者のPTSDにおいて有効であることを報告している．CPTを複雑性PTSDの患者に適応した結果でも，PTSD症状，うつ症状，自己認識の問題などの複雑性PTSDの症状の改善が認められたと報告しており[43]，トラウマによって否定的な方向で行われていた認知再評価をより適切な方法で行うことで，情動調節の改善にも寄与したのではないかと考えられる．

Cloitreら[44]は，性的虐待を受けたPTSD患者の情動調節の問題がBPDと共通していることから，BPDに有効とされている弁証法的行動療法（dialectical behavioral therapy：DBT）[45]の要素を取り入れた治療法（skills training in affect and interpersonal regulation：STAIR）を開発し，性的虐待を経験した患者のPTSD症状の改善に有効であったことを報告している．PTSDの治療において，まず最初にSTAIRS（マインドフルネスの要素を取り入れた情動調節および対人関係のトレーニング）を行い，その後，ナラティブ（narrative，物語）によるトラウマ暴露を行うことで，暴露における症状の悪化や対人関係の問題を抑制できたことを示した．

また近年，災害やテロなど集団のトラウマ的出来事に対しては，心理学的応急処置（psychological first aid：PFA）などの非侵襲的で現実的な対応が推奨されている[46,47]．PFAは，被害（災害）後急性期で，被害（災）者に現実的な問題への対応や必要とする情報，安心や安全の提供を通して，被害（災）者が落ち着きと自己コントロール感を回復できることを促進するものである[48]．このような対応は，被害者が自分の状態を理解し，対処することを助け，被害者の情動が喚起された状態を早く安定に導くことから，情動調節機能の回復の上でも有用であると考えられる．PFAは集団を対象としており，個人の犯罪被害者にそのまま適応できるわけではないが，日本でも警察や民間の被害者支援団体（早期援助団体）では同じように非侵襲的な心理社会的支援が行われている．しかし，性暴力被害者はなかなか警察や相談機関に相談できないことが問題である．ケアを提供するにあたり，被害者が相談しやすい機関や啓発が必要とされている．欧米や韓国などでは，被害者が相談しやすいように24時間のホットラインを備えたワンストップセンターの設置が行われており，1か所で相談や産婦人科のケア，証拠採取，事

情聴取などを行うことができる．日本でも犯罪被害者等基本計画において，性暴力被害者への支援に重点がおかれており，警察のモデル事業や民間団体によって，少しずつ性暴力被害者に対するワンストップ支援センターが増えてきている．

おわりに

性暴力被害者では，被害後に情動調節が困難な状態があり，そのことが対人関係や社会機能の障害，感情の爆発，精神障害の発症，再被害化に結びついていると考えられる．性暴力被害者に見られる情動調節困難は，PTSD 症状でもある否定的な感情の抑制（回避）や，トラウマによって生じた否定的な認知に基づく認知再評価などの非機能的な方略によって強化されている可能性がある．しかし，幼少期からの性的虐待の被害者では，不安定なアタッチメントスタイルの形成や，HPA 軸や自律神経系などのストレス反応性の変化や，脳の形態の変化など器質的・生理学的なレベルでの情動調節困難が存在しているため，自傷行為や衝動的行為などより深刻な行動面の障害をきたしている場合がある．情動制御困難は，トラウマに焦点を当てた PTSD 治療での症状の悪化のリスクがあるため，STAIR のような情動調節スキルを学習するプログラムを付加することが有用である．

性暴力被害による情動調節困難とそれに関連する障害を軽減するためには，被害後急性期から安心や安全を提供する支援が有用と思われるが，被害者がなかなか相談できない現状にある．まずは，被害者が安心して相談できる機関・システムの構築が求められている．

［中島聡美］

文　献

1) World Health Organization: Understanding and addressing violence against women. Genova: World Health Organization, 2012.
2) World Health Organization: Violence against women—Intimate partner and sexual violence against women. Geneva: World Health Organization, 2011.
3) World Health Organization: WHO multi-country study on women's health and domestic violence against women: summary report of initial results on prevalence, health outcomes and women's responses. Geneva: World Health Organization, 2005.
4) 内閣府男女共同参画局：男女間における暴力に関する調査報告書〈概要版〉．内閣府男女共同参画局，2009．
5) Boudreaux E, Kilpatrick DG, Resnick HS et al.: Criminal victimization, posttraumatic stress disorder, and comorbid psychopathology among a community sample of women. *J*

Trauma Stress, **11**：665-678, 1998.
6) Kilpatrick DG, Edmunds CN, Seymour AK：Rape in America：A Report to the Nation, vol. 16, Arlington VA：National Victim Center & Medical University of South Carolina, 1992.
7) Kilpatrick DG, Otto RK：Constitutionally guaranteed participation in criminal proceedings for victims：Potential effects on Psychological.
8) Faravelli C, Giugni A, Salvatori S et al.：Psychopathology after rape. *Am J Psychiatry*, **161**：1483-1485, 2004.
9) Janoff-Bulman R：Shattered assumptions：Towards a new psychology of trauma. New York：The Free Press, 1992.
10) Campbell R, Sefl T, Barnes HE et al.：Community services for rape survivors：enhancing psychological well-being or increasing trauma? *J Consult Clin Psychol*, **67**：847-858, 1999.
11) van der Kolk BA：The complexity of adaptation to trauma：self-regulation, stimulus discriminaltion, and characterological development. In van der Kolk BA, McFarlane A C, Weisaeth L (eds), Traumatic stress The effects of overwhelming experience on mind, body, and society, New York, London, The Guilford Press, 1996.
12) Gratz K, Roemer L：Multidimensional assessment of emotion regulation and dysregulation：Development, factor structure,and initial validation of the difficulties in emotion regulation scale. *J Psychopathol Behavioral Assessment*, **26**：41-54, 2004.
13) Gross JJ：Emotion regulation：affective, cognitive, and social consequences. *Psychophysiology*, **39**：281-291, 2002.
14) Gross JJ：Antecedent- and response-focused emotion regulation：divergent consequences for experience, expression, and physiology. *J Pers Soc Psychol*, **74**：224-237, 1998.
15) Cole PM, Michel MK, Teti LO：The development of emotion regulation and dysregulation：a clinical perspective. *Monogr Soc Res Child Dev*, **59**：73-100, 1994.
16) Marmar CR, Weiss DS, Metzler T：The peritraumatic dissociative experiences questionnaire. In Wilson JP, Keane TM (eds), Assessing Psychological trauma and PTSD, New York：The Guilford Press, pp. 412-428, 1997.
17) Ozer EJ, Best SR, Lipsey TL et al.：Predictors of posttraumatic stress disorder and symptoms in adults：a meta-analysis. *Psychol Bull*, **129**：52-73, 2003.
18) Campbell-Sills L, Barlow DH, Brown TA et al.：Acceptability and suppression of negative emotion in anxiety and mood disorders. *Emotion*, **6**：587-595, 2006.
19) Goldsmith RE, Chesney SA, Heath NM et al.：Emotion regulation difficulties mediate associations between betrayal trauma and symptoms of posttraumatic stress,depression, and anxiety. *J Trauma Stress*, **26**：376-384, 2013.
20) Herman JL：Trauma and Recovery, Basic Books, 1997.
21) Pelcovitz D, van der Kolk BA, Roth S et al.：Development of a criteria set and a structured interview for disorders of extreme stress (SIDES). *J Trauma Stress*, **10**：3-16, 1997.
22) Cloitre M, Stolbach BC, Herman JL et al.：A developmental approach to complex PTSD：childhood and adult cumulative trauma as predictors of symptom complexity. *J Trauma Stress*, **22**：399-408, 2009.

23) Nemeroff CB : Neurobiological consequences of childhood trauma. *J Clin Psychiatry*, **65** (Suppl 1) : 18-28, 2004.
24) De Bellis MD, Keshavan MS, Clark DB et al. : A.E. Bennett Research Award. Developmental traumatology. Part II : Brain development. *Biol Psychiatry*, **45** : 1271-1284, 1999.
25) Dekel R, Solomon Z, Ginzburg K et al. : Long-term adjustment among Israeli war veterans : The role of attachment style. Anxiety, Stress & Coping. *An International Journal*, **17** : 141-152, 2004.
26) Fraley RC, Fazzari DA, Bonanno GA et al. : Attachment and psychological adaptation in high exposure survivors of the September 11th attack on the World Trade Center. *Pers Soc Psychol Bull*, **32** : 538-551, 2006.
27) Stalker CA, Gebotys R, Harper K : Insecure attachment as a predictor of outcome following inpatient trauma treatment for women survivors of childhood abuse. *Bull Menninger Clin*, **69** : 137-156, 2005.
28) Twaite JA, Rodriguez-Srednicki O : Childhood sexual and physical abuse and adult vulnerability to PTSD : the mediating effects of attachment and dissociation. *J Child Sex Abus*, **13** : 17-38, 2004.
29) Bowlby J : Attachment and Loss, Vol. 2. Separation, Basic Books, 1973.
30) 坂上裕子：情動制御システムとしてのアタッチメント．アタッチメント生涯にわたる絆（数井みゆき，遠藤利彦編），pp. 42-44，ミネルヴァ書店，2005.
31) Sroufe LA : Attachment and development : a prospective, longitudinal study from birth to adulthood. *Attach Hum Dev*, **7** : 349-367, 2005.
32) Shields A, Cicchetti D : Emotion regulation among school-age children : the development and validation of a new criterion Q-sort scale. *Dev Psychol*, **33** : 906-916, 1997.
33) Cloitre M, Stovall-McClough C, Zorbas P et al. : Attachment organization, emotion regulation, and expectations of support in a clinical sample of women with childhood abuse histories. *J Trauma Stress*, **21** : 282-289, 2008.
34) Carlson V, Cicchetti DV, Barnett D et al. : Disorganized/dioriented attachment relationships in maltreated infants. *Developmental Psychology*, **65** : 525-531, 1989.
35) New AS, Fan J, Murrough JW et al. : A functional magnetic resonance imaging study of deliberate emotion regulation in resilience and posttraumatic stress disorder. *Biol Psychiatry*, **66** : 656-664, 2009.
36) Carpenter RW, Trull TJ : Components of emotion dysregulation in borderline personality disorder : a review. *Curr Psychiatry Rep*, **15** : 335, 2013.
37) Walsh K, DiLillo D, Messman-Moore TL : Lifetime sexual victimization and poor risk perception : does emotion dysregulation account for the links? *J Interpers Violence*, **27** : 3054-3071, 2012.
38) VanZile-Tamsen C, Testa M, Livingston JA : The impact of sexual assault history and relationship context on appraisal of and responses to acquaintance sexual assault risk. *J Interpers Violence*, **20** : 813-832, 2005.
39) Foa EB, Dancu CV, Hembree EA et al. : A comparison of exposure therapy, stress inoculation training, and their combination for reducing posttraumatic stress disorder in female assault victims. *J Consult Clin Psychol*, **67** : 194-200, 1999.
40) Bisson JI, Ehlers A, Matthews R et al. : Psychological treatments for chronic post-

traumatic stress disorder. Systematic review and meta-analysis. *Br J Psychiatry*, **190**: 97-104, 2007.
41) National Institute for Health and Clinical Excellence. Posttraumatic stress disorder The management of PTSD in adults and children in primary and secondary care. London/Leicester: Gaslell and British Psychological Society, 2005.
42) Resick PA, Schnicke MK: Cognitive processing therapy for sexual assault victims. *J Consult Clin Psychol*, **60**: 748-756, 1992.
43) Resick PA, Nishith P, Griffin MG: How well does cognitive-behavioral therapy treat symptoms of complex PTSD? An examination of child sexual abuse survivors within a clinical trial. *CNS Spectr*, **8**: 340-355, 2003.
44) Cloitre M, Stovall-McClough KC, Nooner K et al.: Treatment for PTSD related to childhood abuse: a randomized controlled trial. *Am J Psychiatry*, **167**: 915-924, 2010.
45) Linehan MM, Comtois KA, Murray AM et al.: Two-year randomized controlled trial and follow-up of dialectical behavior therapy vs therapy by experts for suicidal behaviors and borderline personality disorder. *Archives of General Psychiatry*, **63**: 757-766, 2006.
46) Australian Centre for Posttraumatic Mental Health: Australian guidelines for the treatment of adult with acute stress disorder and posttraumatic stress disorder Melbourne: Australian Centre for Posttraumatic Mental Health, 2007.
47) Foa EB, Keane TM, Friedman MJ et al.: Effective treatment of PTSD, 2nd Ed, Guilford Press, 2009.
48) World Health Organization: War Trauma Foundation and World Vision International. Psychological First Aid: Guide for field workers. Geneva: WHO, 2011.

11 トラウマと適応障害

11.1 適応障害の定義

適応障害（adjustment disorders）は，ストレス因子に反応して情動面・行動面での多彩な症状が出現し，ストレス因子が終結すると，症状が長引くことなく改善することを特徴とする疾患である．

精神障害の診断分類は，世界保健機関（WHO）による国際疾病分類（International Classification of Disorders：ICD），アメリカ精神医学会（American Psychiatric Association）による DSM（Diagnostic and Statistical Manual of Mental Disorders）によって国際的に定められてきた．「適応障害」という診断名は，DSM-II（1968年）および ICD-9（1978年）から採用され，最新版でもICD-10（1992年）[1]，DSM-5（2013年）[2] の双方において採用されている．

ICD-10 において，適応障害は「神経症性障害，ストレス関連障害および身体表現性障害」（F4）に分類され，「重度ストレス反応および適応障害」（F43）として，急性ストレス反応（acute stress reaction：ASR；F43.0），心的外傷後ストレス障害（posttraumatic stress disorder：PTSD；F43.1）とともに含まれている（F43.2）．ストレスの性質は，適応障害では「重大な生活の変化…あるいはストレスの多い生活上の出来事（身体の病気の存在あるいはその可能性を含む）」と定義されている．一方，ASR では「例外的に強い身体的および／または精神的ストレス」，PTSD では「ほとんど誰にでも大きく苦悩を引き起こすような，例外的に著しく脅威的な，あるいは破局的な性質を持った，ストレスの多い出来事あるいは状況」と定義され，ストレスの性質および度合いがきわめて顕著である時のみ診断することになっている．

DSM において，適応障害の扱いは変遷を続けている．1994年に発刊された前版，DSM-IV-TR[3] において，適応障害は18個よりなる診断カテゴリーのう

ちの1つのカテゴリー「15.適応障害(309)」となっていた．他の診断から独立した個別の障害となっていたことから，気分障害や急性ストレス障害(acute stress disorder：ASD)，PTSDなどの診断基準を満たさない場合に適用する最終的診断，いわゆる「ごみ箱診断」的な位置づけにあり，その曖昧さに批判が唱えられてきた[4]．他方，DSM-5では22個の診断カテゴリーのうち，「7.心的外傷およびストレス因関連障害群(trauma- and stressor-related disorders)」に「適

表11.1　DSM-IV-TRにおける適応障害の診断基準[3]

A. はっきりと確認できるストレス因子に反応して，そのストレス因子の始まりから3か月以内に情緒面または行動面の症状が出現
B. これらの症状や行動は臨床的に著しく，それは以下のどちらかによって裏づけられている．
　(1) そのストレス因子に暴露された時に予測されるものをはるかに超えた苦痛
　(2) 社会的または職業的（学業上の）機能の著しい障害
C. ストレス関連性障害は他の特定のI軸障害の基準を満たしていないし，すでに存在しているI軸障害またはII軸障害の単なる悪化でもない．
D. 症状は，死別反応を示すものではない．
E. そのストレス因子（またはその結果）がひとたび終結すると，症状がその後さらに6か月以上持続することはない．
➤ 該当すれば特定せよ
急性　症状の持続期間が6か月未満の場合
慢性　症状の持続期間が6か月以上の場合．定義により，症状はストレス因子またはその結果が終結した後6か月以上持続することはない．したがって，慢性という特定用語は，慢性のストレス因子または結果が長く続くようなストレス因子に反応して，その障害が6か月以上持続している場合に適用される．
◆適応障害は，主要な症状に従って選択した病型に基づいてコード番号がつけられる．特定のストレス因子はIV軸で特定することができる．
　309.0　抑うつ気分を伴うもの：優勢にみられるものが，抑うつ気分，涙もろさ，または絶望感などの症状である場合
　309.24　不安を伴うもの：優勢にみられるものが，神経質，心配，または過敏などの症状，または子供の場合には主要な愛着の対象からの分離に対する恐怖の症状である場合
　309.28　不安と抑うつの混合を伴うもの：優勢にみられるものが，不安と抑うつの混合である場合
　309.3　行為の障害を伴うもの：優勢にみられるものが，他人の権利，または年齢相応の主要な社会的規範や規則を犯す行為の障害（例：無段欠席，破壊，無謀運転，喧嘩，法的責任の不履行）である場合
　309.4　情緒と行為の混合した障害を伴うもの：優勢にみられるものが，情緒的症状（例：抑うつ，不安）と行為の障害（上記の病型を参照）の両方である場合
　309.9　特定不能：ストレス因子に対する不適応的な反応（例：身体的愁訴，社会的引きこもり，または職業上または学業上の停滞）で，適応障害のどの特定の病型にも分類できないもの

応障害（309）」として含まれ，あらゆる性質・強度のストレス因子に暴露された後で起こるストレス反応症候群の一亜型として再概念化された．なおこのカテゴリーには反応性アタッチメント障害／反応性愛着障害（313.89），脱抑制型対人交流障害（313.89），心的外傷後ストレス障害（309.81），急性ストレス障害（308.3）などが含まれているが，診断コードはDSM-IVのそれを流用しているため，診断カテゴリー内のコードはまちまちとなっている．

［注：PTSDはDSM-IVでは「外傷後ストレス障害」，DSM-5では「心的外傷後ストレス障害」と訳されているが，本章では同義に扱う．］

DSM-IVにおける適応障害（表11.1）は，「はっきりと確認できるストレス因子に反応して，そのストレス因子の始まりから3か月以内に情緒面または行動面

表11.2 DSM-5における適応障害の診断基準[2]**

A. はっきりと確認できるストレス因子に反応して，そのストレス因の始まりから3か月以内に情緒面あるいは行動面の症状が出現
B. これらの症状や行動は臨床的に意味のあるもので，それは以下の1つまたは両方の証拠がある．
　(1) 症状の重症度や表現型に影響を与えうる外的文脈や文化的要因を考慮に入れても，そのストレス因に不釣り合いな程度や強度を持つ著しい苦痛
　(2) 社会的，職業的，または他の重要な領域における機能の重大な障害
C. そのストレス関連障害は他の精神障害の診断基準を満たしていないし，すでに存在している精神疾患の単なる悪化でもない．
D. その症状は正常の死別反応を示すものではない．
E. そのストレス因，またはその結果がひとたび終結すると，症状がその後さらに6か月以上持続することはない．
➢ 該当すれば特定せよ
　急性：その障害の持続が6か月未満
　持続性（慢性）：その障害が6か月またはより長く続く
➢ いずれかを特定せよ
　309.0(F43.21)　抑うつ気分を伴う：優勢にみられるものが，落ち込み，涙もろさ，または絶望感である場合
　309.24(F43.22)　不安を伴う：優勢にみられるものが，神経質，心配，過敏，または分離不安である場合
　309.28(F43.23)　不安と抑うつ気分の混在を伴う：優勢にみられるものが，抑うつと不安の組み合わせである場合
　309.3(F43.24)　素行の障害を伴う：優勢にみられるものが，素行の異常である場合
　309.4(F43.25)　情動と素行の障害の混合を伴う：優勢にみられるものが，情動的症状（例：抑うつ，不安）と素行の異常の両方である場合
　309.9(F43.20)　特定不能：適応障害のどの特定の病型にも分類できない不適切な反応である場合

の症状が出現」することが診断の前提となり，この点はDSM-5の診断基準（表11.2）においても追従されている．「抑うつ気分を伴う」「不安症状を伴う」「不安と抑うつ気分の混合を伴う」「素行の障害を伴う」「情動と素行の障害の混合を伴う」「特定不能」からなる下位診断もおおむね同様に保持されている．

11.2 適応障害の診断の困難さ

DSM-IVからDSM-5に向けて適応障害の概念の整理が進んだとはいえ，適応障害に特異的な症状はない．他疾患との独立性について，ICD-10では「いずれの症状もそれ自体では，より特異的診断を正当化するほどの十分な重篤度あるいは顕著さを示さない」，DSM-5では「ストレス関連性障害は他の精神障害の診断基準を満たさず，すでに存在している精神障害の単なる悪化でもない」と定められている．すなわち，診断の定義として曖昧な点があり，臨床現場での診断を難しくしている．

表11.3 PTSDにおけるトラウマ的出来事の定義の概略[1-3]

診断基準	定義文
ICD-10	ほとんど誰にでも大きく苦悩を引き起こすような，例外的に著しく脅威的な，あるいは破局的な性質を持った，ストレスの多い出来事あるいは状況（短期間もしくは長期間に持続するもの）…（すなわち，自然災害や人工災害，激しい事故，他人の変死の目撃，あるいは拷問，テロリズム，強姦あるいはほかの犯罪の犠牲になること）
DSM-IV	その人は，以下の2つがともに認められる外傷的な出来事に暴露されたことがある． 1) 実際にまたは危うく死ぬまたは重症を負うような出来事を，1度または数度，あるいは自分または他人の身体の保全に迫る危険を，その人が体験し，目撃し，または直面した． 2) その人の反応は強い恐怖，無力感または戦慄に関するものである．
DSM-5	実際にまたは危うく死ぬ，重傷を負う，性的暴力を受ける出来事への，以下のいずれか1つ（またはそれ以上）の形による曝露： 1) 心的外傷的出来事を直接体験する． 2) 他人に起こった出来事を直に目撃する． 3) 近親者または親しい友人に起こった心的外傷的出来事を耳にする（中略）． 4) 心的外傷的出来事の強い不快感を抱く細部に，繰り返しまたは極端に曝露される体験をする（例：遺体を収集する緊急対応要員，児童虐待の詳細に繰り返し曝露される警官）． 注：基準4)は，仕事に関連するものでない限り，電子媒体，テレビ，映像，または写真による曝露には適用されない．

たとえば，明確なストレス因に引き続いて抑うつ気分が一定期間生じている場合，抑うつ気分を伴う適応障害として診断するのか，うつ病などの気分障害圏として診断するのか，鑑別が困難な場合が多々ある．うつ病エピソードを明確に満たす症例は，ICD-10 にせよ DSM-5 にせよ気分障害として診断され，適応障害と重複診断されない．実際には，ストレス因子の関与が明らかで，適応障害の範疇ではないかという症例も少なくないが，ストレス因子が終結後の反応を予測することは誰にもできない．もしこの症例が適応障害だった場合，ストレス因子の終結で改善するにもかかわらず，必要以上の治療や労力が費やされることを懸念する意見もある[4]．一方で，症例によっては，経過とともに適応障害から気分障害へ移行する例も多々ある．

さらに，ストレス因の評価がトラウマ的であるか否かも診断にばらつきが生じうる要因となる．PTSD の診断に際して，トラウマ的出来事は ICD-10，DSM-IV，DSM-5 それぞれにおいて定義されているが，これらの間においてすら，ばらつきが生じている（表 11.3）．適応障害の原因となりうるストレスは，日常生活上で起こりうるものから，非現実的で破滅的な性質のものでもありうる．このような中，診断の段階において，PTSD の範疇なのか適応障害の範疇なのか，混乱が生じやすいことになっている．

11.3　ストレス体験への脆弱性

ストレス体験は適応障害を発症させる必須条件である．その体験がトラウマ的出来事といえる場合には，ASD や PTSD など，様々な精神疾患へと発展しうる．しかし，トラウマ的出来事を経験した者においても，すべての者が PTSD を生じるのではなく，大部分は完全に回復する．適応障害においては，この点がより歴然としており，ICD-10 の適応障害の診断基準においても，「個人的素質あるいは脆弱性は他のストレス関連障害よりも，適応障害の発症の危険性と症状の形成においてより大きな役割を演じている」と記されている．すなわち，どのような内容のどの程度のストレスが影響を及ぼしうるのかには個人差が著しい．このような適応障害のストレス脆弱性の検証は，十分に進んでいないのが現状である．他方，PTSD は発症機序が徐々に解明されつつあり，生まれ持った遺伝子要因に加えて，環境要因という後天的要因が重なり合い，発症に寄与していることが示されている（gene×environment interaction，遺伝子・環境相関）[5-7]．

たとえば，先天的要因と環境との関連として，遺伝子の発現とストレス環境の相互的な影響があげられている[5]．特に，セロトニン輸送体遺伝子であるSLC6A4の多形性領域（5-HTTLPR）の多様性がストレス感受性と関わっているのではないかと唱えられ，PTSDだけでなく，うつ病などとの関連が報告されている[5,6]．PTSDにおいては，トラウマ体験の数が3回以上の場合，5-HTTLPRのLA対立遺伝子数が多いほどPTSDの発現率が高かったと報告されている[6]．適応障害においても，遺伝的な脆弱性と，ストレス体験の数や期間が影響し合うことは予想される．また一方で，トラウマ体験そのものが，その後起こるストレス体験への適応に影響を及ぼす可能性についても，以前より指摘がある[7]．

11.4　複数回のストレス体験と脆弱性：がん患者におけるトラウマ反応

人は生きている限り，ストレス曝露から逃れることがないのは自明である．さらに，心的外傷的出来事体験も複数回見られることがある．虐待とDVなどの体験が重なる場合はよく見られるし，過去に大地震で被災した人が交通事故に遭うこともある．どちらにせよ，2回目以降のトラウマ体験への反応は，過去のトラウマ体験の種類と，それにどのように反応し，対処し，どのような経過をたどったかによって異なると思われる．過去のトラウマによる慢性症状および長期的な影響が「脆弱性」をもたらすものであった場合，現在のトラウマに適応していく能力は低くなるのではないか，という予測ができる．これについて，がん患者などの研究をとりあげながら考えていきたい．

がん患者の経験は，単回の体験とは異なり，がんであるかどうかの不安から，告知，治療の困難による苦しみ，経過観察中の再発の不安，再発，身体機能の低下などの複数のストレス体験が絡み合いながら長期間に繰り返されることが特徴的である[8-10]．この点は，交通事故のように，期間終了が明確なストレス体験とは異なる[10]．また，がんの進行や再発は個人や時期によって異なり，現実的に起こりうる可能性が十分にあり，持続する脅威となっている．患者の懸念は，過去や現在よりも，将来の再発，がんの信仰，死などの将来に向いていることが多い．そして，がんそのものの症状（痛みによる過覚醒，焦燥・不安・集中困難など）や，治療の影響（薬物療法，手術，放射線治療など）が，ストレス関連障害症状との鑑別が困難である[10]．そのため，ストレス関連障害の診断基準をがんにそのまま

適用することに議論の余地があるとの指摘もある[9]．

11.5 がん患者におけるストレス関連障害の有病率

　がん患者において，構造化面接で診断されるPTSDの有病率は高くはない（3～25%）ものの，PTSDの部分症状を認める症例はそれより多く（11～37%），診断には至らない部分PTSDは比較的多いと報告されている[10]．がん患者を対象とした94もの対面式研究をまとめたメタアナリシス（meta-analysis）[11]において，緩和ケア群における適応障害単独の有病率は15.4%，非緩和ケア群においては19.4%であった．しかし，対象者の30～40%には，複数の精神障害が合併し，この傾向は緩和ケア群と非緩和ケア群の間に有意差はなかった．これより，がんによるストレス反応は，PTSDにせよ適応障害にせよ，単独の疾患として発現するとは限らず，複数の診断基準を満たす症状が発現しうることが示唆されている．

　乳がん患者74名のPTSD，PTSD症状，並存疾患について詳しく検証した研究がある[12]．乳がん手術を受けた患者が18か月の経過観察の後に，癌関連PTSDのスクリーニングを受けた．これらの患者は診断的面接によって評価され，12名のPTSD，5名のPTSD症状を完全には満たさない「亜症候群性」PTSD，47名の非患者群に分けられた．がんによるPTSD症例は，がん罹患前のトラウマ体験と不安障害が先行していることが特徴であったが，また，気分障害や薬物乱用も先行していた．亜症候群性PTSD症例はトラウマ体験との優位な関連はなかったが，気分障害と薬物乱用の割合がPTSD症例と非患者群との中間に位置しており，これらとの関係が示唆された．また，縦断的な経過によると，PTSD症例は患者の中で社会機能や生活の質がより劣っていた．また，PTSDと亜症候群性PTSDは，仕事の長期欠席とメンタルヘルスサービスを求める傾向があった．

　小児がん生存者6,542名と同胞368名を調べた研究[13]では，PTSDの全症状を満たした者は生存者589名(9%)，同胞(2%)で，前者が後者に比べて4.1倍（オッズ比：4.14，95%信頼区間：2.08～8.25）有意に高率だった．また，多変量解析におけるPTSDのリスク要因は低学歴，独身であること，低収入，無職であること，高額医療を要したことだった．

　これらの研究をまとめると，がんとPTSDとの関連因子については，他のがん以外のトラウマと共通するものと，がん固有のものがある（表11.4）．共通す

表 11.4 がん患者における PTSD のリスク関連因子

がん以外の PTSD 例と共通する因子	がん患者特有の因子
・低い教育歴 ・低収入 ・心的外傷の前歴 ・否定的ライフイベント ・元々の心理社会機能の低さ ・経済的困窮 ・家族の機能不全 ・ソーシャルサポートの不足を感じている ・過大な要求や批判などを受ける ・神経症的性格傾向 ・トラウマの強度の高さ ・遺伝負因	・診断や治療から時間的に近い ・治療の強度 ・再発 ・がんの進行度 ・入院の長期化 ・罹患前の不良な身体・精神状態 ・過去のストレスフルな体験

る関連因子としては，低い教育歴，低収入，心的外傷の前歴，否定的ライフイベント，元々の心理社会機能の低さ，経済的困窮，家族の機能不全，ソーシャルサポートの不足，過大な要求や批判などを受けること，神経症的性格傾向，トラウマの強度の高さ，遺伝負因などがあげられる．また，がん特有の関連因子としては，診断や治療から時間的に近い，治療の強度，再発，がんの進行度，入院の長期化，罹患前の不良な身体・精神状態，過去のストレスの多い体験などがあげられる．また，第2次世界大戦中ナチスによるホロコースト生存者の親を持つ乳がん患者は，対照群と比較してPTSD症状が強かったという報告があり，トラウマ体験による脆弱性が世代間を伝達する可能性も示されている[14]．これらは，いずれも遺伝子環境相関を示唆するものであろう．

11.6 適応障害とトラウマとの関係

適応障害は，操作的診断基準の中でも立ち位置が定まっておらず，その症状群の均質性，他診断との独立性，臨床的意義などあらゆる面から議論が絶えない，明確とは言い難い診断概念である[4,15]．一方で，日常のストレスによる反応から，心的外傷的出来事といえる甚大なストレスによるPTSDまでのストレス反応の連続性を包括する概念でもある．PTSDの発症機序として唱えられている遺伝子環境相関は適応障害のメカニズムを理解する上でも重要であろう．DSM-IVからDSM-5への改訂に従い，その概念は少しずつ整理されつつある．今後，これらの疑問に答えるための検証がますます求められる．　　　　[栁井由美・重村　淳]

文　　献

1) World Health Organization：The ICD-10 classification of mental and behavioural disorders, clinical descriptions and diagnostic guidelines. World Health Organization, 1992. 融　道男，中根允文，小見山実監訳：ICD-10 精神および行動の障害，医学書院，1993.
2) American Psychiatric Association：Diagnostic and statistical manual of mental disorders 5th Ed, American Psychiatric Association, 2014. 日本精神神経学会監修，高橋三郎，大野　裕監訳：DSM-5 精神疾患の診断・統計マニュアル，医学書院，2014.
3) American Psychiatric Association：Diagnostic and statistical manual of mental disorders, 4th Ed text revision, American Psychiatric Association, 2000. 高橋三郎，大野　裕，染谷俊幸訳：DSM-IV-TR 精神疾患の診断・統計マニュアル，医学書院，2002.
4) Casey P, Dowrick C, Wilkinson G：Adjustment disorders：Fault line in the psychiatric glossary. *Br J Psychiatry*, **179**, 479-481, 2001.
5) Caspi A, Hariri AR, Holmes A et al.：Genetic sensitivity to the environment：the case of the serotonin transporter gene and its implications for studying complex diseases and traits. *Am J Psychiatry*, **167**, 509-27, 2010.
6) Grabe HJ, Spitzer C, Schwahn C et al.：Serotonin transporter gene (SLC6A4) promoter polymorphisms and the susceptibility to posttraumatic stress disorder in the general population. *Am J Psychiatry*, **166**：926-933, 2009.
7) Mehtaa D, Binder EB：Gene×environment vulnerability factors for PTSD：The HPA-axis. *Neuropharmacology*, **62**：654-662, 2012.
8) 柏倉美和子，松岡　豊，稲垣正俊ほか：がんと PTSD (Posttraumatic Stress Disorder). 臨床精神医学増刊号，213-219, 2002.
9) 松岡　豊，大園秀一：がんと PTSD. こころの科学，**129**：83-88, 2006.
10) 和田　信，和田知未，金吉晴：がん患者における心的外傷と PTSD. トラウマティック・ストレス，**9**：72-79, 2011.
11) Mitchell AJ, Chan M, Bhatti H et al.：Prevalence of depression, anxiety, and adjustment disorder in oncological, haematological, and palliative-care settings：a meta-analysis of 94 interview-based studies. *Lancet Oncol*, **12**：160-74, 2011.
12) Shelby RA, Golden-Kreutz DM, Anderson BL：PTSD diagnoses, subsyndromal symptoms, and comorbidities contribute to impairments for breast cancer survivors. *J Trauma Stress*, **21**：165-172, 2008.
13) Stuber ML, Meeske KA, Krull KR et al.：Prevalence and predictors of posttraumatic stress disorder in adult survivors of childhood cancer：a report from the childhood cancer survivor study. *Pediatrics*, **125**：e1124-e1134, 2010.
14) Baider L, Peretz T, Hadani PE et al.：Transmission of response to trauma? Second-generation Holocaust survivors' reaction to cancer. *Am J Psychiatry*, **157**：904-910, 2000.
15) Carta MG, Balestrieri M, Muuru A et al.：Adjustment disorder：epidemiology, diagnosis and treatment. *Clin Pract Epidemiol Ment Health*, **5**：15, 2009.
16) Hantman S, Solomon Z：Recurrent trauma：Holocaust survivors cope with aging and cancer. *Soc Psychiatry Psychiatr Epidemiol*, **42**：396-402, 2007.

12 トラウマと自傷・自殺

　自己破壊的行動の多くが，激しく情動を揺さぶるイベントを契機として生じる．たとえば，自殺——致死的な意図と致死性予測に基づいて故意に自らの身体を傷つける行動——の最終的な誘因となるのは何らかの喪失体験であると言われている[1]．その「喪失」には，重要他者との決別や関係性の破綻はもとより，自分にとって価値のあるもの，すなわち夢や希望，生きがいといったものを失うことも含まれる．また，非自殺性自傷（non-suicidal self-injury：NSSI）——自殺以外の意図からなされる故意による軽度の身体損傷——においても，重要他者との葛藤や期待が裏切られて失望する体験，そしてそれらが引き起こす感情的苦痛が契機となって生じることが少なくない[2]．そう考えてみれば，それが家庭内における養育者からの虐待であれ，性犯罪であれ，戦争体験であれ，自然災害であれ，トラウマ体験と呼ばれる悲惨なイベントに暴露されることと自傷や自殺との関連は，誰でも直感的に理解できるはずである．

　しかし問題は，そのような悲惨なイベントに遭遇した者のすべてが自傷や自殺に及ぶわけではない，という点にある．我々が両者の関係を考える際には，たとえば，トラウマ体験の種類によって自傷と自殺との関連の強さは異なるのか，そしてトラウマ体験による自傷や自殺に対する影響は直接的なものなのか，あるいは何らかの要因によって媒介される間接的なものなのか，といった疑問を避けて通ることはできない．

　本章では，そのような問題意識の上に立って，主要なトラウマ体験の種類ごとに自傷・自殺との関連について先行研究によって明らかにされている知見を整理する．

12.1　幼少期の慢性・反復性のトラウマ体験とNSSI，自殺

a. 不適切な養育環境
1）青年期におけるNSSIや自殺との関係

　身体的・性的・情緒的虐待やネグレクト（neglect）といったトラウマティックな環境で養育される体験は，未成年のNSSIや自殺行動の危険因子である．こうした幼少期におけるトラウマ体験の特徴は，その多くが家庭という密室空間で慢性的に反復される形をという点にある．このことは，子どもにはまだ状況を理解し，苦痛を言語化したり，他者に向けて助けを求めたりする能力が乏しい中での被害であることを意味する．被害を受けた子どもの中には，被害について他者に話したり，助けを求めること自体が，子どもにとって「悪いこと」「してはいけないこと」と認識されている場合も少なくない．

　また，養育者という，子どもが最も信頼し，愛着し，依存している対象が加害者であることの影響も大きい．この図式は，子どもから「加害者」を「加害者」として捉える視点を奪い，むしろ「自分が悪い子どもだからこのような仕打ちを受けるのだ」「自分は存在してはいけない存在なのだ」という罪悪感と恥の感情，自己無価値感を植えつけ，青年期におけるNSSIや自殺行動を準備する．たとえ，加害者が養育者ではない場合でも，「自分がされたことを親に言ったら，親から自分が怒られる」と，子どもの側が強く信じ込んでいる場合もまれではなく（そのような子どもの信念の背景には，やはり養育者との関係性が不自然に緊張し，硬直したものとなっているという問題がある），結局，被害は密室化してしまいやすい．

　事実，Brabantら[3]によれば，幼少期に性的虐待を受けた10代女性の64％に自殺念慮を認めたという．また，Zetterqvistらの調査[4]では，NSSIの頻度が多い若者は，トラウマ体験を数多く経験している者が多いことが明らかにされている．さらに，Isohookanaら[5]による精神科病棟入院中の10代の患者を対象とした調査では，女性患者の場合，幼少期の性的虐待被害はNSSIや自殺企図のエピソードと密接に関連しており，性的虐待に限らず，様々な種類のトラウマ体験の数が多ければ多いほど，NSSIや自殺企図のリスクが高くなることが明らかにされている．

2) 成人期の NSSI, 自殺との関係

　幼少期のトラウマ体験は，成人の NSSI と関連している．筆者らの調査[6]では，習慣的に NSSI を繰り返す患者は，年齢をマッチさせた NSSI 経験のないうつ病性障害の女性患者や，一般の健常女性と比べて，幼少期における身体的および性的虐待の被害経験者が有意に多く，また，NSSI だけでなく，自殺の意図から自らの身体を傷つけること，すなわち，自殺企図の経験者が多いことが確認されている．

　もちろん，成人後の自殺行動とも関連している．米国陸軍在籍中に自殺既遂もしくは自殺未遂に及んだ者を対象とした調査[7]によれば，自殺既遂者の 43.3%，自殺未遂者の 64.7% に幼少期の身体的・性的・情緒的な虐待などのトラウマ体験が認められたという．また，30 年間もの長きにわたる誕生コホート調査[8]から，幼少期の性的虐待被害の経験が，成人後の様々な精神障害への罹患や，成人後における自殺念慮や自殺企図の予測因子であることも確認されている．さらに，国内の研究としては，性別，年齢，居住地をマッチさせた一般の生存住民を対照群に設定した，自殺既遂者の心理学的剖検研究[9]がある．この研究では，成人の自殺の危険因子として，大うつ病性障害やアルコール使用障害（乱用・依存）などとともに，「子ども時代の虐待やいじめのエピソード」が抽出されている．

　なお，幼少時のトラウマ体験の中で，いずれのタイプの体験が最も成人後の NSSI や自殺に影響するのかについては，はっきりとした回答はない．たとえば，O'Hare ら[10]は，幼少期における身体的虐待被害の経験は独立して生涯にわたる自殺リスクの高さと関連すると指摘している．一方，Chou[11]は，幼少期の性的虐待被害の経験は成人期における広範な精神保健的問題を引き起こし，高度な自殺リスクと関連すると述べており，さらに Cankaya ら[12]は，性被害体験を持つ女性では，加害者が養育者である場合には特に深刻な自殺リスクがあると指摘している．しかし，Klonsky と Moyer[13]による 45 の研究論文のメタ分析では，幼少期の性的虐待と NSSI とは関連がない，という結論が出ている．

　おそらく幼少期のトラウマ体験はいずれか単独だけということはまれであり，しばしば複数のトラウマ体験が複合することで NSSI や自殺に影響しているのであろう．Dube ら[14]は，成人の自殺企図者を対象とした質問紙調査から，いずれか単独のトラウマ体験よりも複数のトラウマ体験が複合している場合に，最も成人期における自殺行動のリスクが高いことを明らかにしている．その研究によれ

ば，身体的・性的・情緒的虐待，ネグレクト，家族の物質乱用，精神障害，両親間の暴力，養育者との別離や養育者の離婚などのうち，7つ以上に該当する者の場合，成人期における自殺行動のリスクは31倍にも達するという．

3) 不適切な養育環境とNSSI，自殺とを媒介する要因

先に，幼少期の性的虐待とNSSIとは関連がない，というメタ分析の結論[13]に触れたが，このことは重要である．事実，幼少期を不適切な環境で過ごした者全員が，成人後にNSSIや自殺を呈するわけではない．Kaplanら[15]は，幼少期の被虐待体験の存在は，成人期早期からの自殺行動，頻回の自殺行動の予測因子の1つであることを認めつつも，被虐待歴を持つ者のうち，自殺行動に及んだ者と及ばなかった者との間には重要な違いが見られたことを明らかにしている．それは，自殺行動に及んだ者では，高度な解離，うつ状態，身体化が認められたということである．このことは，虐待被害を受けた者のうち，一部が高度な解離やうつ状態，あるいは身体化を呈するような精神障害に罹患し，それらの症状の結果，自殺行動が引き起こされる可能性を示唆している．Brabantら[3]も，性被害体験を持つ女性の中で自殺念慮を持つ女性は，自殺念慮を持たない女性に比べて有意にうつ病症状やPTSD症状が多かったことを明らかにしている．

以上の結果から，成人期のNSSI，自殺に直接的な影響を与えるのは，うつ状態や解離，身体化などの精神医学的症状であり，幼少期のトラウマ体験の結果，うつ病性障害やPTSDへ罹患することが問題であると考えられる．なおGradusら[16]は，PTSD患者に対して持続エクスポージャー法などのPTSD症状の特化した治療を行ったところ，併存するうつ病の診断該当率や絶望感に変化はなかったものの，自殺念慮は著しく減少したことを報告している．これは，自殺に与える影響という点では，PTSDへの罹患こそが最も重要である可能性を示唆している．

4) PTSD，自殺への進展を促す要因

以上の議論から示唆されるのは，トラウマ体験からPTSDへの罹患やNSSI・自殺行動への進展を促進，もしくは抑止する要因が存在する可能性である．

先行研究で示唆されているのは，トラウマ体験がPTSD罹患や自殺行動を促進する要因についてである．Nelsonら[17]は，社会的サポートの乏しさがPTSDやうつ病性障害への罹患，あるいは自殺行動を促進する可能性を指摘している．また，van der Kolkら[18]は，幼少期の身体的・性的虐待は治療経過中のNSSI

や自殺企図の予測因子であり，トラウマに曝露された年齢によってその深刻さや重症度は異なるとしつつも，その影響を促進するのは，生育環境におけるアタッチメントや安全保障感の欠如であると指摘している．

b. いじめ被害

学童期以降になると，家庭外でも慢性・反復性のトラウマ体験に曝される機会が生じる．その代表的なものが学校におけるいじめ被害である．

スコットランドで実施された中学生調査[19]では，NSSIや自殺行動に関連する要因として喫煙，性的指向性に関する不安，薬物使用，身体的虐待の被害，深刻な恋愛の悩み，友人や家族の自傷行為とともに，いじめ被害もあげられている．こうしたいじめは，対面場面における直接的な攻撃だけに限らない．インターネット上の掲示板におけるいじめも若者の自傷行為や自殺念慮の危険因子となる[20]．

我々は，心理学的剖検研究で収集した自殺既遂事例から30歳未満の自殺事例15例を抽出し，青年期における自殺事例の特徴と背景要因についての検討を行っている[21]．その結果，10代，20代の自殺既遂者の4～6割に，親との離別体験，精神障害の家族歴，NSSIのエピソードとともに，いじめ被害の経験が認められた．とりわけ女性事例においてその割合は顕著に多く認められた．このことは，学校におけるいじめ被害の経験がNSSIや自殺の危険因子である可能性を示唆している．

臨床的な印象からいえば，いじめ被害がNSSIや自殺を引き起こす背景には，被害を受けている子どもが，「いじめ被害のことを誰にも相談できない」という状況があることが少なくない．そして，実際に孤立無援的な状況にいることもあれば，自分の見栄やプライド，周囲に心配をかけたくないという配慮，さらには，悩みの内容が性的志向性の問題など，周囲に相談しにくいものであることが，そのような状況を準備しているという実感がある．援助希求行動については性差もある．Hawtonら[22]によれば，いじめ被害とNSSI，自殺との関連は，女子生徒よりも男子生徒においてより密接であるという．その理由としては，男子の場合，女子に比べて援助希求能力が乏しく，過酷な状況にとどまってしまう可能性が指摘されている．

なお，GarischとWilson[23]は，いじめ被害とNSSI，自殺を媒介する要因として失感情状態の存在を指摘している．この失感情状態とは，知覚麻痺による無

感覚状態であり，広義にはPTSD症状の1つとして理解できる．その意味では，不適切な養育環境とNSSI，自殺との関係と同様，いじめ被害とNSSI，自殺との関係は間接的なものであり，いじめ被害によって惹起されたPTSDなどの精神障害がNSSIや自殺に直接的な影響を与えている可能性がある．

c. ドメスティック・バイオレンス

成人期における慢性・反復性のトラウマ体験としては，ドメスティック・バイオレンス（domestic violence：DV）があげられるが，配偶者からの暴力被害もまた自殺行動と密接に関連している．

Yanqiuら[24]による中国西部地域の一般女性を対象とした調査では，女性の34％に配偶者による暴力被害を受けた経験があり，68％が暴言などの心理的虐待，4％にセックスの強要の経験があったが，その中でも，身体的暴力を受けた女性で最も自殺念慮や自殺企図の経験者が多かったことが明らかにされている．親密なパートナーによる暴力被害と自殺傾向との関連を検討した37論文のメタ分析[25]では，親密なパートナーからの暴力被害と自殺念慮との間には密接な関連があることが結論されている．

12.2 青年期・成人期における急性・単回性トラウマ体験とNSSI, 自殺

a. 性暴力被害

1) レイプ

性暴力被害は自殺リスクを著しく高める．Borgesら[26]は，メキシコシティ在住の10代の若者を対象とした調査から，レイプ被害などの性的暴力は，その後の自殺行動や精神障害への罹患リスクを高めることを明らかにしている．CreightonとJones[27]による性暴力の女性被害者269名の調査では，被害者の48.7％にうつ病もしくは不安障害が，29.4％にNSSIが，そして22.3％に自殺企図の経験が認められている．

また，集団レイプと単独レイプとでは，被害者が受ける精神的ダメージに違いがあることも明らかにされている．Ullman[28]によれば，集団レイプの方が身体的被害の重症度が高く，精神的ダメージ障害も深刻であるという．この研究では，被害者への対応という点で重要な知見も示されている．それは，集団レイプ被害者の方が警察や他の相談機関に相談した者が多かったが，単独レイプ被害者に比

べて，そうした社会資源や支援ネットワークに関して否定的な見解を持つ者が多かったというものである．このことは，相談こそしたものの，その対応に不満を感じた者が少なくなかった可能性が推測させるものといえるであろう．

性暴力被害に遭遇しやすい，一種の脆弱性ともいうべき被害者側の要因も明らかにされている．Lau と Kristensen[29] は，幼少期に性的虐待の経験がある女性は成人後も性暴力被害を受けるリスクが高くなるという再犠牲化のメカニズムの存在を指摘しており，双方の被害がある場合には自殺リスクが非常に高くなると述べている．また，集団レイプの被害者は，単独レイプの被害者に比べて，幼少期に性的虐待を受けた者が多いという指摘もある[28]．さらに，Campbell ら[30] によれば，性暴力被害を受けた女性の中には，被害以前から学習障害や NSSI の既往，あるいは精神障害に罹患する者も少なくなく，このような脆弱性を抱えている人たちは，自らを守る能力が不十分であるために被害を受けるリスクが高くなるという．

なお，いわゆる「デートレイプ」のような，比較的親密な関係における性行為の強要もまた，被害者の自殺リスクを高めることが明らかにされている[31]．ただし，デートレイプ被害とその後における自殺念慮・自殺企図との関連は，やはり間接的なものと理解すべきかもしれない．というのも，Chan ら[32] による香港の大学生を対象とした調査では，最近 1 年以内における性暴力被害は，現在における自殺念慮と密接に関連していたが，多変量解析による交絡因子の影響を除去すると有意な関連が見られなくなったと報告されているからである．

2) 男性の性暴力被害

性暴力被害というと，ともすれば女性の被害者にばかりに関心が集中しがちであるが，特に矯正施設のような場所においては，男性が被害者となることが珍しくない．

実際，性暴力の被害者が男性である場合には，女性以上に自殺リスクを著しく高めるという指摘がある[33]．また，刑務所服役中に性被害を受けた受刑者の男女比較では，男性の方が性器挿入被害を受けており，自殺念慮を抱く者が多かったという報告がある[34]．Ben-David と Silfen[35] によれば，男性刑務所受刑者の 23.5% に性被害歴があるが，彼らはなかなか自分たちの被害について話したがらず，それを知った際の急性反応が非常に深刻で自殺念慮を訴えたり，自殺企図に及んだりする者が多い傾向があるという．一部で例外的にこうした激しい反応を

呈さない者もいるが，その 77% が性犯罪加害男性であることも指摘されている．

b. 戦　争

　戦争 PTSD と自殺行動の関連を調査した原著論文は現時点までに 80 本も存在し，その多くが，戦争に際して従軍したことによる PTSD への罹患は，帰還兵の全死亡率を高めるとともに，自殺リスクを高める要因であることを明らかにしている[36]．

　また，戦争 PTSD による自殺リスクは，単に戦争に際しての従軍経験があるだけでなく，実際の戦闘場面に参加したか否かでも変わってくる．たとえば，60 歳以上の退役軍人を対象とした調査では，実際の戦闘に参加した者は，参加しなかった者よりも最近 2 週間以内における自殺念慮が高率であることが明らかにされている[37]．さらに，捕虜として収容された経験は，自殺リスクを高める要因である[38]．

　なお，Fanning と Pietrzak[37] によれば，従軍したり，実際に戦闘に参加したりしたこと自体が直接的に自殺リスクを高めるのではなく，そのような体験により PTSD に罹患することが自殺リスクと関連するという．

　戦争 PTSD に罹患した者の自殺リスクをさらに高める要因として，うつ病性障害への罹患を忘れてはならない．Morina ら[39] によれば，戦争体験後に PTSD とうつ病の双方に罹患した者は，いずれか単独の場合よりも多くのトラウマ体験に曝露されており，それぞれの障害の症状は重篤で，自殺リスクが高かったという．また，イラク・アフガニスタン戦争帰還兵に関する研究では，PTSD 症状，うつ病性障害，ならびに自殺行動との関連についての検討もなされており，PTSD の麻痺症状はうつ状態の重症度と，過覚醒症状は自殺念慮と関連することが明らかにされている[40]．

c. 自然災害

　台風やハリケーン，津波，地震といった自然災害が被災者の自殺に与える影響は複雑であり，不明な点も多い．以下には，先行研究の知見を整理しておきたい．

1） 台風・ハリケーン

　Tang ら[41] は，台風に被災した若年者を対象として，被災後の自殺念慮や自殺企図の推移を調査している．その結果，台風被災後の自殺関連事象の増加は女性

のみに観察された．しかし，それは台風に被災したことによる直接的な影響ではなく，PTSD と大うつ病性障害（major depressive disorder：MDD）によって媒介された間接的な影響であった．ただし，PTSD 単独の自殺リスクへの影響は間接的なものであり，PTSD に MDD が合併してはじめて自殺に対する直接的な影響がもたらされることが確認されている．なお，この研究では，自殺行動に対する保護的因子についても検討されており，家族による私的な心理的支援が自殺リスクの低減に有効であった．

また，Kessler ら[42]は，ハリケーン被害後の被災住民における自殺リスクの変化を調査し，自殺念慮や自殺の計画を持つ住民の増加を報告している．

2） 津 波

Wahlström ら[43]は，津波による被災住民の精神的影響を調査し，その結果，被災後の精神障害への罹患や自殺念慮の出現には，子ども時代の虐待などの不適切な養育体験の影響が無視できないことを明らかにしている．

3） 地 震

Vehid ら[44]は，1999 年にトルコで発生した Marmara 地震が生徒に与えた精神的影響を調査している．その結果は，震災後の自殺念慮が高まり，親族を失った者や，家や財産の深刻な喪失があった生徒は自殺念慮が高まった．それは男性よりも女性で顕著であった．

4） テロ事件

Pridemore ら[45]は，2001 年 9 月 11 日に米国で発生した同時多発テロ事件後，被災地から遠く離れたオクラホマシティの住民における自殺率の変化を調査した．その結果，被害の前後で有意な変化はなかったことから，遠方の同時多発テロ事件が自殺リスクを高めることはないと結論している．

5） 原子力発電所事故

Bromet と Havenaar[46]は，チェルノブイリの原子力発電所事故発生後，被災地域住民の精神保健的問題の増加の有無について調査している．その調査によれば，精神障害の診断に上昇は見られなかったものの，精神症状の増加は見られたという．自殺念慮や自殺企図には有意な変化は認められなかった．なお，注目すべきことは，こうした現象は災害発生から 11 年後に生じている．

6） その他

警察官や消防隊員，救急隊員などの職種は職務の中で，様々なトラウマ体験

に曝露されている．こうしたトラウマ体験を詳細に検討した研究は少ないが，Steyn ら[47)]は，職務上のトラウマ体験によって PSTD に罹患した南アフリカの警察官を対象として，自殺念慮の経験，ならびに PTSD 症状と自殺念慮との関係を検討している．その結果，PTSD の過覚醒症状だけが自殺念慮との有意な関連を示し，侵入的思考については境界的な関連にとどまることが明らかにされた．一方，PTSD 症状のなかでも，回避や麻痺症状は自殺念慮とは関連していなかった．

12.3　予防と治療

a.　トラウマ体験から NSSI，自殺の予防

すでに述べたように，トラウマ体験から NSSI，自殺へと至るプロセスを防止するには，PTSD や MDD の発症を抑止することが重要である．

現在までのところ，トラウマ関連の自殺予防に有効な方法に関する知見は十分とはいえないが，傍証的な知見を明らかにしている研究は存在する．Panagioti ら[48)]は，同じトラウマ体験に曝露された人のうち，PTSD を発症した人は主観的な社会的サポートが欠如していたことを指摘している．また，Youssef ら[49)]は，イラク・アフガニスタン戦争帰還兵を対象として，退役 3 年経過時点の自殺念慮に関する検討から，自殺念慮に対する保護的要因として，肯定的受容が得られる安全な関係性を同定している．

以上のことを踏まえると，次のように結論することができる．トラウマ体験に暴露された人の自殺予防にさしあたって有効と考えられる支援は，公式および非公式（私的）な支持的介入によって PTSD や MDD の発症を回避することが重要である．また，すでに PSTD や MDD に罹患している場合には，それぞれに対する治療が必要となろう．

b.　治　療

トラウマ体験に曝露され，NSSI や自殺行動のリスクが高まっている者の治療について，確立されたものはまだないが，本章では，期待が持てる興味深い研究を 1 つだけ紹介しておきたい．

Harned ら[50)]は，NSSI や自殺行動，および PTSD を伴う境界性パーソナリティ障害患者に対して，弁証法的行動療法と持続エクスポージャー法を組み合わせた

治療プロトコールを実施し，その介入効果を検証している．その結果，すべての患者でPTSD症状の有意な改善が認められ，患者の70%はもはやPTSDの診断基準を満たさない水準にまで改善していた．また，自殺念慮，トラウマに関連した罪悪感，不安，抑うつ，社会適応の改善が認められた．

おわりに

以上，様々なタイプのトラウマ体験について，NSSIや自殺行動との関連についての先行知見を整理した．その結果，一般的な特徴を次の3点にまとめることができるように思われる．すなわち，第1にNSSIや自殺との関連については，急性・単回性のトラウマ体験よりも慢性・反復性のものの方が密接であること，第2にトラウマ体験が直接にNSSIや自殺に影響するのではなく，トラウマ体験の影響で発症したPTSDやMDDこそがNSSIや自殺に直接的な影響を及ぼすということ，そして最後に，幼少期に慢性・反復性のトラウマ体験に曝露されてきた者は，その後の人生において再犠牲化のリスクが高く，また，急性・単回性のトラウマ体験による精神的なダメージや自殺リスクへの影響が大きい傾向がある，ということである．

とはいえ，トラウマ体験とNSSI，自殺との関係についてはまだ十分に解明されていないことも多く，様々な災害トラウマの場合には，チェルノブイリ原子力発電所事故によるメンタルヘルス問題に対する影響のように，10年以上というきわめて長期の観察によってはじめて明らかにされる問題もある．その意味では，今後のさらなる研究知見の集積が望まれるところである． ［松本俊彦］

文　献

1) 高橋祥友：医療者が知っておきたい自殺のリスクマネジメント，医学書院，2002.
2) Walsh BW, Rosen PM：Self-mutilation：theory, research, & treatment, Guilford Press, 1988. 松本俊彦，山口亜希子訳：自傷行為―実証的研究と治療指針，金剛出版，2005.
3) Brabant ME, Hébert M, Chagnon F：Identification of sexually abused female adolescents at risk for suicidal ideations：a classification and regression tree analysis. *J Child Sex Abus*, **22**：153-172, 2013.
4) Zetterqvist M, Lundh LG, Svedin CG：A comparison of adolescents engaging in self-injurious behaviors with and without suicidal intent：self-reported experiences of adverse life events and trauma symptoms. *J Youth Adolesc*, **42**：1257-1272, 2013.
5) Isohookana R, Riala K, Hakko H et al.：Adverse childhood experiences and suicidal behavior of adolescent psychiatric inpatients. *Eur Child Adolesc Psychiatry*, **22**：13-22,

2013.
6) Matsumoto T, Azekawa T, Yamaguchi A et al.：Habitual self-mutilation in Japan. *Psychiatry Clin Neurosci*, **58**：191-198, 2004.
7) Perales R, Gallaway MS, Forys-Donahue KL et al.：Prevalence of childhood trauma among U. S. Army soldiers with suicidal behavior. *Mil Med*, **177**：1034-1040, 2012.
8) Fergusson DM, McLeod GF, Horwood LJ：Childhood sexual abuse and adult developmental outcomes：Findings from a 30-year longitudinal study in New Zealand. *Child Abuse Negl*, **37**：664-674, 2013.
9) 川上憲人，江口のぞみ，土屋政雄ほか：心理学的剖検の症例対照研究．平成21年度厚生労働科学研究費補助金（こころの健康科学研究事業）「心理学的剖検データベースを活用した自殺の原因分析に関する研究（研究代表者：加我牧子）」総括・分担研究報告書，pp. 145-182, 2010.
10) O'Hare T, Shen C, Sherrer M：Lifetime Trauma and Suicide Attempts in People with Severe Mental Illness. *Community Ment Health J*, 2013(27). [Epub ahead of print]
11) Chou KL：Childhood sexual abuse and psychiatric disorders in middle-aged and older adults：evidence from the 2007 Adult Psychiatric Morbidity Survey. *J Clin Psychiatry*, **73**：e1365-1371, 2012.
12) Cankaya B, Talbot NL, Ward EA et al.：Parental sexual abuse and suicidal behaviour among women with major depressive disorder. *Can J Psychiatry*, **57**：45-51, 2012.
13) Klonsky ED, Moyer A：Childhood sexual abuse and non-suicidal self-injury：meta-analysis. *Br J Psychiatry*, **192**：166-170, 2008.
14) Dube SR, Anda RF, Felitti VJ et al.：Childhood abuse, household dysfunction, and the risk of attempted suicide throughout the life span：findings from the Adverse Childhood Experiences Study. *JAMA*, **286**：3089-3096, 2001.
15) Kaplan ML, Asnis GM, Lipschitz DS et al.：Suicidal behavior and abuse in psychiatric outpatients. *Compr Psychiatry*, **36**：229-235, 1995.
16) Gradus JL, Suvak MK, Wisco BE et al.：Treatment of posttraumatic stress disorder reduces suicidal ideation. *Depress Anxiety*, **30**：1046-1053, 2013.
17) Nelson C, Cyr KS, Corbett B et al.：Predictors of posttraumatic stress disorder, depression, and suicidal ideation among Canadian Forces personnel in a National Canadian Military Health Survey. *J Psychiatr Res*, **45**：1483-1488, 2011.
18) van der Kolk BA, Perry JC, Herman JL：Childhood origins of self-destructive behavior. *Am J Psychiatry*, **148**：1665-1671, 1991.
19) O'Connor RC, Rasmussen S, Miles J et al.：Self-harm in adolescents：self-report survey in schools in Scotland. *Br J Psychiatry*, **194**：68-72, 2009.
20) Hay C, Meldrum R：Bullying Victimization and Adolescent Self-Harm：Testing Hypotheses from General Strain Theory. *J Youth Adolesc*, **39**：446-459, 2010.
21) Katsumata Y, Matsumoto T, Kitani M et al.：School problems and suicide in Japanese young people. Psychiatry. *Clin Neurosci*, **64**：214-215, 2010.
22) Hawton K, Rodham K, Evans E：By Their Own Young Hand：Deliberate Self-harm and Suicidal Ideas in Adolescents, Jessica Kingsley Publisher, 2006. K. ホートン，K. ロドハム，E. エヴァンズ著，松本俊彦，河西千秋監訳：自傷と自殺—思春期における予防と介入の手引き，金剛出版，2008.
23) Garisch JA, Wilson MS：Vulnerabilities to deliberate self-harm among adolescents：The

role of alexithymia and victimization. *Br J Clin Psychol*, **49**：151-162, 2010.
24) Yanqiu G, Yan W, Lin A：Suicidal ideation and the prevalence of intimate partner violence against women in rural western China. *Violence Against Women*, **17**：1299-1312, 2011.
25) McLaughlin J, O'Carroll RE, O'Connor RC：Intimate partner abuse and suicidality：a systematic review. *Clin Psychol Rev*, **32**：677-689, 2012.
26) Borges G, Benjet C, Medina-Mora ME et al.：Traumatic events and suicide-related outcomes among Mexico City adolescents. *J Child Psychol Psychiatry*, **49**：654-666, 2008.
27) Creighton CD, Jones AC：Psychological profiles of adult sexual assault victims. *J Forensic Leg Med*, **19**：35-39, 2012.
28) Ullman SE：Comparing gang and individual rapes in a community sample of urban women. *Violence Vict*, **22**：43-51, 2007.
29) Lau M, Kristensen E：Sexual revictimization in a clinical sample of women reporting childhood sexual abuse. *Nord J Psychiatry*, **64**：4-10, 2010.
30) Campbell L, Keegan A, Cybulska B et al.：Prevalence of mental health problems and deliberate self-harm in complainants of sexual violence. *J Forensic Leg Med*, **14**：75-78, 2007.
31) Belshaw SH, Siddique JA, Tanner J et al.：The relationship between dating violence and suicidal behaviors in a national sample of adolescents. *Violence Vict*, **27**：580-591, 2012.
32) Chan KL, Tiwari A, Leung WC et al.：Common correlates of suicidal ideation and physical assault among male and female university students in Hong Kong. *Violence Vict*, **22**：290-303, 2007.
33) Tomasula JL, Anderson LM, Littleton HL et al.：The association between sexual assault and suicidal activity in a national sample. *Sch Psychol Q*, **27**：109-119, 2012.
34) Struckman-Johnson C, Struckman-Johnson D：A comparison of sexual coercion experiences reported by men and women in prison. *J Interpers Violence*, **21**：1591-1615, 2006.
35) Ben-David S, Silfen P：Rape death and resurrection：male reaction after disclosure of the secret of being a rape victim. *Med Law*, **12**：181-189, 1993.
36) Pompili M, Sher L, Serafini G et al.：Posttraumatic stress disorder and suicide risk among veterans：a literature review. *J Nerv Ment Dis*, **201**：802-812, 2013.
37) Fanning JR, Pietrzak RH：Suicidality among older male veterans in the United States：Results from the National Health and Resilience in Veterans Study. *J Psychiatr Res*, **47**：1766-1775, 2013.
38) Jankovic J, Bremner S, Bogic M et al.：Trauma and suicidality in war affected communities. *Eur Psychiatry*, **28**：514-520, 2013.
39) Morina N, Ajdukovic D, Bogic M et al.：Co-occurrence of major depressive episode and posttraumatic stress disorder among survivors of war：how is it different from either condition alone? *J Clin Psychiatry*, **74**：212-218, 2013.
40) Hellmuth JC, Stappenbeck CA, Hoerster KD et al.：Modeling PTSD symptom clusters, alcohol misuse, anger, and depression as they relate to aggression and suicidality in returning U.S. veterans. *J Trauma Stress*, **25**：527-534, 2012.
41) Tang TC, Yen CF, Cheng CP et al.：Suicide risk and its correlate in adolescents who experienced typhoon-induced mudslides：a structural equation model. *Depress Anxiety*,

27：1143-1148, 2008.
42) Kessler RC, Galea S, Gruber MJ et al.：Trends in mental illness and suicidality after Hurricane Katrina. *Mol Psychiatry*, **13**：374-384, 2008.
43) Wahlström L, Michélsen H, Schulman A et al：Childhood life events and psychological symptoms in adult survivors of the 2004 tsunami. *Nord J Psychiatry*, **64**：245-252, 2010.
44) Vehid HE, Alyanak B, Eksi A：Suicide ideation after the 1999 earthquake in Marmara, Turkey. *Tohoku J Exp Med*, **208**：19-24, 2006.
45) Pridemore WA, Trahan A, Chamlin MB：No evidence of suicide increase following terrorist attacks in the United States：an interrupted time-series analysis of September 11 and Oklahoma City. *Suicide Life Threat Behav*, **39**：659-670, 2009.
46) Bromet EJ, Havenaar JM：Psychological and perceived health effects of the Chernobyl disaster：a 20-year review. *Health Phys*, **93**：516-521, 3007.
47) Steyn R, Vawda N, Wyatt GE et al.：Posttraumatic stress disorder diagnostic criteria and suicidal ideation in a South African Police sample. *Afr J Psychiatry*, **16**：19-22, 2013.
48) Panagioti M, Gooding PA, Taylor PJ et al.：Perceived social support buffers the impact of PTSD symptoms on suicidal behavior：Implications into suicide resilience research. *Compr Psychiatry*, 2013 Aug 20. pii：S0010-440X(13)00208-3. doi：10.1016/j.comppsych.2013.06.004. [Epub ahead of print]
49) Youssef NA, Green KT, Beckham JC et al.：A 3-year longitudinal study examining the effect of resilience on suicidality in veterans. *Ann Clin Psychiatry*, **25**：59-66, 2013.
50) Harned MS, Korslund KE, Foa EB et al.：Treating PTSD in suicidal and self-injuring women with borderline personality disorder：development and preliminary evaluation of a Dialectical Behavior Therapy Prolonged Exposure Protocol. *Behav Res Ther*, **50**：381-386, 2012.

13 心的外傷と情動犯罪

　情動犯罪とは，怒り，憎悪，恐怖，絶望，嫉妬などの激しい情動に駆り立てられ，意思による制御がきわめて困難な状態で行われる犯罪のことで，殺人，傷害，放火といった重大犯罪も少なくない．また，情動犯罪にはドメスティック・バイオレンス（domestic violence：DV）の被害者が加害者に対して行う暴力犯罪が多く，DVによる心的外傷と情動犯罪には密接な関係があることが知られている．

　本章では，主としてドイツの精神病理学的な情動犯罪研究を紹介した後，筆者の経験した配偶者間暴力による心的外傷を背景とした鑑定例を提示する．

13.1　ドイツにおける情動犯罪研究

　ドイツでは，刑法20条，21条が責任能力の生物学的要素として「病的な精神障害」「精神遅滞」「重大なその他の精神的偏倚」のほかに「根深い意識障害」を規定しているため，法律学，精神医学双方の立場から，「根深い意識障害」が問題となる情動犯罪に関する研究が活発に行われてきた．「根深い意識障害」とは，精神障害のない健常人が，顕著な精神的あるいは身体的なストレス下で，怒り，不安，絶望などの強い情動の爆発によって起こる急速かつ一過性の意識狭窄状態のことで，器質的な要因や「病的な精神障害」による情動興奮に基づく意識障害は，このカテゴリーには含まれない[1]．以下，現代ドイツの代表的な司法精神医学者Nedopilの著『司法精神医学』[2]にある「情動犯罪」に関する記載をまとめる．

　1960年代よりドイツの研究者は，情動犯罪にはDVの被害者が加害者に対して行う暴力犯罪が多いことを指摘していた．Rasch[3]によれば，情動に基づくパートナー殺害においては，まず長期間に及ぶパートナーとの葛藤状況があり，加害者には自分こそが被害者であるという怒りや絶望を伴う情動が生じ，蓄積されていく．犯行直前の加害者には，著しい感情不安定，絶望，自殺傾向など，何らか

の病的な性質を帯びた精神的変化が生じていることが多く，情動犯罪は，何らかの体験刺激（加害者にとって重要な体験領域に位置している言葉がパートナーから発せられる，など）によって，内的に蓄積された情動が急激に爆発して行動化された結果起こる．Rasch は，情動犯罪が「根深い意識障害」によるものかどうか判断する重要な指標は，「ほぼ直角的な情動衝撃（nahezu rechtwinklingen Affektimpuls）」であると述べている．Bernsmann[4] も，情動犯罪における典型的なパートナー間の関係として，後の加害者を抑圧・虐待する被害者と，虐げられ侮辱される加害者という関係があることを強調しており，最終的に，加害者が被害者の挑発行為により情動を爆発させて犯行に至るパターンが目立つ，と述べている．

Saß[5] は，犯罪を情動犯罪と規定する上で特徴的な指標として，以下の項目をあげている．

1. 特別な行為前史と行為経過
2. 行為の準備を伴う情動の発現状況
3. 人格の精神病理学的素因
4. 布置因子
5. 防衛傾向のない突発的で原始的な行為経過
6. 特徴的な情動の形成と解体
7. 激しい動揺を伴う犯行後の行動
8. 知覚領域と心的経過の狭窄
9. 行為の契機と反応との不均衡
10. 記憶障害
11. 人格異質性
12. 意味と体験の連続性の障害

これらの指標のうち，1〜8 が重要かつ比較的信頼できる指標で，9〜12 は 1〜8 が満たされている場合に限り，その判定の主観的見解を補足するために利用できるという．しかし Saß[6] は，後年このリストの 9〜12 までを削除し，「誘発一興奮一行為の密接な関係」「激しい情動興奮の自律神経的，精神運動的，精神的随伴現象」を加えている．

Mende[7] は，もうろう状態などの器質性の意識混濁と情動による意識の変化の間に類似性があることを強調している．両者には記憶障害（記憶欠損だけでなく，

記憶の改ざんや分断を含む）のほか，意識野の狭窄があり，その結果，情動の内容によって振り分けられた特定の体験刺激のみを感じるようになる．このような意識野の狭窄は，周囲からの注意がそれていることから推量でき，さらに，犯行中に突然犯行を中断したり，犯行直後に救助行動をしたり，生理的な随伴反応を伴う困惑状態や絶望が認められたりする時には，「根深い意識障害」があると言える．また，過量のアルコール摂取など，情動を触発する布置因子も重要な役割を果たすことが指摘されており，それ自体は単独で制御能力を明らかに減弱させることはないが，情動によるストレスと関連して，司法上重要な意味を持つ場合があるという．

最近では，現代の操作的診断基準を適応した精神医学的観点を前面に出し，「情動犯罪（affekttaten）」と「衝動犯罪（impulstaten）」を区別したMarneros[8]による興味深い研究がある．Marnerosによると，DVなど特殊な加害者-被害者関係における情動犯罪では，加害者に自己認識の動揺あるいは自己概念の崩壊が認められることが重要で，そのためにパーソナリティが不安定になって，自己概念が方向性を見失い，加害者はそれまで用いてきた対処戦略をとることができなくなってしまう．さらに，規範的観念による抑制が効かなくなり，それに反する観念の発生時間が著しく短くなることによって犯行が起こる．しかし，衝動犯罪ではこのような自己概念の動揺や崩壊は認められず，衝動と衝動コントロールの間の不均衡が重要である．情動犯罪においては，まず加害者が重度の急性ストレス反応（あるいは急性ストレス障害）の操作的診断基準を満たしているかどうか，精神科医が診断し，その後，情動を理由とした制御能力の低下について司法精神医学的な議論を進めるべきである．Marnerosは，情動犯罪における精神鑑定人の責務を，犯行時の加害者の自己認識と自己概念がどのようなものだったかを明らかにすること，そしてそれらが動揺し崩壊に至った過程を証明し，最終的にはそれによって重度の急性ストレス反応が生じたことを示すことである，と述べている．

13.2 日本における情動犯罪研究

伝統的にこのような議論が積み重ねられてきたドイツに比べ，日本では，情動犯罪に関する独自の精神医学的研究はほとんど行われていない．その理由として，わが国では「中毒，脳器質損傷，重い体質異常などの"医学的布置因子"，睡眠不足，

疲労などの"生理学的布置条件"[9]のない場合に，情動による意識障害を認定することがほとんどない上，刑事司法が犯行動機を重視する傾向があるため，了解可能な動機が存在することの多い情動犯罪においては責任能力が争点になりにくい，といった法的背景がある．そのため，情動犯罪においても，精神鑑定はあくまで狭義の精神障害の有無を検討する目的で行われるにすぎず，それが否定されるのであれば，原則責任能力が問題になることはない．

刑法学では，林[10,11]による情動犯罪研究がよく知られている．林[10]は，ドイツの判例・学説の検討から「布置因子の存在しない場合に，つねに意識障害を否定することはできないと思われる」と述べ，情動による意識障害をより広く認定すべきと考えている．また，犯行の開始後の情動性もうろう状態は自ら招いたものであるとして完全責任能力とするわが国の判例について，「被告人が自己が情動によって被害者殺害の制御が困難になることを認識していたとは言えない」ため「心神耗弱とすべきだった」と述べており，情動犯罪において責任能力の減免をより積極的に考慮すべきであるとの立場をとっている．

13.3 配偶者殺人の一鑑定例

筆者は典型的な情動犯罪と言える配偶者殺人の精神鑑定を経験している．その事例では，加害者が犯行前後の心理状態を詳細に供述しており，上記のドイツの精神病理学的研究の知見を理解する上でたいへん参考になるため，以下に提示する（事例の特定を避けるため，一部内容を改変している）．

（1）事例の概要

加害者は20代女性Aで，犯行は，結婚2年目の夫Bの頭部をガラス製置時計で多数回殴りつけ撲殺し，死体を遺棄（放置）したものである．

Aはもともと勝気で活発な性格で，数年来の恋人と別れた寂しさから交際し始めたBに熱心に求婚され入籍した．結婚後まもなくより，Bから頻回のメールや電話による執拗な監視・束縛を受けるようになり，Aが電話に出なかったり，日中長時間外出したりすると，Bは浮気を疑って，Aに暴力をふるうようになった．初めは殴る，蹴るだけだったが，徐々に髪を掴んで引きずり回す，首を絞める，紐で身体を縛るなど，暴力はエスカレートしていった．そのためAが家族や友人に助けを求めると，Bは人前ではAに涙ながらに「もう二度としない」と謝罪したり，暴力の原因がAにあると言って信じ込ませたりし，Aを周囲から孤

立させた．結婚半年後よりAには，覚醒亢進による睡眠障害，感覚・情動麻痺（疲労や痛みなどを感じない，人間らしい感情や喜怒哀楽を感じない），回避行動（暴力のことを思い出し自宅に長時間いられない，週末はBと外出するようにする），解離症状（周囲にもやがかかったように見える），再体験（暴力時のBの目，殴られている感覚やBがそばにいる感覚のフラッシュバックがある）などの症状が出現した．結婚1年後頃，AはBから「本当に殺されると思った」ほどの激しい暴力を受け（鼻骨・肋骨を骨折），自宅から逃げ出してシェルターに入所した．BはAを探し回り，執拗にAにメールを送ってきては「帰ってこなければ，（Aの）裸の写真をネットに流す」と脅したため，Aはやむなく帰宅したが，Bの束縛や暴力は続いた．Aは離婚を決意してこっそり仕事や部屋を探し，家族や友人の立ち会いで何度もBと離婚の話し合いをした．しかしBは頑なに離婚を拒否し，話し合い後には暴力が激しくなったため，AはさらにBに対する怒り，憎しみ，孤立感，無力感を募らせた．

　犯行の1か月前，Aは偶然Bの通帳を見て，Bが会社の金を使い込んでいることを知り，通帳のコピーを取った．それを渡すことを条件に離婚を迫ろうと考え，「今度こそきっと離婚できる」とAは強く期待した．しかし，離婚の話になると暴力を振るわれると思い，恐怖と緊張から，犯行前数日間はほとんど眠れなかった．犯行当日，Aは母を自宅に呼び，「離婚の話をしたいので早く帰宅してほしい」とBに電話したところ，強い口調で脅された．Bは深夜まで帰宅せず，母がいったん帰ってしまったため，Aは恐怖感を感じながらBを待っていた．Bは明け方に酔って帰宅したが，Aが話しかけても取り合おうとせず，すぐ寝室へ行って寝てしまった．

　犯行に至るまでのAの心理状態は，次のとおりである．Aはおそるおそる寝ているBのそばに行き，Bの寝顔をじっと見ていた．すると「地球上の全部のエネルギーが自分の中からぐわっとこみ上げてくるような」「マグマが割れて出てくるような」非常に強い感情が体の奥底から湧き出てくるのを感じた．同時に，女性の苦しそうな声で「助けて」「もう嫌だ」と聞こえてきて，それが自分の声のような気がした．また以前から見えていた裸の女性の姿が見え，その女性が血を流しているため，自分なのかもしれないと思った．以前から，Aに暴力をふるった後平然と眠っているBの寝顔を見ると許せなくなり，「自分の顔を殴った夫に同じことをしてやりたい．同じ数だけ殴ってやりたい」という気持ちにな

ることがあったが，犯行前にもBの寝顔を見ながら「あなたが私の顔にしたのと同じことをさせてよ」と思った．その後，気がつくとAはリビングにいて，「やはり私はこの人から逃げられない」という絶望感，自分の周りがすべて闇に包まれているような孤独感，無力感を覚えた．ふと，リビングのサイドボードの上にあったガラス製の置時計が目に入り，それを掴み，その後気がつくと寝室のBのそばに立っていた．その時，過去のいくつかの映像が無関係に切り替わるように見え，「なぜこんな物が見えるんだろう」と思った．持っていた置時計が重たくて手が疲れ，自身の体も重たく感じ，「それが嫌で，Bのことも嫌で，そういう状況すべてがもう嫌になり，全部下ろしたい」と思って，置時計をBの頭部を目がけて思い切り振り下ろした．

その後，AはBの額に血が流れているのを見てはっとした．Bが起き上がろうとして「なんで？」と言いながら自分の方に向かってこようとしたため，恐怖心と「なんで『なんで？』なの？」という怒りでいっぱいになり，その後は無我夢中でBの頭部を何度も置時計で殴った．Bが血だらけになって倒れたのを見て再度はっとし，怖くなって殴るのを止めてリビングに駆け込んだ．放心状態のまま座っていると，火の中を逃げまどう着物姿の女性の姿が見え，その人が「早く逃げて，もういいんだよ」と言っている声を聞き，その女性は自分自身だと思った．時間がたってからBの様子を見に寝室に行くと，動かないため死んでいると思ったが，現実感がなく他人事のように感じた．

Aはその後，Bの遺体の近くにいることに強い恐怖感を感じたため，遺体を放置したまま，数日間ネットカフェやファミリーレストランなどを転々とした．その間もずっと犯行や自分の行動などに対する現実感がなく，Bの声が聞こえてきてそれと対話したり，常に血のにおいを感じたりしたため，Bがまだ自分のそばに実在していると感じた．犯行の7日後，Aは殺人及び死体遺棄容疑で逮捕された．

(2) 鑑定結果と司法判断

この事例に関する筆者の鑑定結果は，以下のとおりである．

「Aは，結婚後まもなくより夫Bから配偶者間暴力，執拗な監視や束縛を受け続け，それが原因で，結婚半年後頃より心的外傷後ストレス障害（posttraumatic stress disorder：PTSD）になっていた．犯行当時Aが切迫した心理状態に至った背景には，離婚の話をすれば激しい暴力をふるうであろう夫に対する恐怖感が

あったこと，強く離婚を望みながら"夫から逃れられない"という無力感や孤立感にとらわれていたこと，PTSDの症状である睡眠障害が長期間持続しており，特に犯行前の数日間はほとんど眠っていなかったこと，などが大きく影響している.」

「Aの犯行は，夫の寝顔を見ている間に突然強くなった激しい怒りの感情に突き動かされて，置時計で夫の頭部を殴りつけ，その後の夫の言動や向かってくる様子などに一層強く刺激されたために，複数回頭部を殴りつけ，殺害するに至ったものである．夫を殴った行為前後の記憶には一部想起困難な部分があり，また行為の間に様々な幻視などが出現していたが，これは数日来の不眠や犯行前の長時間にわたる強い心理的な緊張状態により著しく心身が疲労し，一過性に軽度の意識混濁を呈したところにきわめて強い情動刺激が加わって生じたものであって，精神病性障害によるものではない.」

「死体遺棄後のAには，離人体験や，夫の声を聞いて対話する，夫が実在していると感じるという異常体験があるが，それらは，著しい心身の疲労と夫殺害後という状況に対する恐怖感や心的ストレスなどによって起こった軽度の解離状態によるものである．また，つねに血のにおいがする感じたことも，夫殺害後の心理として正常範囲内で理解できるものである．すなわち，死体遺棄時にも，Aには精神病性障害は認められない.」

この事例には複数の精神鑑定が実施され，犯行当時，様々な幻覚様症状があることから，「短期精神病性障害で責任能力は障害されていた」と診断した鑑定と，筆者の鑑定が対立する結果となった．二審まで争われたが，最終的に，PTSDはあるが犯行当時精神病状態にはなく，完全責任能力であったと認定され，長期懲役刑の実刑判決が確定した．

(3) 考察

この事例では，長期間に及ぶ夫のDVに対する憤怒や絶望感の蓄積（PTSD症状の発症），犯行直前の絶望，無力感，孤独感の増強という精神的変化（PTSD症状の増悪，先鋭化），犯行を触発する体験刺激（離婚についての話し合いの希望を無視される），それによる急激な情動爆発の行動化としての犯行，というRaschの記述通りの情動犯罪の発生過程が認められる．また，Saßがあげた特徴的な12の指標のうち，11以外が存在し，1985年に追加された項目「誘発一興奮一行為の密接な関係」「激しい情動興奮の自律神経的，精神運動的，精神的随伴

現象」(幻覚様症状, 離人症状が相当する) も認められ, この事例が典型的な情動犯罪であることがわかる.

特に興味深いのは, 犯行前の情動の発現状況について,「地球上の全部のエネルギーが自分の中からぐわっとこみ上がってくるような」「マグマが割れて出てくるような」非常に強い感情が体の奥底から湧き出てくるのを感じた, と述べている点で, この供述は Rasch のいう「ほぼ直角的な情動衝撃」がどのようなものであるかよく表現していると言えるだろう. Rasch は, この「ほぼ直角的な情動衝撃」は「根深い意識障害」の存在を示唆するものであるとしている. この事例でも, 犯行時の記憶の部分的な欠損や幻視様体験などがあり, それがドイツ精神医学における「根深い」意識障害と言えるものなのかどうか, ドイツの鑑定事情に疎い筆者には判断できないが, 鑑定した時点では, 少なくとも犯行時, 不眠・疲労・長時間の強い心理的緊張という生理的布置因子があった上に強い情動刺激を受けたことで, 一過性に軽度の意識混濁を呈していたのではないかと考えた. しかし, 幻視様体験は反復性, 侵入性心象や再体験, 記憶の部分的な欠損は解離性健忘と考えれば, すべて PTSD (ないし acute stress disorder : ASD) の症状として説明することもできるため, 心因性意識障害の可能性を考慮しなくてもよかったかもしれない, と現在では考えている.

この事例は典型的な情動犯罪であると考えたが, わが国における標準的な責任能力判断に照らし合わせると, 現状では完全責任能力という結論になるだろうと筆者は予想していた. しかし, 情動犯罪における責任能力の問題は, これまで精神鑑定人や司法関係者の間で十分議論されてきたとは言えず, 今後検討していくべき課題の1つではないかと考えている.

おわりに

ドイツの情動犯罪研究の知見を紹介し, それに基づいて筆者が経験した配偶者殺人の鑑定例を提示した. 特に配偶者間, 男女間の暴力や葛藤が背景にある犯行の場合, 精神鑑定では, 狭義の精神障害の有無だけでなく, 情動犯罪としての側面も検討していく必要があると考える. そしてわが国でも, 情動犯罪における責任能力判断について, 司法精神医学的な議論が進むことが望まれる.

[田口寿子]

文　　献

1) Rasch W：Forensische Psychiatrie, Kohlhammer, Stuttgart, 1999.
2) Nedopil N：Affktdelikte, Forensische Psychiatrie, pp. 229-235, Thieme, Stuttgart, 2007.
3) Rasch W：Tötung des Intimpartners, Enke, Stuttgart, 1964.
4) Bernsmann K：Affekt und Opferverhalten. *Neue Zeitschrift für Strafrecht*, 4：160-166, 1989.
5) Saß H：Affektdelikte. *Nervenarzt*, 54：557-572, 1983.
6) Saß H：Handelt es sich bei der Beurteilung von Affektdelikten um ein psychologisches Problem? *Fortschrift der Neurologieund Psychiatrie*, 53：55-62, 1985.
7) Mende W：Die affektiven Störungen, Venzlaff U. (Hrsg.) Psychiatrische Begutachtung, Fischer, Stuttgart, New York, 1986.
8) Marneros A：Affekttaten und Impulstaten, Forensische Beurteilung von Affektdelikten, Schattauer, Stuttgart, 2006.
9) 大阪地方裁判所　昭和46年7月1日判決.
10) 林美月子：情動行為と責任能力，精神障害者の責任能力－法と精神医学の対話（中谷陽二編），pp. 114-135, 金剛出版, 東京, 1993.
11) 林美月子：情動行為と意識障害，立教法務研究, 9：109-142, 2016.

14

災害は情動・認知にどのような影響を与えるか？
：東日本大震災の現場から

　災害は，自然災害，人為災害など種類の如何を問わず，多くの被災者に情動面や認知面への影響を引き起こす．それらの一部は，うつ病や心的外傷後ストレス障害（posttraumatic stress disorder：PTSD），薬物依存といった深刻な精神障害に発展することもまたよく知られている．本章では，このような災害がもたらす様々な精神医学的，心理社会的問題について述べる．ただこの問題を総括した類書は，ラファエロの『災害の襲うとき』[1]を嚆矢としてすでに多く出版されているので，ここでは近年日本を揺るがした東日本大震災を例にとって述べてみたい．本災害は，周知のように，その被害規模が甚大であるばかりか，地震・津波といったわが国特有の自然災害に加え，福島第1原子力発電所の全電源喪失後の爆発事故発生という未曾有の複合災害にまで発展した．すなわち本災害は，津波被害を中心とした大規模な自然災害と，原発事故を中心とした人為災害のそれぞれが持つ顕著な特徴を併せ持つ災害であった．したがって今般の震災は，（不幸にして）災害の持つ複雑な心理社会的影響をほとんど表しているといっても過言でなく，本章のテーマ「災害が及ぼす認知情動面への影響」を，否が応にも考えさせられるのである．同時に，現在被災地ではまだ復興は道半ばである．本章において，被災地で見られた心理社会的特徴の諸相を浮かび上がらせることで，現在の，そして今後の被災地の復興や支援を考える一助になればと思う．まず津波被害がもたらす認知情動面への影響について大江がまとめ，その後に原発災害がもたらす影響について前田が述べる．

14.1　津波被害が与えた認知情動面への影響

a.　事例からみた津波被害

　東日本大震災は地震，津波，原子力発電所事故という複合的災害と位置づけら

れている．津波被害による認知情動面への影響を解説するにあたり，まず，千葉ら[2]が報告している陸前高田市の高田診療所を受診した5事例中2例の一部を抜粋し，記述に現れている認知および情動について説明を加えることにする（例示を目的としているためここでは筆者の判断で抜粋し，中略等の表現は省略した）．

【事例1】 30代女性．津波により夫と子どもの2人を亡くしている．冬になると冬景色が震災を思い出させ，様々な症状が出現している．家族の死への自責の念を抱き，人と会っていろいろ質問されると悲しくなってしまうとも語っていた．心理的に読書が可能になってからは，読書を通じて同じような境遇の人がいることに精神的に救われている．

［事例1にみられる認知・情動］ 事例1では記念日反応と自責感が認められている．災害によるトラウマ反応の多くは時間の経過とともに改善の傾向に向かうが，記念日反応は災害が起きたのと同じ季節・同じ月・同じ日といった暦によりPTSD症状，不安・抑うつなどの症状悪化を認める点で時間の流れに抗う反応であるといえる．この症例に見られるように冬景色といった視覚情報や寒さといった体感が「あの日と同じ」と認知され，それにより強い情動反応が引き出されることもある．自責感は，自らに対する罪責感情である．本人による過失ではなく，津波という自然災害によって家族を亡くした場合であっても，「もし，私がもっと早く知らせることができていたら」と結果（ここでは家族を亡くしたこと）への自己の関与とそれによる罪責感を表明することが非常に多い．「その日そもそも外出するなと言って家にとどめておけば助かったのに」など，災害を予知することは不可能であることから考えるときわめて非現実的な内容が聞かれることもある．こうした感情は「生き残り罪責感（survivor's guilt）」と呼ばれている．

【事例2】 70代女性．夫と孫3人を震災で亡くし，兄弟を含めて親族を7～8人失っている．家も財産もすべてなくしてしまい，張り合いになるものが一気になくなってしまった．仮設住宅での催し物の時は，皆同じ傷をもっており，それには触れないのだという．次第に，災害に遭ったことはしょうがないと思えるようになった反面，自分だけが楽しんでいいのかと思うこともあり，家族の死について娘や息子と正直に話すことができないでいる．

［事例2にみられる認知・情動］ 事例2では「張り合い」「楽しみ」といった，

14.1 津波被害が与えた認知情動面への影響

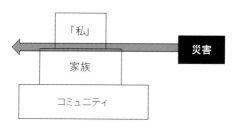

図14.1 災害により「私」を支える有形無形の
つながりが断たれる

positive な感情の喪失が語られている．張り合いとは「懸命に何かをしてやろうという当方の張りつめた気持に対し，相手側にも相応の反応・効果があって，やりがいがあると感じること」（新明解国語辞典 第7版）であり，相手があってこその感情であるといえる．親族（コミュニティ），家族，家，財産はヒト・モノであると同時に「私」を支える無形のつながりであったといえる．震災はこれらを一気に奪っていき，「私」はその土台を失う（図14.1）．仮設住宅では「皆同じ傷をもっており」とあるが，厳密には個々それぞれの体験や状況は同じではない（例：どのような関係の者と死別したか，自宅は残ったか）．しかし，そうした差異は「自分よりも被害の大きかった方に対して申し訳ない」と「触れない」ものとされる．「自分だけが楽しんでいいのか」と positive な感情そのものに対しても申し訳なさを感じてしまう点は，事例1と異なる形での生き残り罪責感といえる．コミュニティの中で周囲に気を遣い，結果として自身の被災体験に関連した感情を表出しない例は多いと思われる．

b. Resource loss と「あいまいな喪失」

ここで，事例2に見られた喪失と関連して，2つの概念を取り上げてさらに説明を加える．まず，Hobfoll[3] の Conservation of Resources（COR）理論では，有形無形の資源（resource）の損失（loss）が心身への影響と深く関連することが示されている．ここでいう資源とは，物的資源（不動産，車など）だけでなく，社会資源（家族やその他の人間関係），個人特性（自尊心，自己統制感など）を含めた包括的な概念である．被災の社会心理的影響を検討している多くの疫学研究結果が COR を支持している．岩手県山田町，大槌町，陸前高田市在住の約5万人を対象とした大規模疫学研究[4] を例にあげると，メンタルヘルス不調と関連

する項目として，経済的な問題が大きい（物的資源の損失），転居回数が多いこと（社会資源の損失），社会的なつながりが少ないこと（社会資源の損失）があげられている．ところで，個人特性については災害以前について知ることができないことがほとんどである．言い換えると，「本来の個人」なのか「災害後に変わってしまった個人」なのか災害後の横断研究では明らかにすることができない．仮に感情コントロールの乏しさがストレス関連症状の重症度と正の相関を示したという横断研究結果があるとした場合，個人のパーソナリティ特性と考えるのか，あるいは被災した結果感情コントロール能力が減じた（resource loss）とみなすのかについての結論は，この結果だけでは出せないことになる．

「あいまいな喪失」（ambiguous loss）は，Boss が提唱した概念[5]で，親しい人が別れるという過程を経ないまま突然消えてしまうことをいう．物理的に姿を消す（亡くなる）場合もあれば，認知症といった病気によってその人は存在していても，自分にとって「もはやその人は私にとってのその人として存在しない」という場合もある．震災に関連する「あいまいな喪失」は，津波による行方不明のほか，避難先で病気などにより家族と連絡がつかないまま亡くなること，認知症患者の個人情報が失われて家族と連絡がつかなくなるといった例が該当するだろう．震災後親しい人が行方不明となっても，遺体と対面しない限り，「どこかで生きているのではないか」という思いにとらわれるのは当然である．遺体引揚げの範囲や程度など，遺体との対面をどのくらい重要視するかについては文化差もある[6]．しかしながら，「お別れ」を言うことが可能になるという点で，遺体との対面は，その人と別れ，新しい道に進むことを促すことにつながる．親しい人の「存在と不在がはっきりしない状態」を「あいまいな喪失」と名づけることにより，支援者は災害後に出現する症状を安易に個人や家族の病理に結びつけるのではなく，状況と関連づけることが可能となる．

c. 子どもたちにみる認知情動面の影響

ここまで主として津波被害に関連した成人の認知情動面の影響についてみてきた．子どもについてはどうだろうか．ここでは「震災後の子ども―中長期的変化と対応について」と題した専門家による座談会[7]より，子どもに見られる変化を一部箇条書きで抜き出してみる．

【子どもたちの変化】
・急性期はむしろ子どもたちは予想外に元気だった．大人を元気づけなきゃいけないという意識もあった
・長期戦になったことにより，発達障害や適応障害・不登校の子どもたちの問題が様々に現れている
・就学前，乳幼児については，震災と関係なく何かのきっかけでまた分離不安が強くなったり夜眠れなくなったり，そういう訴えが多いという印象がある．たとえば震災後に葬式に出たというようなことがきっかけになるようだ
・生活全体がその居場所を失い，避難所から仮設住宅へとだんだん定住していくが，それが上手くいかずにある種の放浪状態に陥っている．それが結局は子どもに影響して，子ども自身が自分の居場所，自分の根を生やす場所を失ってきたことによる問題が最近多くなっている

　これをみると，生活の基盤を失うという大人・子ども共通の要因もある一方で，「急性期はむしろ子どもたちは予想外に元気」「大人を元気づける」という，子ども特有の影響が認められていたことがわかる．岩手で子どもの支援にあたっている八木の報告[8]でも，震災後1年を経てようやく子どもたちが症状を出せるようになったという印象を語っている．報告の一部をさらに引用すると，「震災直後の過覚醒状態が遷延し，それを『元気』と評価されれば，子どもたちの心の状態は正しく評価されないまま，見過ごされてしまう可能性がある」「震災後1年半たって初めて喪失体験を口にしはじめた子どもが不安定になったり，学校不適応や行動上の問題が増加したりするなど，『がんばりきれない』子どもたちと疲弊する学校現場の様子が浮き彫りになっている」．筆者の大江は2014年にいわてこどもケアセンターで診療する機会を持ち，3年以上たった時点で，これまで誰にも自身の被災体験について尋ねられずに経過し，やっと小声で震災時の恐怖を伝える子どもの姿をみた．大人は生活の基盤を新たに建てるべく必死に働くことが求められ，子どもに目をかける余裕が失われていること，学校現場は保護者側からの期待（保護者自身の余裕がないことに関連する）と復興への使命感によりこちらも余裕を失っていることを実感した．

d.　再び，周囲とのつながりを持つこと

　ここまで主として津波被害が及ぼす認知情動面の影響について，理論的背景を

含めて論じてきた．Resource loss，あいまいな喪失のいずれにおいても「失う」ことが影響の背後に存在するとすれば，ささやかであっても再び何かを「得る」ことが前に一歩踏み出すきっかけとなるだろう．大規模研究結果もこうした見方を支持している．家族など親しい者，そして社会的な支えがトラウマ関連症状を和らげるという報告は数多い[9]．事例1では読書を通じての同じ境遇の人々とのつながり，事例2では仮設住宅での交流がこうしたつながりにあたる．ここで重要なことは，単に何人と交流したか，回数はどうか，といったコミュニティの構造によってではなく，信頼感や所属感といったつながりに対する認知が症状緩和に関わっているということである．ペルーで2007年に起きた地震の4年後に慢性PTSD症状とソーシャル・キャピタル（social capital）について調査をした研究[10]では，周囲とつながっている感覚の高い群は，低い群と比較すると慢性PTSDとなる率が半分以下であった一方，構造的な違いは症状との関連を認めなかった．PTSD症状の出現には，死の恐怖などの主観的要素との関連が強いということはよく知られている[11]が，回復過程においても主観的な認知の役割が大きいことが示唆されていることは興味深い．支援者は，規模の大きい災害に対峙すると，えてして支援の構造に目を向けがちであるが，1人ひとりがそれをどう受け取っているかという点にも目配りをすることが求められるだろう．

14.2　原発事故が与えた認知情動面への影響

　福島における原発事故は，きわめて広範囲で深刻な心理社会的影響を県内外にもたらした[12]．とくにその認知情動面の影響についてまとめてみたい．その影響は多元的で複雑であるが，それを①原発事故の直接影響（外傷後ストレス反応），②とくに内部被曝に関する慢性的不安，③あいまいな喪失反応，④コミュニティの分断，⑤スティグマ（stigma，負の烙印）とセルフ・スティグマの5つに分けて述べる（表14.1参照）．

a.　原発事故時の心的衝撃と反応

　2011年3月11日，地震・津波に引き続き衝撃的な原発事故が発生した．双葉町や大熊町のような福島第1原子力発電所が存在した町でさえ，多くの町民にとってはまさに寝耳に水の事故であった．もちろん後に30キロ圏内にあることで避難を余儀なくされた住民の多くも原発事故の発生は予期しなかった．すなわ

14.2 原発事故が与えた認知情動面への影響

表 14.1　原発事故がもたらした認知情動面への影響

心理的影響	特徴
外傷性ストレス反応	原発の爆発に関連した外傷性記憶 覚醒亢進，再体験症状群
慢性不安と罪責感情	内部被曝に対する恐怖，特に幼い子供を持った母親，その相互作用による子どもの行動への影響 養育上の罪責感情
曖昧な喪失体験	物理的破壊を伴わない家屋や土地の喪失 復興の遅れと将来像のあいまいさ
コミュニティの分断	家族内，家族間のリスク認知の相違からくる分断 避難先住民と避難住民との軋轢 コミュニティの有するレジリエンスの低下
スティグマとセルフ・スティグマ	福島に対するステレオタイプ 外集団への暴露によるセルフ・スティグマ形成 怒り感情と自信喪失，自己効力感の低下

ち心的準備性がほとんどなかったのである．また情報が錯綜し，場所によっては全く情報が入らなくなった．当時の政府をはじめ行政機関の対応も混乱しており，また津波被災地では獅子奮迅の活躍を見せた自衛隊などの専門的支援組織ですら放射線汚染への懸念から，その支援は円滑なものではなかった．

　こうした混乱の中，多数の住民が避難を余儀なくされた．当初は楽観視しようとした者，あるいはなんとか地元にとどまろうとした住民もいたが，原発建屋の爆発は続き，日を追って事態は悪化の一途をたどった．その間多くの住民はメルトダウンや放射線汚染の恐怖の渦中に追い込まれた．とくに福島第1原発から近接した地域で，避難を余儀なくされた，主として30キロ圏内の住民は，当時の記憶が生々しく残っており，それは避難区域が解除された後も長く強いトラウマ性不安として残っている[13]．再びあのような惨禍が招来されるのではないかという不安は現在も尽くことがなく，それが居住住民の慢性的な不安や恐怖症状を形作っているし，避難住民の帰還を困難にしている大きな心理的要因になっているようである．

　すなわち爆発音が聞こえたような，そして緊急の避難を余儀なくされた30キロ圏内の原発近接地域では，とくに原発爆発に伴う外傷性記憶が今なお強く残っており，それが住民の精神保健面に無視できない影響を与えている．具体的にはPTSDをはじめとする不安・恐怖症状が出現しているおそれがあるが，実際にそ

のような訴えで精神科を受診することは少ないようだ．多くの症状は subclinical なレベルに留まっていることも考えられるが，精神科受診に対する抵抗感も強いために受診に至っていない可能性も高い．PTSD にとどまらず抑うつ事例やアルコール依存事例も含め，精神科受療者数に関してはかなりの暗数を予想すべきであるし，アウトリーチ的な介入が今後も必要である．

　また，このような原発事故が直接もたらした恐怖体験の有無の違いは，そのまま避難を経験した沿岸部の被災者とそうでない被災者の不安感情の高さの違いとして表れているように思われる．福島市や郡山市よりも放射線量が低いような（たとえば南相馬市のような）沿岸部地域でさえ帰還者がそれほど増えていないことの背景には，こうしたトラウマ性の記憶がもたらす強烈な被災者の心象の影響があるのかもしれない．実際に，福島県立医科大学の放射線医学・県民健康管理センターが，このような沿岸部住民約 21 万人に対して行った，PTSD Check List (PCL) を用いた質問紙調査[14]によると，21.6％ が PTSD のハイリスクグループであった．この地域の住民の有するトラウマ性の不安の強さを表している．

b．放射線被曝に対する慢性不安と罪責感情

　放射線被曝，とりわけ内部被曝に関する不安は広く福島県住民が有しているが，その強度は様々である．チェルノブイリ事故でもそうであった[2]が，最もこうした不安が強い住民は，比較的若年の子どもを持つ養育者，とくに母親と考えられる．線量にかかわらず福島に住む母親は，とくに戸外での子どもの遊びなどの活動に過敏であり，またそうした母親の不安は子どもの成長過程にも一定の影響を及ぼしていると推測される．注目しなければならないのは，このような養育者に広く見られる子どもの放射線被曝に対する不安は，「ここに住んでいいのだろうか」という強い罪責感情を養育者に生み出していることである．

　こうした放射線という目に見えないものに対する恐怖や罪責感情から，長期的な避難生活を続けている母親が多いのであるが，その一方で就労などの問題から父親は地元にとどまっている場合も多く，長期的な別居状態を余儀なくされている家族も少なくない．問題はこうした放射線汚染の影響がきわめて長期的であり，復興の足取りが見えないことである．もちろん多くの地域では，放射線リスクを過大視しないような啓発活動が主として行政からなされているが，住民にある根深い情報不信や専門家の意見のかい離などから，こうした啓発はあまり成功して

いないように思われる．このようなリスク・コミュニケーションのあり方は今後十分に再検討されなければならない．エビデンスに基づいた情報の発信はもちろん大切であるが，リスク心理学を応用したようなより効果的な情報発信は，後述するスティグマの払拭のためにも重要である．

さて，上述した住民の慢性不安や罪責感情，特に母親のそれは，当然のことながら精神保健上の問題も引き起こしている可能性がある．具体的には様々な不安障害症状や抑うつ症状が引き起こされている可能性がある．そして，こうした症状は薬物依存や虐待といったより深刻な問題にも移行する恐れがある．もちろん母親の不安定化は，子どもの精神保健にも相当の影響を与えるだろうし，ここに母子システムをめぐる負の循環が招来される可能性がある．すなわち母親が不安定化し，子供がそれにつれ不安定となり，さらにそれを見た母親が自信を失うといった負の循環である．

このような母子システムの負の循環は，中越地震などでも認められ報告されている[15]が，その一方で災害時にはコミュニティの絆もまた強まり，それによって母子システムが守られることも多い．様々な災害発生後には，子どももよりしっかりと成長したなどのエピソードもしばしば聞く．最近報告されたオーストラリアの大規模山火事に被災した多数児童のきわめて長期にわたるコホート研究[16]をみても，児童への長期的な精神的影響はほとんど見られていない．

しかしながら後述するように，福島県ではコミュニティの凝集性が弱まっており，その場合最も影響を受けやすいのがこの母子システムであろうと考えられる．たとえば配偶者と別離を余儀なくされている母親も少なくないが，その場合は，母子双方にかかるストレスは否応なく高まっているだろう．現場の小児科医からは，子どもの落ち着きのなさ，強迫的行為，過度のまとわりつき，引きこもり傾向など多彩な問題行動も報告されている[17]．さらにすでに紹介した福島県立医科大学による Strength and Difficulty Questionnaire (SDQ) を用いた15歳以下の子どもに対する大規模調査[14]でも，各年代とも情動・行動面での問題があると評価された者は，対照群に比べはるかに多い．

こうした子どもの様々な心身面での反応は，より上位の家族システムの不安定化が大きな影響を及ぼしている可能性がある．そしてまた，このような子どもの不安定さは，母親の不安感や罪責感情を否応なく高めることだろう[18]．

チェルノブイリ災害研究[19]でも明らかなように，原発被災地の母親は強い不

安と罪責感情を抱きやすいため，精神保健上のハイリスク群であると考えるべきで，特別に焦点化された支援が非常に重要である．そしてまた子どもに対する様々な支援やケアの強化は，母親を含めた家族システムの安定化をもたらすであろう．すなわち福島県においては，「全体としての家族（family as a whole）」を支援するという視点を持つことが重要である．

c. あいまいな喪失と喪失不安

上述した津波被災地はもとより，福島県においては居住が困難な，あるいは居住に不安が伴う地域が広く存在し，土地・家屋などの不動産はもとより，経済的基盤や就労機会の喪失が生じている．とりわけ就労者の転職が困難な第1次産業が主体の地域では，こうした問題が集約して現れている．福島県において，こうした問題を非常に難しくしているのは，東京電力などとの補償交渉が進展せず，上述のような様々な喪失が物質的に埋め合わせられないことである．

たとえば帰宅困難であると認定されることは，住民にとって不動産や故郷を失うという完全なる喪失を事実上意味するが，それなりの補償も得られるため同時に次の人生設計を立てようという決断は行いやすくなるだろう．しかし多くの住民は土地などを完全に喪失したというわけではなく，「不完全な形での復興」にとどまっている．たとえば，最近は楢葉町をはじめとして沿岸部被災市町村の帰還が次々と始まっているが，これらは本来復興に向けて喜ばしいことである．しかしながら一方で，これらの地域では立ち入ることができても居住はできないというように，この不完全さが際立ってもいる．多くの避難住民は帰郷もできず，さりとて移住もできないというように非常に曖昧な状態に苦しめられているのである．またこのような不完全な形態は，土地などの不動産に限らない．就労に関しても，定住ができていないことから企業側も雇用しづらく多くの避難者は正規の雇用に至っていない．

さて，前節で述べたように，今般の津波被災地においては，多くの行方不明者が生じ，「あいまいな喪失」といわれる悲嘆反応がクローズアップされた．もちろん福島の沿岸部においてもこうした行方不明者遺族の苦しみは続いている．ただしかし，上述したような不動産やコミュニティ，就労などをめぐるあいまいな喪失状況も，次のステップになかなか歩み出せないという意味では，この行方不明遺族を襲う悲嘆反応とのアナロジーを見ることができる．福島のあいまいな喪

失状況は，提唱者のBoss[5]のいう2型（物理的に存在するが，心理的に存在が不明瞭）に相当するだろう．ある避難者が筆者に述べた「真綿で首を絞められている感じ」という言葉は，こうしたあいまいな喪失状況を言い得ているように思う．

そして，こうしたあいまいな喪失状況は，それが遷延することによって，住民に様々な精神保健上の問題をもたらすであろう．たとえば抑うつや薬物依存などがあげられるが，とりわけ危惧されるのが自殺の発生である．もうすでにこのあいまいな状況は，多くの避難住民にとって限界的なほど長期化しているように思われる．今後除染作業を続けた後，帰還を促すというロードマップを持った自治体もあるが，帰還可能となった沿岸部市町村においても（線量は比較的下がってきたにもかかわらず）あまり帰還住民が増加していないことを考えると，こうしたロードマップのようにうまくいくのか，あるいはそれまでこのような曖昧な状況に住民が耐えることができるかは全くの未知数である．

換言すれば，「自分はいったいどこの住民なのだろうか」といった同一性の問題が，この避難住民に引き起こされていると考えられる．たとえば「仮のまち」構想は，避難住民にとって希望を与え，避難コミュニティの崩壊を防ぐという効用を持っていた．しかしながら，こうした曖昧な喪失状況が続くことには変わりなく，同一性の危機にいかに向き合うかが今後の大きな課題である．

d. コミュニティの分断

福島における精神保健上の問題に大きな影響を与えている問題が，このコミュニティの分断である．住民の長期的避難，家族の長期的別離，放射線線量の相違，政府によって定められた居住制限地域，補償交渉やその格差，将来への見通しの乏しさなど多数の要因が，元来あったコミュニティの凝集性を損なっている．そもそも自然災害においては，犯罪被害や人為的災害よりもPTSDの有病率は低く[20]，その大きな要因としてあげられるのが，コミュニティの結束による回復力，換言すればコミュニティの有するレジリエンスである．たとえば犯罪被害者などでは孤立化する傾向が強くなり，それがPTSDなどの症状や精神保健上の問題を悪化させる．しかし自然災害では，郷土愛から皆で力を合わせていこうという凝集性が発揮されていき，それが被災者個々の孤立化を防ぎ，自助性を高めるのである．特に地震や風水害の常襲地帯であり災害立国でもあるわが国は，そう

した災害へのレジリエンスは他国に比して優れた特質といっても過言ではなかった．

　しかしながら今般の福島原発災害は，言うまでもなく人為的災害であり，上述したような複雑で多数の要因から，コミュニティの分断化が引き起こされ，地域の持つレジリエンスが発揮しづらい状況が続いている．とくに多くの住人は，強制的ではない，自発的な形での避難の判断を迫られたこともあって，「なぜこの町を離れたのか」あるいは「なぜこの町にとどまったのか」という価値判断をめぐっての分断が引き起こされた．さらに，このような分断はコミュニティのレベルのみではなく，家族レベルでも引き起こされている．たとえば，上述したように男性配偶者は就労の問題もあって，県内にとどまる一方，女性配偶者は育児上の不安から県外に避難するという事例は多い．そして，このような家族の分断が長期化し，母子関係が不安定化する，あるいは男性配偶者が孤立化し，抑うつや子どもの分離不安の出現などの精神保健上の問題が多く発生しているようである．本来災害の発生下では平時に見られないような家族の凝集性が見られ，これが家族成員の危機防御に一定の役割を果たすのであるが，上記のような家族分離によって家族システムは脆弱化し，一層の精神保健上の危機を招来しているように思われる．

　また避難生活が長期化するにつれ，最近別の形のコミュニティの分断，軋轢が生じるようになった．それは元々住んでいる住人と避難住民との軋轢である．この現象は被災直後には殆ど見聞しなかったものである．ところが避難生活が長期化し，しかも上述したような曖昧な状況が続く中，次第に避難先住民との間に微妙な溝が生まれつつあるようである．避難住民を受け入れる自治体も，いつまでこの状態が続くのかという戸惑いや困惑が広がっているのである．避難している住民もまた，そのような微妙な溝は感じ取っているようで，次第に周りに迷惑をかけているのではないかといった負い目を感じていることも少なくないようだ．

　避難住民からすると，あいまいな喪失状態の中，住民票も移せず，また避難先で定職に就くことも難しい．補償交渉も一向に進展しないために，新たな生活の一歩が踏み出せないでいる．その一方，避難先住民は「いつまでもぶらぶらして」などと厳しい視線を避難住民に向けることもある．また避難住民のために土地代が上がってしまった，自分たちが支払った税金を使われているなどの現実的な苦情を申し立てる地域住民も増えているようである．もちろん多くの避難先住

民は，避難住民に対して共感的態度で接していることも強調しておかなければならない．しかしその一方で，避難生活が長期化するにつれやはりこうした軋轢が増えていることは残念ながら認めなければならない．そして，このような避難先住民との軋轢は，たとえばいわき市のような避難住民が多い地域ではより起こりやすいと考えられる．

また，このようなコミュニティの分断化がもたらされた結果，凝集性や自助性が損なわれ，避難住民の孤立がもたらされやすくなるだろう．避難住民も，もちろんこのような避難先住民の視線に関しては大変過敏であるし，避難していることをあまり語らなくなっているようである．そして後に述べるようなスティグマ化した状況と同様に，このような避難先住民との軋轢や不和は，避難住民の自己効力感や同一性に少なからぬ心理的影響を与えているものと推察される．

そして，上述したような深刻な喪失状況に加え，このようなコミュニティが本来有するレジリエンスが失われれば，閾値下の精神保健上の問題が顕在化する可能性がある．とくに危惧すべきはうつ病の発生であり，自殺や薬物依存といった自己破壊的行動である．実際，先の県民健康管理センターが行ったKessler-6（K6）を用いた調査[14]でも，うつ病のリスクがある住民は14.6%にのぼり，これは一般住民サンプルのそれよりもはるかに高い．また福島県において，震災関連死，なかんずく震災関連自殺が他の被災県に比してはるかに高いことはよく知られている（平成26年度復興庁調べ）．

e. スティグマとセルフ・スティグマ

放射線被曝が健康に与えている影響は決して看過できないが，それにしても非科学的，非合理的なレベルでの被曝恐怖が福島県内外住民に存在する．たとえば福島の若年女性が抱く（あるいは彼女らに対する）結婚にまつわる不安，あるいは将来の妊娠に対する不安，あるいは放射線汚染が「感染する」などの風評である．またそれに伴い，住民の罪責感情も強い．これらの現象は自然災害ではまず見られないもので，むしろそのアナロジーは広島・長崎原爆被爆者に関連するスティグマに求められるかもしれない．実際に多くの被爆者は，自らの出自や被爆体験を語らなかった[21]が，そしてその傾向が特に若い女性には強かったようであるが，こうした傾向は福島の被災住民にも見られる．すなわちセルフ・スティグマが存在すると考えられえる．精神障害者が有するセルフ・スティグマの問題の研究[22]

では，社会に適応しようとする気持ちが強い当事者の場合，自らの正当性を信じ怒り感情に襲われるか，自信や自己効力感を大きく失ってしまうといった極端な二分化された反応が生じるとされる．こうしたセルフ・スティグマは，福島県内にいる場合，すなわち内集団（in-group）にいる場合はあまり顕在化せず，県外，すなわち外集団（out-group）に接する時に，人によっては強く活性化されるだろう．

　こうしたスティグマの構造を考えると，放射線汚染に関する一般大衆の認知の特性があげられるだろう．それは不可視的対象に対する恐怖にまつわる問題であり，「汚染された」あるいは「汚染されていない」といった誤った二分法（false dichotomy）的認知がもたらす問題でもある．本来，放射線汚染は，（LNT 仮説が妥当か否かを問わず）基本的に連続的なものと考えるべきであり，だからこそ避難地域もまた空間線量観察に基づき細かく分類されている．しかし多くの住民にとって，とくに福島県外の住民にとっては，汚染されているか，そうでないかといった単純で過剰な二分法的認知がしばしば認められる．こうした過剰な二分法は福島産の生産物のみならず，福島住民にも向けられてしまい，「汚染されたフクシマ」といったステレオタイプ化が起こり，これが福島住民へのスティグマを招いている可能性がある．

　確かに，このような福島県住民のスティグマやセルフ・スティグマの問題をどのように取り扱うかは，慎重であらねばならない（こうした問題を大きく取り上げることでかえってスティグマが強まるという懸念もある）．しかしその一方で，スティグマ状況が被災者にもたらす心理的影響が大きいことを勘案すると，決して看過されるべきものではない．これらの払拭に向けた努力が必要であるし，そのためには上述したような適切なリスク・コミュニケーションが必要となる．そして筆者がとくに重要と考えるのは，スティグマ化，ステレオタイプ化した他者の視点がどれほど被災者を苦しめるか，あるいは被災者がそうした視点に対しどれほど過敏になっているかを，県外住民にもきちんと伝えることである．そして，そのためにはメディアも巻き込んだアンチ・スティグマの啓発的活動を行うことが大切となるだろう．

おわりに

　以上，今般の東日本大震災の津波被害，そして原発事故がもたらした住民への

認知情動面への影響について,それぞれ節を分けてまとめた.本章執筆時点で震災後5年が経過したが,本章で述べたように今なおその影響は非常に強く,被災住民を苦しめている.とりわけ福島においては,大規模原発災害自体が未知領域の出来事であり,放射線という不可視性もあって,その影響は多元的で複雑,かつ慢性的である.本章が,自然災害と人為災害がもたらす認知情動面への影響について,また東日本大災害のもたらした広範な心理社会的影響について,読者諸氏の理解の一助になることを祈りつつ筆をおく. [前田正治・大江美佐里]

文　　献

1) Raphoel B : When disaster strikes : how individuals and communities cope with catastrophe. 石丸　正訳:災害の襲うとき―カタストロフィの精神医学,pp.237, みすず書房, 1989.
2) 千葉太郎ほか:東日本大震災陸前高田市における支援活動報告 高田診療所受診者の概要. 日本心療内科学会誌, **17**:232-235, 2013.
3) Hobfoll SE : Conservation of resources : A new attempt at conceptualizing stress. *Am Psychol*, **44** : 513-524, 1989.
4) Yokoyama Y et al. : Mental health and related factors after the Great East Japan earthquake and tsunami. *PLOS ONE*, **9** : e102497, 2014.
5) Boss P : Ambiguous loss. Cambridge, MA : Harvard University Press, 1999.
6) Boss P : Ambiguous loss in families of the missing. *Lancet*, **360**(Suppl) : s39-40, 2002.
7) 吉田弘和ほか:震災後の子ども 中長期的変化と対応について.トラウマティック・ストレス, **10**:44-50, 201.
8) 八木淳子:東日本大震災における子どものこころのケア―宮古子どものこころのケアセンターの活動報告―.トラウマティック・ストレス, **10**:83-88, 2013.
9) Hobfoll SE et al. : Five essential elements of immediate and mid-term mass trauma intervention : empirical evidence. *Psychiatry*, **70** : 283-315, 2007.
10) Flores EC et al. : Social capital and chronic posttraumatic stress disorder among survivors of the 2007 earthquake in Pisco, Peru. *Social Science & Medicine*, **101** : 9-17, 2014.
11) Schnyder U et al. : Incidence and perdiction of posttraumatic stress disorder symptoms in severely injured accident victims. *Am. J. Psychiatry*, **158** : 594-599, 2001.
12) Maeda M, Oe M : Disaster behavioral health : Psychological effects of the Fukushima nuclear power plant accident. In Tanigawa K. Chhem RK (eds), Radiation Disaster Medicine, pp.79-88, Springer, 2013.
13) 前田正治:原発事故に立ち向かう:南相馬市 雲雀ヶ丘病院の苦闘. 臨床精神医学 **41**: 1182-1191, 2012.
14) Yabe H, Suzuki Y, Mashiko H et al. : Mental Health Group of the Fukushima Health Management Survey. Psychological distress after the Great East Japan Earthquake and Fukushima Daiichi Nuclear Power Plant accident : results of a mental health and lifestyle survey through the Fukushima Health Management Survey in FY2011 and

FY2012. *Fukushima J Med Sci*, **60**:57-67, 2014.
15) 遠藤太郎，塩入俊樹，鳥谷部真一ほか：新潟県中越地震が子どもの行動に与えた影響．精神医学，**49**，837-843，2007．
16) McFarlane AC, van Hooff M：Impact of childhood exposure to a natural disaster on adult mental health：20-year longitudinal follow-up study. *Br J Psychiatry*, **195**：142-148, 2009.
17) 北條　徹：原発事故が福島の子ども達に与えた影響（外出制限との関係から）．日本小児科医会会報，**42**：119-121，2011．
18) 前田正治：子どもと災害：親子にみられる情緒的相互作用．教育と医学，**700**：58-67, 2011．
19) Bromet EJ, Havenaar JM, Guey LT：A 25 year retrospective review of the psychological consequences of the Chernobyl accident. *Clin Oncol*, **23**：297-305, 2011.
20) Kessler RC, Bromet E, Hughes M et al.：Posttraumatic stress disorder in the National Cormobidity Survey. *Arch Gen Psychiatry*, **52**：1048-1060, 1995.
21) Yamada M, Izumi S：Psychiatric sequelae in atomic bomb survivors in Hiroshima and Nagasaki two decades after the explosions. *Soc Psychiatry Psychiatr Epidemiol*, **37**：409-415, 2002.
22) Rüsch N, Corrigan PW, Wassel A et al.：Self-stigma, group identification, perceived legitimacy of discrimination and mental health service use. *Br J Psychiatry*, **195**：551-552, 2009.

15 トラウマに対処する薬物療法

　トラウマとは，心的外傷後ストレス障害（posttraumatic stress disorder：PTSD）を生じる原因となる恐怖体験記憶である[1]．PTSDはトラウマ体験直後に生じる急性ストレス反応（acute stress reaction：ASR）から数週から数か月の期間を経て一部の者が発症する．ASRでは積極的治療が必要となり医療機関を受診するケースは少なく，その多くはベンゾジアゼピン系抗不安薬などによる対症療法および，PTSDに準じた初期薬物療法が行われているが，ASRの早期介入によるPTSD発症予防有効性に関するエビデンスは確立していない．他方，PTSDの治療に関して複数の対照比較試験により，選択的セロトニン再取り込み阻害薬（selective serotonin reuptake inhibitors：SSRIs）の有効性が認められている．

　近年の恐怖記憶における認知科学研究の発展は，PTSD症状をターゲットにした治療法から，トラウマを治療ターゲットにした治療法の開発へと治療ストラテジーを変化させつつある．PTSD患者は海馬，扁桃体，帯状回といった大脳辺縁系の神経機能異常を示すことが機能画像研究により解明され，これらの脳部位からなる神経ネットワークが恐怖記憶処理に関わることより，臨床的，科学的根拠の一致性から，恐怖記憶処理障害がPTSDの中核病態として注目されている．また，トラウマに焦点化した認知行動療法の治療成績が従来の薬物療法に勝るとも劣らないことも，この科学的病態仮説の傍証となっている．

　本章は，科学的仮説に基づく生物学的プロセスに焦点化した，トラウマ処理機能改善を目指す近年の治療法開発を中心に概説する．

15.1　トラウマの処理障害

　PTSDでは多くの場合表面的に快の感情が麻痺し無感動となるが，潜在的には

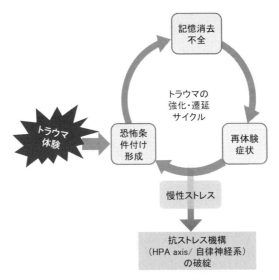

図 15.1　トラウマの病理

過覚醒状態にあり易刺激性が亢進し睡眠も障害される．これら過覚醒症状は疾患特異性が低く，PTSD の診断特異性は DSM-IV における A 基準（トラウマ体験の侵襲性）を前提とした B（再体験）基準にある[2]．トラウマ過剰想起に基づく B 基準症状は，PTSD の生物学的プロセスの中核がトラウマの過剰強化・消去不全にあるとする仮説の根拠となっている（図 15.1）．主な再体験症状は，しばしば望まずに侵入的に思い出すトラウマ体験（侵入的想起，フラッシュバック）であり，夢内容に現れることで繰り返す疑似再体験である．C（回避）基準症状は，再体験症状惹起のきっかけになるような場所や物，状況への遭遇を徹底的に回避する対処行動である．

　PTSD 患者ではトラウマ想起刺激処理に関わる脳活動において，扁桃体の過活動と前頭葉，海馬体の活動低下が同時に認められ[3]，海馬や扁桃体の体積減少が示唆されている[4]．海馬は記憶の獲得および消去に重要な役割を果たし，海馬が損傷されると新規記憶獲得が困難になる[5,6]．そして，恐怖記憶の獲得の際には，扁桃体と海馬の両者が関わる．記憶の獲得および消去には，海馬の神経新生および神経細胞（シナプス）間の情報伝達システムが背景メカニズムとして関わることが示唆されている．海馬の神経細胞は可塑性に富み，海馬歯状回では成体であっても幼若な神経細胞が新生される．記憶の獲得の際には，海馬体の新生神経細胞

より神経ネットワークが構築され，海馬体一皮質間の神経ネットワークが成熟することで，長期記憶として成立すると考えられている．長期記憶が成立すると海馬の関与は弱くなるが，記憶消去の際には海馬が再活性化し，既存の海馬一皮質神経ネットワークを再構成することで記憶の更新・消去が行われる．この神経ネットワークの構築・再構成に，シナプス間の長期増強現象が関わっており，神経細胞体から頻回に刺激が出されるとシナプス伝達効率が長期にわたって増強し，シナプス間情報伝達が強化される[7]．シナプス間情報伝達にはNMDA（N-methyl-D-aspartic acid）型のグルタミン酸受容体とAMPA（α-amino-3-hydroxy-5-methylisoxazole-4-propionic acid）型のグルタミン酸受容体が主に関与している．NMDA型グルタミン酸受容体は細胞膜があらかじめ脱分極している時にのみ活性化され，主にカルシウムイオンを細胞内に流入させる（図15.2）．細胞膜があらかじめ脱分極している状態は，高頻度の入力刺激が立て続けに起こった時や多くの入力刺激が同期して入った時（≒トラウマ体験時や高度学習時）に活発に起こり，細胞内にカルシウムイオンが流入するとカルモジュリンやプロテインキナーゼCといったシグナル伝達系が活性化される．するとAMPA型グルタミ

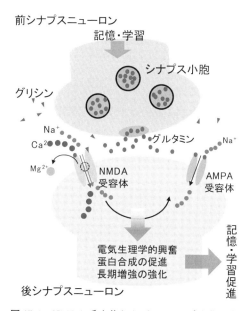

図15.2 NMDA受容体およびAMPA受容体を介したシナプス間情報伝達促進機序

ン酸受容体の感受性が上昇し，長期増強現象が起こる．扁桃体は恐怖記憶獲得のみならず，恐怖記憶の想起や感情調節そのものに関わり，前頭皮質は恐怖記憶消去の際に扁桃体や帯状回の活動を抑制し，記憶と恐怖感情を切り分ける役割を果たす．このため，これらの脳構造からなる神経ネットワークの活動異常は恐怖記憶機能障害を反映し，トラウマ過剰想起とトラウマ消去不全からなる悪循環（図15.1）を形成する．横断的生理病態像として，交感神経活動亢進[8] および，視床下部-下垂体-副腎皮質（hypothalamic-pituitary-adrenal：HPA）系における内分泌制御不良[9] が古くより指摘されているが，これらは慢性化した過覚醒症状を反映しているのみならず，トラウマ想起を促進し，長期コルチゾル暴露による海馬組織変性がトラウマ消去不全を促進することでPTSDの記憶病態形成に関わっている．

　恐怖条件づけ記憶が，トラウマの基礎的モデルとして，ヒト，動物実験ともに用いられている．恐怖条件づけとは，侵害刺激（電気ショック刺激など）と環境刺激（特定の音や場所など）を同時に暴露することで，両刺激間の関連づけが高まり，環境刺激が単独で提示されても，侵害刺激に対する反応（すくみ行動や皮膚電気抵抗の上昇など）が自動的に生じる現象である．そして，恐怖条件づけ学習後に，侵害刺激と条件づけられた環境刺激を，侵害刺激を与えずに暴露し続けると，恐怖条件づけ反応が減弱するという，恐怖条件づけ消去学習パラダイム[10] が，PTSDに対する暴露型行動療法の治療プロセスモデルとして多く用いられている．恐怖記憶消去は，恐怖体験そのものを消去する学習過程ではなく，恐怖体験の想起に伴う恐怖感情の消去，もしくは新たな意味づけによる恐怖体験記憶の上書き学習と考えられ，暴露型行動療法の特性を忠実に再現するモデルとして広く受け入れられている．基礎研究においては，この恐怖条件づけ消去モデルを用い，恐怖消去学習増強を促進する薬剤の開発が進められており，近年のトラウマ（PTSD）治療法開発の主流となっている．

15.2　PTSDに対する標準的薬物療法

　2004年のアメリカ精神医学会（American Psychiatric Association）診療指針では，SSRIsがPTSDの第1選択薬として推奨されている．SSRIsはPTSDの症状改善および，再発防止に有効性を示す[11-16]．SSRIsは，セロトニン放出シナプスのセロトニントランスポーターに選択的に作用し，セロトニン再取り込

みを阻害することで、シナプス間隙のセロトニン濃度を高め抗うつ効果を発揮する。PTSDへの効果は主にセロトニン神経伝達効率の調整により、HPA系における内分泌制御の適正化による作用や、脳由来神経栄養因子（brain-derived neurotrophic factor：BDNF）分泌促進により海馬体の神経細胞新生の促進に基づく恐怖記憶消去不全の是正によると推測されているが[9,17]、SSRIsのPTSDに対する明確な作用機序は特定されていない。セロトニン・ノルアドレナリン再取り込み阻害薬（serotonin-norepinephrine reuptake inhibitors：SNRIs）や、他の抗うつ薬もSSRIsとほぼ同等のPTSD改善効果が報告されている[16,18,19]。

しかしSSRIsのPTSD改善効果は、一般市民のトラウマに対しては多くの偽薬対照試験で報告されているものの、退役軍人を対象とした多サンプル偽薬対照試験の結果では、SSRIsの有効性は認められていない[11,20,21]。約60％程度の患者に対し改善傾向を示すが、約20％の患者しか寛解まで改善せず、個人差による有効性のばらつきが大きいこともSSRIsの限界を示している[22,23]。

15.3　トラウマの治療

a. 刺激持続暴露療法とSSRIsの併用

SSRIsに代わり、現在最も推奨されているPTSD治療法が、暴露療法を重視した認知行動療法である刺激持続エクスポーシャー（prolonged exposure：PE）療法である[24]。PE療法は、トラウマ体験エピソードを誘導的に繰り返し明瞭に想起させつつ恐怖感情をコントロールすることを学習させ（恐怖消去学習）、トラウマと関連づけられた恐怖感情を消去することで治療効果をもたらすと推測されている。PE療法は、薬物療法に伴う副作用発現の危険性も無視できるだけでなく、市中トラウマに限らず戦場トラウマに対しても高い有効性を示す点でSSRIsより優れる[25-27]。さらに、女性患者は特にSSRIsによる薬物療法よりPE療法を好むことが示されている[28]。うつ病を合併したPTSD患者はSSRIsを選択する率が高いが、うつ病の合併がない場合多くのPTSD患者はPEを選択する[29]。これには、治療ストラテジーが明確である治療法を患者は好むことが関係し、PEによるPTSD治療メカニズムの合理性は認められている。

SSRIs単独療法と、PE療法とSSRIs療法を組み合わせた治療を比較すると、PE＋SSRIs療法の有効性が高いことが示されている[30]。一方で、PE療法施行後にSSRIsによる維持療法の有効性を調査した偽薬対照試験で、SSRIsによる有効

性は証明されなかった[31]．これらの結果は PE 療法が SSRIs 単独療法と同等以上の有効性を有していることを示唆している．

b. グルタミン酸受容体作動薬による刺激持続暴露療法の増強

従来より抗結核薬として臨床利用されている D-サイクロセリン（D-cycloserine：図 15.3）が，NMDA 型グルタミン酸受容体部分作動薬としての薬理特性を持っていることが近年明らかとなった（図 15.4）．この D-サイクロセリンの性質を利用し，PE 療法の効果を増強する試みが進められている．これは NMDA 作働性の記憶増強効果により，先に示した恐怖消去学習を促進させることで有効性が得られる[32,33]．治療効果の増強のみならず，医療者，患者両方の負担を軽減することができる点で，臨床応用が期待されている．動物実験で，D-サイクロセリンは扁桃体の NMDA 受容体グリシン結合部位に作用することで細胞膜の脱分極を促進し（図 15.2），恐怖条件づけ消去学習を促進することが明らかとなった[32,34]．ヒトにおいても，指先皮膚電気侵害刺激を特定の視覚中性刺激に条件づけした後に，D-サイクロセリンを経口摂取し，視覚中性刺激単独で提示する恐怖条件づけ消去学習を行うと，皮膚電気抵抗（恐怖）反応が有意に減弱し，再強化の電気侵害刺激を与えた後も皮膚電気抵抗反応の再上昇が抑制される[35]．D-サイクロセリンは，特定（蜘）の恐怖症[36]，広場恐怖[37]，社会恐怖[38]，

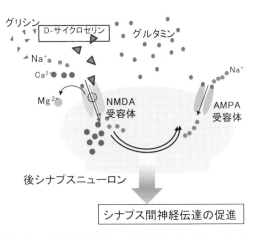

図 15.4 後細胞膜 NMDA 型受容体における D-サイクロセリン結合様式

図 15.3 D-サイクロセリン
(R)-4-Amino-3-isoxazolidin-3-one，
$C_3H_6N_2O_2$．分子量：102.09 g/mol

パニック障害[39]など近親疾患でも，認知行動療法効果増強薬としての有効性が確認されている．PTSDにおいてもD-サイクロセリンがPE療法の効果を増強させるとする報告が多いが[40,41]，他方で退役軍人に対してはむしろ悪化を促す可能性が指摘されており[42]，さらなる検討が必要とされている．他にも動物実験で，NMDA受容体機能を促進することでPE療法を強化する薬剤が，AMPA型グルタミン酸受容体アロステリック増強薬[43,44]および，AMPA型受容体の構成サブユニットである代謝型グルタミン酸受容体のアロステリック調節因子[45]など（図15.4）確認されているが，ヒトでの検討は今後の課題であり開発が期待されている．

c. ヒストン脱アセチル酵素阻害薬

近年ヒストン脱アセチル酵素（histon deacetylase：HDAC）阻害薬がNMDA型受容体のサブタイプにおけるmRNA発現を制御し，記憶を促進させる可能性が動物実験で示唆されている[46]．HDACは，DNAを核内にとどめる働きをする染色体構成タンパク質（ヒストン）へのDNAの結合を強め，転写を抑制する酵素であり，これを阻害するHDAC阻害薬は，DNA転写活性を高め海馬の神経可塑性を促進する作用があることがわかってきた．HDAC阻害作用を持ち，難治性皮膚T細胞性リンパ腫の治療薬であるヴォリノスタット（vorinostat）の投与により，恐怖条件づけ消去学習が促進され，海馬のNMDA型受容体サブタイプであるNR2B遺伝子の発現が亢進することが動物で確認されている[47]．ヒトでも，HDAC阻害効果を有する抗てんかん薬であるバルプロ酸が，恐怖消去学習を促進することが示されている[35,48]．HDAC阻害薬による，PTSDを含む不安障害の臨床試験はまだ行われておらず，今後の開発が期待されている．

d. カンナビノイド受容体拮抗薬

マリファナの成分であるカンナビノイドが結合する脳内受容体も，記憶処理に重要な役割を果たしていることが知られている[49]．生体内には2種類（CB1，CB2）のカンナビノイドが結合する受容体が存在し，脳内にはCB1受容体が多く分布している．脳内CB1受容体は前シナプスニューロン終末に局在し，後シナプスニューロンから放出された内在性カンナビノイド（アナンダミドなど）は逆行性にシナプス前部からのグルタミン酸などの神経伝達物質放出を抑制する

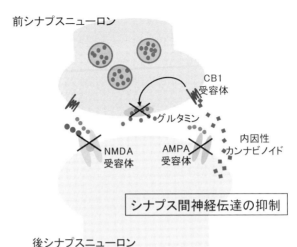

図 15.5 内因性カンナビノイドによるシナプス間情報伝達阻害機序

(図 15.5). CB1 受容体を介する脳内カンナビノイド系は視床下部のエネルギー恒常性機構や中脳辺縁ドパミン系の脳内報酬系と関連して摂食増加, 物質依存を惹起する方向に作用する. また海馬に局在する CB1 受容体の作用は, 恐怖条件づけ記憶の消去を促進させる[50]. このため, 海馬への CB1 受容体拮抗薬の投与は, 恐怖条件づけの再強化を促進する. 一方で, 扁桃体への CB1 受容体拮抗薬の投与は, 恐怖条件づけの再強化を抑制し, 恐怖条件づけ消去に向かうことが示されている[51]. これらの知見は動物実験において CB1 受容体拮抗薬の局所投与によりもたらされ, 海馬体と扁桃体のカンナビノイド系は恐怖条件づけ記憶において正反対の影響をもたらすことが示唆されている. このため, ヒトにおいてトラウマの消去に応用する際には, 全身（経口）投与では選択的に治療的効果のみを得ることが困難であることが想像される. また, CB1 受容体の特異的拮抗薬（リモナバン）は食欲や薬物渇望抑制効果を生じて肥満や禁煙の治療薬として 2006 年英国で一時販売されたが, うつ病や自殺の副作用から米国食品医療品局（Food and Drug Administration：FDA）より治療薬申請を却下され, 2008 年日本での臨床試験も中止された. このため, ドラッグデリバリーシステムの工夫のほか, 副作用の制御など, 臨床応用には多くの課題が残されている.

15.4 ω-3系脂肪酸によるトラウマ予防

　PTSDのトラウマ消去不全の背景に，海馬の機能不全が存在する可能性が指摘されている．慢性PTSD患者では海馬の体積減少が認められ[52]，海馬機能（神経新生）の低下は恐怖記憶の処理障害および，恐怖記憶の消去不全をもたらす[53]．近年，多価不飽和脂肪酸のうち，特にω-3系脂肪酸が海馬神経新生を促進し，海馬歯状回の体積および神経細胞数の増加をもたらすことが動物で確かめられた[54]．ヒトでも，食事中のω-3系脂肪酸含有量と海馬の体積には正の相関が報告されている[55]．ω-3系脂肪酸（α-リノレン酸，エイコサペンタエン酸，ドコサヘキサエン酸など）は生体内では合成できない必須脂肪酸であるが，細胞膜の構成や神経細胞内シグナル伝達にきわめて重要な役割を果たすリン脂質の構成要素であり，その体内分布量は食事中脂肪酸量の影響を強く受ける．

　身体外傷を負い救命救急センターに入院した患者へ12週間ω-3系脂肪酸を多く含むサプリメントを補充したところ，PTSD臨床スコアが有意に低下したという報告がある[56]．これは，ω-3系脂肪酸のPTSD予防的効果を示唆し，海馬機能が向上しトラウマ消去が促進された可能性がある．ω-3系脂肪酸欠乏食を長期に与えられ育ったマウスは，前シナプスニューロン終末のCB1受容体近傍に内因性カンナビノイドが過剰に集積し，シナプス間連絡が減少し長期抑制が生じる[57]．ω-3系脂肪酸はBDNF発現量を増やし[54]，BDNFはCB1受容体の機能を抑制し[58]，NMDA型グルタミン酸受容体の発現量[59]およびチャンネル解放率[60]を増加させることから，ω-3系脂肪酸はグルタミン酸系およびカンナビノイド系両方の調整機能を介してシナプス間神経伝達効率を増強し，トラウマ処理の適正化およびトラウマ消去促進をもたらす可能性が示唆される．

おわりに

　トラウマに対する薬物療法は近年めざましい進歩を遂げつつある．トラウマ形成に関わる生物学的プロセスの科学的知見の蓄積が，これまでの状態依存的（state dependent）な治療方策から，特性依存的（trait dependent）な治療方策へと転換させたことによる．これによって，より根治治療に近づくとともに，薬剤単独治療の限界を鮮明にした．一般的な恐怖記憶は，時間が経つにつれ暴露当時の感情的興奮が薄れ，出来事の陳述的記憶内容のみ残る傾向を示す．そして，

新たな経験が元の記憶内容を修飾し，上書きすることで原型から遠ざかる性質を持っている．しかしトラウマは，暴露当時の感情的興奮が時間の経過とともに薄れず，新たな経験による修飾・上書きが困難な特性を示す．恐怖記憶消去プロセスというのは，文字通りの完全な消去ではなく，むしろ感情的興奮の鎮静を意味している．記憶研究の進歩に伴い，記憶を完全消去し，トラウマ体験が全くなかったかのように加工する技術が開発される可能性は高いが，これはトラウマ治療として正しい方法であるかは慎重な科学的・倫理的議論が必要である．それは，苦難を乗り越えることで学習するという，コーピング（coping，対処）能力の成長過程（posttraumatic growth）を無視することと，消去された体験の時間が空白となり自伝的記憶の連続性が失われることによる影響が評価されていないためである．

トラウマに対処する薬物療法の開発は，記憶の生物学的メカニズムを中心とした脳科学の多面的な理解なくしては達成できない課題の1つである．多分野の若い研究者による積極的な研究参画と惜しみない努力貢献を期待してやまない．

[栗山健一]

文　　献

1) World Health Organization：The ICD-10 Classification of Mental and Behavioural Disorders. Clinical Descriptions and Diagnostic Guidelines. World Health Organization, Geneva, 1992.
2) American Psychiatric Association：Diagnostic and Statistical Manual of Mental Disorders 4th Ed, American Psychiatric Publishing, 1994.
3) Francati V, Vermetten E, Bremner JD：Functional neuroimaging studies in posttraumatic stress disorder：review of current methods and findings. *Depress. Anxiety*, **24**：202-218, 2007.
4) Karl A et al.：A meta-analysis of structural brain abnormalities in PTSD. *Neurosci Biobehav Rev*, **30**：1004-1031, 2006.
5) Squire LR, Zola-Morgan S：The medial temporal lobe memory system. *Science*, **253**：1380-1386, 1991.
6) Cohen NJ, Eichenbaum H：Memory, Amnesia, and the Hippocampal System, MIT Press, 1993.
7) Bliss TVP, Collingridge GL：A synaptic model of memory：long-term potentiation in the hippocampus. *Nature*, **361**：31-39,1993.
8) Yehuda R et al.：Plasma norepinephrine and 3-methoxy-4-hydroxyphenylglycol concentrations and severity of depression in combat posttraumatic stress disorder and major depressive disorder. *Biol Psychiatry*, **44**：56-63, 1998.

9) Yehuda R：Posttraumatic stress disorder. *N Eng J Med*, **346**：108-114, 2002.
10) Maren S, Phan KL, Liberzon I：The contextual brain：implications for fear conditioning, extinction and psychopathology. *Nat Rev Neurosci*, **14**：417-428, 2013.
11) van der Kolk BA et al.：Fluoxetine in posttraumatic stress disorder. *J Clin Psychiatry*, **55**：517-522, 1994.
12) Connor KM et al.：Fluoxetine in post-traumatic stress disorder. Randomised, double-blind study. *Br J Psychiatry*, **175**：17-22, 1999.
13) Brady K et al.：Efficacy and safety of sertraline treatment of posttraumatic stress disorder：a randomized controlled trial. *JAMA*, **283**：1837-1844, 2000.
14) Davidson J et al.：Venlafaxine extended release in posttraumatic stress disorder：a sertraline- and placebo-controlled study. *J Clin Psychopharmacol*, **26**：259-267, 2006.
15) Martenyi F et al.：Fluoxetine v. placebo in prevention of relapse in post-traumatic stress disorder. *Br J Psychiatry*, **181**：315-320, 2002.
16) McRae AL et al.：Comparison of nefazodone and sertraline for the treatment of posttraumatic stress disorder. *Depress Anxiety*, **19**：190-196, 2004.
17) Yoshimura R et al.：Effects of paroxetine or milnacipran on serum brain-derived neurotrophic factor in depressed patients. *Prog Neuropsychopharmacol Biol Psychiatry*, **31**：1034-1037, 2007.
18) Spivak B et al.：Reboxetine versus fluvoxamine in the treatment of motor vehicle accident-related posttraumatic stress disorder：a double-blind, fixed-dosage, controlled trial. *J Clin Psychopharmacol*, **26**：152-156, 2006.
19) Onder E, Tural U, Aker T：A comparative study of fluoxetine, moclobemide, and tianeptine in the treatment of posttraumatic stress disorder following an earthquake. *Eur Psychiatry*, **21**：174-179, 2006.
20) Hertzberg MA et al.：Lack of efficacy for fluoxetine in PTSD：a placebo controlled trial in combat veterans. *Ann Clin Psychiatry*, **12**：101-105, 2000.
21) Friedman MJ et al.：Randomized, double-blind comparison of sertraline and placebo for posttraumatic stress disorder in a Department of Veterans Affairs setting. *J Clin Psychiatry*, **68**：711-720, 2007.
22) Stein DJ, Ipser JC, Seedat S：Pharmacotherapy for posttraumatic stress disorder (PTSD). *Cochrane Database Syst Rev*, CD002795, 2006.
23) Zohar J et al.：Double-blind placebo-controlled pilot study of sertraline in military veterans with posttraumatic stress disorder. *J Clin Psychopharmacol*, **22**：190-195, 2002.
24) Powers MB et al.：A meta-analytic review of prolonged exposure for posttraumatic stress disorder. *Clin Psychol Rev*, **30**：635-641, 2010.
25) Hembree EA, Foa EB：Posttraumatic stress disorder：psychological factors and psychosocial interventions. *J Clin Psychiatry*, **61**(suppl 7)：33-39, 2000.
26) Rauch SA et al.：Prolonged exposure for PTSD in a Veterans Health Administration PTSD clinic. *J Trauma Stress*, **22**：60-64, 2009.
27) Schnurr PP et al.：Randomized trial of trauma-focused group therapy for posttraumatic stress disorder：results from a department of veterans affairs cooperative study. *Arch Gen Psychiatry*, **60**：481-489, 2003.
28) Angelo FN et al.：I need to talk about it：a qualitative analysis of trauma-exposed women's reasons for treatment choice. *Behav Ther*, **39**：13-21, 2008.

29) Feeny NC et al.：What would you choose? Sertraline or prolonged exposure in community and PTSD treatment seeking women. *Depress Anxiety*, **26**：724-731, 2009.
30) Rothbaum BO et al.：Augmentation of sertraline with prolonged exposure in the treatment of posttraumatic stress disorder. *J Trauma Stress*, **19**：625-638, 2006.
31) Simon NM et al.：Paroxetine CR augmentation for posttraumatic stress disorder refractory to prolonged exposure therapy. *J Clin Psychiatry*, **69**：400-405, 2008.
32) Walker DL et al.：Facilitation of conditioned fear extinction by systemic administration or intra-amygdala infusions of D-cycloserine as assessed with fear-potentiated startle in rats. *J Neurosci*, **22**：2343-2351, 2002.
33) Kuriyama K et al.：An N-methyl-D-aspartate receptor agonist facilitates sleep-independent synaptic plasticity associated with working memory capacity enhancement. *Sci Rep*, **1**：127, 2011.
34) Ledgerwood L, Richardson R, Cranney J：Effects of D-cycloserine on extinction of conditioned freezing. *Behav Neurosci*, **117**：341-349, 2003.
35) Kuriyama K et al.：Effect of D-cycloserine and valproic acid on the extinction of reinstated fear-conditioned responses and habituation of fear conditioning in healthy humans：a randomized controlled trial. *Psychopharmacology (Berl)*, **218**：589-597, 2011.
36) Guastella AJ et al.：A randomized controlled trial of the effect of D-cycloserine on exposure therapy for spider fear. *J Psychiatr Res*, **41**：466-471, 2007.
37) Ressler KJ et al.：Cognitive enhancers as adjuncts to psychotherapy：use of D-cycloserine in phobic individuals to facilitate extinction of fear. *Arch Gen Psychiatry*, **61**：1136-1144, 2004.
38) Guastella AJ et al.：A randomized controlled trial of D-cycloserine enhancement of exposure therapy for social anxiety disorder. *Biol Psychiatry*, **63**：544-549, 2008.
39) Otto MW et al.：Efficacy of d-cycloserine for enhancing response to cognitive-behavior therapy for panic disorder. *Biol Psychiatry*, **67**：365-370, 2010.
40) de Kleine RA et al.：Prescriptive variables for D-cycloserine augmentation of exposure therapy for posttraumatic stress disorder. *J Psychiatr Res*, **48**：40-46, 2014.
41) de Kleine RA et al.：A randomized placebo-controlled trial of D-cycloserine to enhance exposure therapy for posttraumatic stress disorder. *Biol Psychiatry*, **71**：962-968, 2012.
42) Litz BT et al.：A randomized placebo-controlled trial of D-cycloserine and exposure therapy for posttraumatic stress disorder. *J Psychiatr Res*, **46**：1184-1190, 2012.
43) Zushida K et al.：Facilitation of extinction learning for contextual fear memory by PEPA：a potentiator of AMPA receptors. *J Neurosci*, **27**：158-166, 2007.
44) Mao SC, Lin HC, Gean PW：Augmentation of fear extinction by infusion of glycine transporter blockers into the amygdala. *Mol Pharmacol*, **76**：369-378, 2009.
45) Riaza Bermudo-Soriano C et al.：New perspectives in glutamate and anxiety. *Pharmacol Biochem Behav*, **100**：752-774, 2012.
46) Lattal KM, Barrett RM, Wood MA：Systemic or intrahippocampal delivery of histone deacetylase inhibitors facilitates fear extinction. *Behav Neurosci*, **121**：1125-1131, 2007.
47) Fujita Y et al.：Vorinostat, a histone deacetylase inhibitor, facilitates fear extinction and enhances expression of the hippocampal NR2B-containing NMDA receptor gene. *J Psychiatr Res*, **46**：635-643, 2012.
48) Kuriyama K et al.：Valproic acid but not D-cycloserine facilitates sleep-dependent

offline learning of extinction and habituation of conditioned fear in humans. *Neuropharmacology*, **64**：424-431, 2013.
49) Pamplona FA et al.：The cannabinoid receptor agonist WIN 55, 212-2 facilitates the extinction of contextual fear memory and spatial memory in rats. *Psychopharmacology*, **188**：641-649, 2006.
50) De Oliveira Alvares L et al.：Differential role of the hippocampal endocannabinoid system in the memory consolidation and retrieval mechanisms. *Neurobiol Learn Mem*, **90**：1-9, 2008.
51) Lin HC, Mao SC, Gean PW：Effects of intra-amygdala infusion of CB1 receptor agonists on the reconsolidation of fear-potentiated startle. *Learn Mem*, **13**：316-321, 2006.
52) Bremner JD et al.：Structural and functional plasticity of the human brain in posttraumatic stress disorder. *Prog Brain Res*, **167**：171-186, 2008.
53) Kitamura T et al.：Adult neurogenesis modulates the hippocampus-dependent period of associative fear memory. *Cell*, **139**：814-827, 2009.
54) Calderon F, Kim HY：Docosahexaenoic acid promotes neurite growth in hippocampal neurons. *J Neurochem*, **90**：979-988, 2004.
55) Conklin SM et al.：Long-chain omega-3 fatty acid intake is associated positively with corticolimbic gray matter volume in healthy adults. *Neurosci Lett*, **421**：209-212, 2007.
56) Matsuoka Y et al.：Omega-3 fatty acids for secondary prevention of posttraumatic stress disorder after accidental injury：an open-label pilot study. *J Clin Psychopharmacol*, **30**：217-219, 2010.
57) Lafourcade M et al.：Nutritional omega-3 deficiency abolishes endocannabinoid-mediated neuronal functions. *Nat Neurosci*, **14**：345-350, 2011.
58) De Chiara V et al.：Brain-derived neurotrophic factor controls cannabinoid CB1 receptor function in the striatum. *J Neurosci*, **30**：8127-8137, 2010.
59) Levine ES, Kolb JE：Brain-derived neurotrophic factor increases activity of NR2B-containing N-methyl-D-aspartate receptors in excised patches from hippocampal neurons. *J Neurosci*, **62**：357-362, 2000.
60) Carvalho AL et al.：Role of the brain-derived neurotrophic factor at glutamatergic synapses. *Br J Pharmacol*, **153**(Suppl 1)：S310-324, 2008.

16 ストレス関連障害に対する他の精神療法

16.1 ストレス障害の病態と基本的治療戦略

　ストレス関連障害については，基本的な神経生理学的病態が明らかになっている．海馬体，前頭前野，前部帯状回の体積減少を基盤として，自動的に作動する情動記憶システム（条件づけ反応）が，随意的に操作しうる陳述記憶システムに対し，不均衡に優位になっているという病態である[1]．侵入的想起は恐怖によって条件づけられた反応であり，体験の重要な部分の健忘や合理的解釈の困難さは陳述記憶の機能不全に基づくものである．これら諸症状に対する治療戦略もまた理論的に導くことができる．

　治療戦略の支柱は2点にまとめられる．第1の方針は，優勢である自動的な情動記憶システムへの対応であり，手段としては，条件づけられた恐怖反応の消去および適応的反応の再条件づけが用いられる．今日行われている治療法としては暴露法に相当する．第2の方針は，機能不全に陥っている随意的な陳述記憶システムへの対応であり，治療法としては外傷体験の合理的解釈を助長する認知再構成法が相当する．暴露は主として非言語的・感覚的な水準に働きかけ適応的な反応の強化をはかる行動療法であり，認知再構成は主に言語的・概念的な水準で認知内容の訂正を促す認知療法である．

　これらの主要な2方面の治療戦略については第15章で詳細に論じられている．本章ではその他の治療法を紹介するが，他の治療法においても多少なりとも上記の2点のいずれか，または両方の戦略が組み込まれていることを理解しておかれたい．

16.2　PTSDに対する各治療法の推奨度

　国際外傷性ストレス研究学会（International Society for Traumatic Stress

Studies：ISTSS）によるPTSD治療ガイドライン[2)]によれば，PTSDに対する治療として表16.1に示す項目が掲げられている．各治療法に対する推奨の要点を表16.1にまとめる．

具体的な治療手順が確立され，かつエビデンス・レベルAの効果が確認されている治療法は，①認知行動療法（早期および慢性期の成人例に対する暴露療法・認知療法・ストレス摂取トレーニング・認知処理法と，慢性期の児童・青年例に対するトラウマ焦点化認知・行動療法），②薬物療法（成人へのSSRIs・SNRIs），③眼球運動による脱感作と再処理法（eye movement desensitization and reprocessing：EMDR）（成人）である．ほかに，統一された治療手順はないがレベルAの効果が見られる治療として，④集団療法（未治療例と比較して効果），⑤児童と青年への学校を基盤とする治療（症状の軽減効果），⑥力動的精神療法（幼児と修学前児童への暴力・虐待に児・親双方への介入が有効），⑦心理社会的リハビリテーション（疾病教育が有効），⑧他の精神障害合併例に対する治療（物質使用障害の合併例に対してシーキングセイフティ，全般性不安障害／大うつ病の合併例に対して認知行動療法が有効）が報告されている．

かつてPTSDの発症に対する予防効果を有する介入法として推奨されていた，外傷直後に当事者から外傷体験を聴取し報告させるという心理的デブリーフィングについては，その有害性が，個人についても集団についてもレベルAの研究で指摘されていることには特に注意を払っておきたい．

以下では，眼球運動による脱感作と再処理法，および合併症に対する治療の意義について解説する．

16.3 眼球運動による脱感作と再処理法

a. 治療手順

EMDRはShapiroによって開発されたトラウマに対する治療法である．散歩中に想起される自らの不快な体験の記憶について，眼球を左右に動かすことによって不快感情が軽減されることに提唱者が気づいたことから始まった．この治療技法は，次第に体系化され，今日では，①病歴聴取と治療計画，②準備，③評価，④脱感作と再処理，⑤肯定的認知の植え付け，⑥ボディスキャン，⑦終了，⑧再評価，の8段階からなる治療手順が構成されている[3)]．

治療計画においては，患者の治療への動機づけや抵抗，2次的疾病利得，無効

表 16.1 PTSD の治療法と推奨度（ISTSS による PTSD 治療ガイドライン[2]に基づく）

治療法	推奨（エビデンス・レベル[注]）
1. 成人への心理的デブリーフィング ・直後の外傷体験の報告と聴取	・個人に対してすべきでない（レベル A） ・集団に対しては推奨しない（レベル A）
2. 児童と青年への急性期介入 ・システム的対応（疾病教育，学校・メディア・保護者・危機ホットライン・地域社会による相談）	・介入の種類と時期について明確には推奨できない
3. 成人への早期の認知・行動的介入	・突発的事件・事故の被害者には慢性 PTSD の予防のために推奨される（レベル A） ・対人的暴行の被害者には不明
4. 成人への認知・行動療法 ・暴露療法 ・認知処理法（認知療法と暴露療法の組み合せ） ・ストレス摂取トレーニング ・認知療法 ・系統的脱感作 ・自己主張（アサーション）トレーニング ・リラクセーションとバイオフィードバック ・対話的行動療法と受容・参加（アクセプタンス・コミットメント）療法	・暴露療法（イメージ暴露，実生活内暴露），認知療法，ストレス摂取トレーニング，認知処理法は慢性 PTSD の第 1 選択として推奨される（レベル A） ・他の方法はいずれも第 1 選択として推奨できない
5. 児童と青年への認知・行動療法	・専門的治療者によるトラウマ焦点化認知・行動療法は PTSD の症状と抑うつ・不安・問題行動・羞恥・悲嘆・不適応の軽減のために推奨される（レベル A）
8. 成人への精神薬物療法	・SSRIs と SNRIs は第 1 選択薬として推奨される（レベル A） ・他の薬剤も期待できるが，副作用が見られる ・ベンゾジアゼピン系の単独使用は推奨できない
7. 児童と青年への精神薬物療法	・少ない試験しかなされていないが，SSRIs が広域作用を有するので用いられている
8. 眼球運動による脱感作と再処理法（EMDR）	・成人に推奨される（レベル A） ・児童と青年にも推奨される（レベル B）
9. 集団療法	・未治療と比較して効果的である（レベル A） ・集団療法の手技の種類は明確に推奨できない
10. 児童と青年への学校を基盤とする治療	・症状軽減が期待できる（レベル A）
11. 成人への力動的精神療法	・長く広く行われてきたが実証研究はない（レベル D）
12. 児童と青年への力動的精神療法	・幼児と修学前児童への暴力・虐待に児・親双方への介入は効果的（レベル A）

表 16.1 つづき

13. 心理社会的リハビリテーション ・健康教育／心理教育的技法 ・教育支援 ・自己ケア／自立スキルトレーニング ・居宅支援 ・家族スキルトレーニング ・社会スキルトレーニング ・職業リハビリテーション ・事例マネージメント	・多くの合併症を含む重症例を対象としているのでPTSDに対する効果は不確実 ・疾病教育には効果があるという報告（レベルA）
14. 催眠療法	・解離・悪夢などの症状には有用である（レベルC） ・催眠術にかかりにくい患者などは非適応 ・偽記憶を生じる可能性
15. 成人への配偶者・家族療法 ・家族行動療法 ・夫婦行動療法 ・配偶者認知・行動療法 ・ライフスタイル・マネジメント・コース ・感情焦点化配偶者療法 ・結婚教育・支援プログラム ・家族システム療法 ・最重要相互関係療法	・理論的に重要性が指摘されているが，実証データに乏しく，家庭崩壊や外傷からの回復に対する有用性やどの時点でどの治療法を組み合わせて介入すべきかについては不明
16. 成人への創造的活動療法 ・美術，音楽，ダンス／運動，演劇，詩など ・イメージ暴露や認知再構成（潜在的モデル化）の技法を利用する	・他の治療法と連結して比較的広範に行われているが実証的研究はなされていない
17. 児童への創造的芸術療法 ・美術，ダンス／運動，演劇，音楽，詩，心理劇など	・小規模の1研究でのみ有用性が報告されているが，標準的な治療プロトコールが確立されておらず，他の治療法との比較や関連が不明
18. PTSDと合併障害の治療 ・物質使用障害，全般性不安障害／大うつ病，パニック障害，強迫性障害，境界性人格障害，精神病性障害の合併例に対する治療	・物質使用障害の合併例：シーキングセイフティが有効（レベルA），コラボラティブケアが有効（レベルB） ・全般性不安障害／大うつ病の合併例：認知行動療法が有効（レベルA） ・パニック合併例：多角的暴露療法が有効（レベルB），感覚再処理法が有効（レベルB） ・他の合併症についても有効な治療が報告（レベルC）

注）エビデンス・レベルはそれぞれ，A：質の高いランダム化比較試験，B：質の高い非ランダム化比較試験による臨床研究，C：十分な臨床観察，D：長期間広範に実践されているが実証研究はなされていない．

な対処行動，症状などが検討された上で，治療適応の有無，治療の標的が設定される．しかし治療の直接の標的は外傷体験の個々の場面のイメージが惹起するネガティブな感情の軽減であって，深層の病理へのアプローチをめざすものではない．

　準備段階においては，治療上の適切な人間関の確立，トラウマおよび EMDR の理論的根拠を教育するとともに，外傷場面の想起に伴って生じ得る破局的反応を回避・緩和するため，安全を保証するシェルターのイメージを過去の幸福なエピソードの記憶を援用して確保しておくという作業がなされる．

　評価の段階では，トラウマ記憶の不快なイメージと，それに伴う情動，身体感覚，および否定的認知の内容を明確化する．治療効果の指標となる主観的障害単位（subjective units of disturbance：SUD）の強度を 10 点満点，代替的肯定的な認知の妥当性（validation of cognition：VoC）を 7 点満点で評価する．

　脱感作と再処理の過程こそが EMDR 独自の治療手技である．患者はトラウマに関連するイメージと感情，身体感覚，否定的認知を意識するよう指示され，治療者は指を患者の眼前約 30 cm で左右に動かし，患者にはその動きを眼で追うことが課せられる．約 20 回の眼球の往復運動の後，患者はイメージ，感情，身体感覚，認知内容に変化があれば報告するよう求められる．SUD 得点に良好な変化が見られる間は同様の手技が数セット繰り返される．なお，視覚や眼球運動に問題のある対象者や，眼球運動自体が不快感を伴う場合には，聴覚刺激や体性感覚刺激を左右交互に与えるという変法がとられる．

　肯定的認知の植え付けの過程では，肯定的認知を意識しつつトラウマのイメージを想起させ，VoC に良好な変化が見られる間，眼球運動のセットを反復する．

　ボディスキャンの段階では，身体的不快感をトラウマ体験の未処理の徴候と捉え，残存する身体的不快感があればそれに注意しながらさらに眼球運動のセットを追加する．

　終了の段階では，準備段階で設定したシェルターのイメージなどを利用し，十分なリラクゼーションが得られたことを確認する．

　再評価には，後続のセッションにおいて，前回の治療効果の維持や新たなトラウマ関連の事象の発現の有無が含まれる．

b. 効果と機序に関する議論

　EMDRの効果に関しては，最近のレビューによれば，暴露療法，認知行動療法などの治療法に匹敵もしくはそれ以上の効果が認められている[4]．しかも，その効果の発現は迅速で，患者は他の治療法のようにセッション以外の生活場面でプログラム課題の遂行を要しない[5]．

　しかし上述の手順から明らかなように，EMDRの手技には，外傷体験に関するイメージ暴露，および否定的認知の肯定的認知への代替という，行動療法および認知療法の技法の重要部分が含まれている．そのために，独自の手技といえる左右への眼球運動にそれ自体の治療的効果があるか否かについて，賛否の議論がなされてきた[5,6]．

　提唱者の理論によれば，トラウマの記憶は情報処理が停滞し，広範な意味記憶ネットワークから隔離されて患者の認知・感情・反応の歪みをもたらしているが，左右眼球運動はその記憶の情報処理を促進することによって効果を現すのであるという．この理論の神経生理学的機序に関しては，眼球運動によって左右大脳半球間の情報統合が改善され，左・右半球で分担されているエピソード記憶の符号化と検索の機能的連結が促進される[7]，レム睡眠と同様に橋—外側膝状体—後頭葉の視覚経路が賦活されることによって未処理の記憶の意味ネットワークへの固定が促される[8]．同じく，レム睡眠と同様の機序で海馬体におけるトラウマに関連するエピソード記憶の負荷と扁桃体に依存する陰性情動の負荷が軽減される[9]，などの仮説が提出されている．しかしこれらの仮説に対して，脳波による脳部位間のコヒーレンス（整序性）を検討した研究においても，眼球運動による左右半球間の脳波の整序性が変化（低下）したという結果[10]と，変化が見られなかったという結果[11]がともに報告されており，いまだ明確な結論は出ていない．

16.4　合併症治療の意義と治療法

　PTSDには，うつ病，全般性不安障害，パニック障害，解離性障害，身体化障害，物質依存・乱用など他の精神障害が高率に合併する．これらの疾患に共通する生物学的基盤が存在する可能性もあるが，神経症圏の病状と物質依存・乱用については，外傷体験に直面することを回避するために不適切ながらも患者が選択している一種の代理症状や防衛的行動と考えられる側面がある．外傷体験が周囲に認識されていなくて，心的外傷に焦点を当てた治療が行われない場合も少なく

ない.いずれにしても,PTSDと合併症に対する治療が総合的に行われなければ,治療効果は不十分であることが多い.

表16.1に示したように,物質使用障害には,使用欲求が生じた時に支援者に助けを求めるなどの対処スキルを中心とするシーキングセイフティ療法が有効であり,ほかに,動機づけのためのインタビュー,認知行動療法,薬物療法,ケースマネジメントを種々に組み合わせたコラボラティブケアも有効性が示唆されている.

交通事故によるPTSDと全般性不安障害とうつ病の合併例には認知行動療法が有効である.パニック障害の合併例には多角的暴露療法および,感覚再処理法の有効性が示唆されている.多角的暴露療法とは,PTSDに対する認知処理法(認知療法と暴露療法の組み合せ)と,パニックにおける生理,認知,行動の各面の症状の制御を含む治療法である.また,感覚処理法とは,PTSDに対する認知処理法と,パニック障害に対する暴露・マインドフルネス(現在の全感覚に注意を向けるが評価を与えないという自己観察法)・文化的適応を組み合わせた治療法である.

[西川　隆]

文　献

1) 西川　隆,武田雅俊：PTSDにおける認知障害.新世紀の精神化治療6 認知の科学と臨床(松下正明ほか編),pp.140-154,中山書店,2003.
2) International Society for Traumatic Stress Studies：Effective Treatments for PTSD：Practice Guidelines from the International Society for Traumatic Stress Studies 2nd Ed, Foa EB, Keane TM, Friedman MJ et al. (eds), Guilford Press, 2008.
3) Shapiro F：Eye Movement Desensitization and Reprocessing; Basic principles, protocols, and procedures, Guilford Press, 1995.
4) Mello PG, Silve GR, Donat JC et al.：An update on the efficacy of cognitive-behavioral therapy, cognitive therapy, and exposure therapy for posttraumatic stress disorder. *Int J Psychiatry Med*, **46**：339-357, 2013.
5) Shapiro F：The role of eye movement desensitization and reprocessing (EMDR) therapy in medicine：addressing the psychological and physical symptoms stemming from adverse life experiences. *Perm J*, **18**：71-77, 2014.
6) Davidson PR, Parker KC：Eye movement desensitization and reprocessing (EMDR)：a meta-analysis. *J Consult Clin Psychol*, **69**：305-316, 2001.
7) Christman SD, Garvey KJ, Propper RE et al.：Bilateral eye movements enhance the retrieval of episodic memories. *Neuropsychology*, **17**：221-229, 2003.
8) Hassard A：Reverse learning and the physiological basisi of eye movement desensitization. *Med Hypotheses*, **47**：277-282, 1996.

9) Stickgold R : EMDR : a putative nerobiological mechanism of action. *J Clin Psychol*, **58** : 61-75, 2002.
10) Propper RE, Pierce J, Geisler MW et al. : Effect of bilateral eye movements on frontal interhemispheric gamma EEG coherence : implications for EMDR therapy. *J Nerv Ment Dis*, **195** : 785-788, 2007.
11) Samara Z, Elzinga BM, Slagter HA et al. : Do horizontal saccadic eye movements increase interhemispheric coherence? Investigation of a hypothesized neural mechanism underlying EMDR. *Front Psychiatry*. doi : 10.3389/fpsyt.2011.00004, 2011.

あとがき

　本シリーズ名の「情動学 Emotionology」はあまり聞き慣れない用語であるが，監修者である小野武年先生の「刊行のことば」に端的に示されているように，「こころ」の中核をなし，その基礎にある情動の仕組みと働きを科学的に解明していこうとする学問領域である．今日の多様化する社会と人間関係の中で，情動に関する科学は今後さらに重要性を増してくると推測される．「情動学」は神経科学を中心とする自然科学に立脚しているが，それのみならず，人文科学や社会科学など，「こころ」に関するあらゆる分野を包含する学際的な統合科学である．

　これまで本シリーズでは，1.「情動の進化」，2.「情動の仕組みとその異常」，3.「情動と発達・教育」，4.「情動と意思決定」，5.「情動と運動」，6.「情動と呼吸」，7.「情動と食」と巻を重ねてきた．情動は動物にもヒトにも共通していて，生物学的基盤に裏づけられる喜怒哀楽の感情である．そのような情動の多面的な様相をみてきたうえで，本書はトラウマによる情動の異常反応という最も臨床的な部分にフォーカスを当てている．

　本書が刊行される今年は東日本大震災からちょうど6年になる．言うまでもなく，あの大震災と，関連する津波や放射線被曝，あるいは風評被害といった問題はトラウマとそれへの対処を考える上で大きな役割を果たした．急性ストレス障害や心的外傷後ストレス障害のみならず，外傷後成長 Posttraumatic Growth という用語も広く知られるようになった．また，東日本大震災後に限ってみても，日本を含む世界の情勢は様々なトラウマとなりうる出来事に溢れている．世界各地のテロ事件，火山の噴火や異常気象，ごく最近の障害者殺傷事件など．また，これらの単回性トラウマとともに，虐待，ネグレクト，いじめ，暴力など，様々な複雑性トラウマとなる事件も枚挙にいとまがない．ごく最近では，福島第一原発事故後に横浜市に避難していた小学生がいじめを受けて，不登校となる事件があった．

あ と が き

　トラウマがもたらす様々な情動の変化や適応の障害について，本書では，その発症要因，症候，脳内基盤などを包括している．その内容はこれまでのどの成書よりも詳細で有用であると自負している．特筆すべきは，持続エクスポージャー法，トラウマ焦点化認知行動療法，眼球運動による脱感作と再処理法といったエビデンスレベルの高い最近の治療法は，記憶の情報処理理論に基づいて，不快でネガテイブな記憶を消去して，新たなポジティブな記憶，肯定的な認知へと作り変えている点に主眼がおかれている点である．また，これらの知見を支持する脳内基盤も解明されてきている．情動に関するこのような領域の研究は日進月歩で進んでいる．

　最後に，たいへん忙しい中を本書の各章をご執筆いただいた先生方，監修の小野武年先生，担当編者の怠慢を忍耐強く見守ってくれた朝倉書店編集部の方々に御礼申し上げます．

三 村　　將

●索 引

欧 文

AAI 55, 124
ACOA 63
ADHD 97
ASD 40, 88, 97
ASR 155, 203

BAP 98
BASK モデル 86
BASK 理論 90
BDNF 207

CD 99
COR 理論 189
CPT 150

DBD 101
DBT 70, 150
DESNOS 66, 147
DMDD 103
DSM 40
DSM-5 85, 155
DSM-III 5
DSM-IV-TR 155
DTD 41, 43
DV 169, 178, 180
D 型アタッチメント 89
D-サイクロセリン 208

EMDR 219

HDAC 209
HPA 206

ICD 40
ICD-10 155
IWM 66

MDD 172

NSSI 60, 164

ODD 99

PBI 63
PCIT 134
PFA 30, 150
PT 133
PTSD 5, 17, 40, 88, 143, 145, 155, 183, 187, 203
PTSD 治療ガイドライン 217, 219

Resource loss 189

SDQ 195
SSP 53, 121, 122
SSRIs 203
STAIRS 150
SUD 220

TF-CBT 107, 112, 113

VoC 220

ア 行

愛着 88
　　──の型 53
　　──の活性化因子 52
愛着システム 52
あいまいな喪失 189
アウトリーチ 194
アタッチメント 41, 88, 118, 120, 168
アタッチメント行動 48, 120
アタッチメント行動システム 120
アタッチメントスタイル 147, 148
アタッチメント・ボンド 128
アタッチメント理論 118, 119, 127
アディクション 61
アレキシサイミア尺度 82
安全基地 120
安全の港 120
安全保障感の欠如 168
アンヘドニア 24

生き残り罪責感 188
異型連続性 101
いじめ被害 168
1 次的動因 120
遺伝子環境相関 159, 162
遺伝的な脆弱性 160

ヴォリノスタット 209
うつ病 187
うつ病エピソード 159
裏切りによるトラウマ 146

エキスパートコンセンサス 17
エビデンス・レベル 217

オキシトシン 131
親子関係 118
親子相互交流療法 134, 135
親子並行治療 103

カ 行

解決されない恐怖 123, 127
外傷後ストレス障害 40, 155, 187, 203
外傷神経症 1

外傷体験 88
海馬神経新生 211
海馬体 23, 204, 216
回避 204
回避症状 6
解離 18, 20, 65, 85
　――を伴う PTSD のサブタイプ 19
　病的な―― 85
解離型行動状態モデル 89
解離症 85
解離症状 85, 86
解離状態 85
解離性障害 85, 89, 99
解離性同一性障害 87
過覚醒症状 7
拡大型自閉症発現型 98
カーディナー 5
家庭内暴力 169, 178
感情 15
感情スキーム 83
感情調整 33
感情の調節困難 20
カンナビノイド 209

記念日反応 188
気分障害 102
虐待 15
急性ストレス障害 40, 88, 145, 180
急性ストレス反応 155, 180, 203
驚愕神経症 1
恐怖回路モデル 7
恐怖記憶消去 206
恐怖構造 11
恐怖条件づけ 7, 206
極端な形の不適切な養育 130
極度のストレス障害 92

区画化 86
グリーンバーグ 83
グルタミン酸受容体 205

現実感喪失 86
健忘 86
原始反応 88

原初的情動 90

交感神経活動 206
行動コントロールシステム 52
高度な解離 167
子ども虐待 87
子どものころの有害体験 22
ごみ箱診断 156
コルチゾル 206
コントロール・システム論 120
コンピテンス仮説 126

サ 行

サイコロジカルファーストエイド 30
再体験 204
再体験症 204
サークル・オブ・セキュリティ 133
産後うつ病 132

シェルショック 3
シーキングセイフティ療法 220
自己治療モデル 65
自己破壊的行動 164
自殺 164
　――の意図をもたない自傷行為 60
自傷行為 60
自傷スペクトラム 61
自責感 188
持続エクスポージャー法 149, 173
失感情状態 168
自閉スペクトラム症 97
司法精神医学 178
シャウチェスク型自閉症 98
重症気分調整不全 103
集団レイプ 169
重篤気分調整症 103
主観的障害単位 220
馴化 12
条件づけ反応 216
情動 15, 118

情動記憶 216
情動シグナル 79
情動処理理論 12
情動調整 33
情動調節 90, 118
情動調節障害 107
衝動統制 76, 77, 79
情動犯罪 178-181, 185
神経可塑性 209
神経新生 204
身体化 20
心的外傷 18, 87, 178
心的外傷後ストレス障害 5, 88, 142, 183
侵入（再体験）症状 6
侵入的想起 204
心理学的応急処置 150
心理教育 114
心理的デブリーフィング 219

スキーマ 66
スティグマ 192, 199
ストレス因関連障害群 18
ストレス体験 78, 159
ストレス曝露 160
ストレス反応症候群 157
ストレンジ・シチュエーション法 53, 88, 121
刷りこみ 119

成人アタッチメント面接 55, 124
精神鑑定 185
性的虐待 147
性的志向性 168
性暴力被害 146, 169
責任能力 181
世代間伝達 124
摂食障害 60
セルフ・スティグマ 192, 199
戦争 PTSD 171
戦争神経症 3, 5
選択的セロトニン再取り込み阻害薬 203
選択的対人関係の障害 102
前頭前野 216
前部帯状回 216

双極性障害　103
早発単独型　77
素行障害　99
ソーシャル・キャピタル　192

タ　行

大うつ病性障害　172
代替的肯定的な認知の妥当性　220
大脳辺縁系　23
多重人格性障害　87
脱抑制型社会関係障害　99, 102
脱抑制型対人交流障害　129
単独レイプ　169
断片的な記憶　108
注意欠如多動性障害　97
長期記憶　205
長期増強現象　205
治療共同体　82
陳述記憶　216
適応障害　155
出来事インパクト尺度　82
デートレイプ　170
同一性混乱　86
同一性の危機　197
同一性変容　86
動機づけ面接　70
ドメスティック・バイオレンス　169
トラウマ　1, 107
　　——に対する反復強迫　65
　　——の絆　69
トラウマ記憶　12
トラウマ症状　61
トラウマ性体　42
トラウマ体験　61, 165, 174
トラウマティック・ストレス　80
トラウマ的出来事　158, 159
トラウマフォーカスト認知行動療法　107
トラウマ・ボンド　128

ナ　行

内側視索前野　131
内側前頭前野　9
内的作業モデル　48, 66, 78, 121, 124
内的作業モデル仮説　124
2次的動因　120
認知行動療法　75, 149, 219
認知コーピング　115
認知再評価　144, 146
認知処理法　150
ネグレクト　40, 165
根深い意識障害　178-180, 185
脳由来神経栄養因子　207

ハ　行

配偶者間暴力　183
破壊的行動障害　101
暴露型行動療法　206
曝露療法　12
発達障害　97, 102
発達精神病理学　42, 101
発達性トラウマ障害　41, 43, 91, 92
母親偏重主義　127
母子関係の理論　119
母－乳児相互交流パターン　122
母子密着型の育児　126
ハーマン　3
バルプロ酸　209
反抗挑戦性障害　99
反応性愛着障害　51, 55, 98, 99, 118
反応性アタッチメント障害　118, 129
比較行動学　120
被害者支援団体　150
被害体験　22
非器質性成長障害　124
非機能的認知　13, 109
非自殺性自傷　164
ヒストン脱アセチル酵素阻害薬　209
肥前式親訓練プログラム　134
標準仮説　126
敏感性仮説　126

不安定な愛着　80
フォア　11
複雑性PTSD　16, 26, 66, 147
　　——の治療　69
複雑性トラウマ　15-17, 81
物質使用障害　60
不適切な養育環境　167
普遍仮説　126
フラッシュバック　103, 204
フロイト　1

ペアレント・トレーニング　133
弁証法的行動療法　70, 150, 173
ベンゾジアゼピン系抗不安薬　203
扁桃体　7, 23, 204

他に特定されない極度のストレス障害　66
ホスピタリズム　119
母性剥奪仮説　119
ボンディング障害　132

マ　行

マルチ・システミック療法　75
慢性・反復性のトラウマ体験　174

未組織化型　66

無秩序／無方向型アタッチメント　122

ヤ　行

薬物療法　219

養育行動　130
養育者の敏感性　121
幼少期におけるトラウマ体験　165
幼少期の性的虐待被害　165

　　　　ラ　行

ラックマン　11

離隔　86
離人症　86
リスク・コミュニケーション　195
リモナバン　210
リラクセーション　114

レイプ　169
レイプ・トラウマ症候群　5

レジリエンス　11, 126, 197

　　　　ワ　行

ワンストップセンター　150

編者略歴

奥山眞紀子（おくやま・まきこ）

1954年　東京都に生まれる
1983年　東京慈恵医科大学大学院博士課程修了
現　在　国立成育医療研究センターこころの診療部部長
　　　　医学博士

三村　將（みむら・まさる）

1957年　神奈川県に生まれる
1984年　慶應義塾大学医学部卒業
現　在　慶應義塾大学医学部精神神経科学教室教授
　　　　医学博士

情動学シリーズ 8
情動とトラウマ
―制御の仕組みと治療・対応―
　　　　　　　　　　　　　　　　　　　　定価はカバーに表示

2017年4月25日　初版第1刷

編　者　奥　山　眞紀子
　　　　三　村　　　將
発行者　朝　倉　誠　造
発行所　株式会社　朝　倉　書　店
　　　　東京都新宿区新小川町 6-29
　　　　郵便番号　162-8707
　　　　電　話　03（3260）0141
　　　　ＦＡＸ　03（3260）0180
　　　　http://www.asakura.co.jp

〈検印省略〉

© 2017〈無断複写・転載を禁ず〉　　　　印刷・製本　東国文化
ISBN 978-4-254-10698-5　C 3340　　　　Printed in Korea

JCOPY　〈(社)出版者著作権管理機構　委託出版物〉
本書の無断複写は著作権法上での例外を除き禁じられています。複写される場合は、そのつど事前に、(社)出版者著作権管理機構（電話 03-3513-6969，FAX 03-3513-6979，e-mail: info@jcopy.or.jp）の許諾を得てください。

◈ 情動学シリーズ〈全10巻〉◈
現代社会が抱える「情動」「こころ」の問題に取組む諸科学を解説

慶大 渡辺　茂・麻布大 菊水健史編
情動学シリーズ1
情　動　の　進　化
―動物から人間へ―
10691-6 C3340　　　　A5判 192頁 本体3200円

情動の問題は現在的かつ緊急に取り組むべき課題である。動物から人へ、情動の進化的な意味を第一線の研究者が平易に解説。〔内容〕快楽と恐怖の起源／情動認知の進化／情動と社会行動／共感の進化／情動脳の進化

広島大 山脇成人・富山大 西条寿夫編
情動学シリーズ2
情動の仕組みとその異常
10692-3 C3340　　　　A5判 232頁 本体3700円

分子・認知・行動などの基礎、障害である代表的精神疾患の臨床を解説。〔内容〕基礎編(情動学習の分子機構／情動発現と顔・脳発達・報酬行動／社会行動)、臨床編(うつ病／統合失調症／発達障害／摂食障害／強迫性障害／パニック障害)

学習院大 伊藤良子・富山大 津田正明編
情動学シリーズ3
情　動　と　発　達・教　育
―子どもの成長環境―
10693-0 C3340　　　　A5判 196頁 本体3200円

子どもが抱える深刻なテーマについて、研究と現場の両方から問題の理解と解決への糸口を提示。〔内容〕成長過程における人間関係／成長環境と分子生物学／施設入所児／大震災の影響／発達障害／神経症／不登校／いじめ／保育所・幼稚園

東京都医学総合研究所 渡邊正孝・京大 船橋新太郎編
情動学シリーズ4
情　動　と　意　思　決　定
―感情と理性の統合―
10694-7 c3340　　　　A5判 212頁 本体3400円

意思決定は限られた経験と知識とそれに基づく期待、感情・気分等の情動に支配され直感的に行われることが多い。情動の役割を解説。〔内容〕無意識的な意思決定／依存症／セルフ・コントロール／合理性と非合理性／集団行動／前頭葉機能

名市大 西野仁雄・筑波大 中込四郎編
情動学シリーズ5
情　動　と　運　動
―スポーツとこころ―
10695-4 C3340　　　　A5判 224頁 本体3700円

人の運動やスポーツ行動の発現、最適な実行・継続、ひき起こされる心理社会的影響・効果を考えるうえで情動は鍵概念となる。運動・スポーツの新たな理解へ誘う。〔内容〕運動と情動が生ずる時／運動を楽しく／こころを拓く／快適な運動遂行

東京有明医療大 本間生夫・帯津三敬病院 帯津良一編
情動学シリーズ6
情　動　と　呼　吸
―自律系と呼吸法―
10696-1 C3340　　　　A5判 176頁 本体3000円

精神に健康を取り戻す方法として臨床的に使われる意識呼吸について、理論と実践の両面から解説。〔内容〕呼吸と情動／自律神経と情動／香りと情動／伝統的な呼吸法(坐禅の呼吸、太極拳の心・息・動、ヨーガと情動)／補章：呼吸法の系譜

味の素 二宮くみ子・玉川大 谷　和樹編
情動学シリーズ7
情　動　と　食
―適切な食育のあり方―
10697-8 C3340　　　　A5判 264頁 本体4200円

食育、だし・うまみ、和食について、第一線で活躍する学校教育者・研究者が平易に解説。〔内容〕日本の小学校における食育の取り組み／食育で伝えていきたい和食の魅力／うま味・だしの研究／発達障害の子供たちを変化させる機能性食品

理研 加藤忠史著
脳科学ライブラリー1
脳　と　精　神　疾　患
10671-8 C3340　　　　A5判 224頁 本体3500円

うつ病などの精神疾患が現代社会に与える影響は無視できない。本書は、代表的な精神疾患の脳科学における知見を平易に解説する。〔内容〕統合失調症／うつ病／双極性障害／自閉症とAD/HD／不安障害・身体表現性障害／動物モデル／他

富山大 小野武年著
脳科学ライブラリー3
脳　と　情　動
―ニューロンから行動まで―
10673-2 C3340　　　　A5判 240頁 本体3800円

著者自身が長年にわたって得た豊富な神経行動学的研究データを整理・体系化し、情動と情動行動のメカニズムを総合的に解説した力作。〔内容〕情動、記憶、理性に関する概説／情動の神経基盤、神経心理学・行動学、神経行動科学、人文社会学

上記価格（税別）は2017年3月現在